信息中心网络传输性能优化及安全探讨

胡晓艳　程　光　龚　俭
吴　桦　郑少琦　赵丽侠　编著

东南大学出版社
SOUTHEAST UNIVERSITY PRESS
·南京·

内 容 简 介

本书主要关注信息中心网络传输性能的优化以及相关攻击的检测和防御。在性能传输优化方面，主要通过设计网络缓存机制、引入网络编码并综合利用多路径转发机制。在攻击的检测和防御方面，主要关注 Interest 报文洪泛攻击和内容毒害攻击两种攻击模式的检测和防御。书的最后附有参考文献供读者参考。

本书是作者近 10 年在未来网络体系结构及安全方面工作的总结和梳理，也是信息中心网络研究的一个缩影，希望能给对该领域感兴趣的研究人员一些启发。本书可供计算机网络相关的本科、研究生使用，对从事计算机网络研究工作的人员也有一定的学习和参考价值。

图书在版编目(CIP)数据

信息中心网络传输性能优化及安全探讨 / 胡晓艳等编著. — 南京：东南大学出版社，2020.10
 ISBN 978-7-5641-9157-3

Ⅰ.①信… Ⅱ.①胡… Ⅲ.①计算机网络-数据传输-研究 Ⅳ.① TP393.0

中国版本图书馆 CIP 数据核字(2020)第 199103 号

信息中心网络传输性能优化及安全探讨
Xinxi Zhongxin Wangluo Chuanshu Xingneng Youhua Ji Anquan Tantao

编　　著	胡晓艳　等
出版发行	东南大学出版社
出 版 人	江建中
社　　址	南京市四牌楼 2 号
邮　　编	210096
经　　销	全国各地新华书店
印　　刷	江苏凤凰数码印务有限公司
开　　本	700 mm×1000 mm　1/16
印　　张	18.75
字　　数	368 千字
版　　次	2020 年 10 月第 1 版
印　　次	2020 年 10 月第 1 次印刷
书　　号	ISBN 978-7-5641-9157-3
定　　价	70.00 元

(本社图书若有印装质量问题，请直接与营销部联系。电话：025-83791830)

前　言

随着计算机网络技术的快速发展,因特网渗入人们生活的方方面面,越来越多的数据内容如电子商务、视频媒体进入网络,整个因特网的主要用途已经从传统的资源共享变成了内容分发。为了从根本上满足日益增长的数据内容分发的需求,信息中心网络 ICN(Information Centric Networking)体系结构被提出来。ICN 方案的重要特点,一方面就是网络中的路由器具有缓存数据内容的功能以改善网络传输数据内容的效率,该特点被称为 ICN 的网络缓存功能;另一方面就是路由器自然地支持多路径传输,可以同时并行从多个数据源获取数据内容。这两个重要特点为 ICN 中数据内容的高效传输提供了可能。此外,ICN 基于内容的安全使其可以防御当前 TCP/IP 网络中的大多数 DDoS 攻击;但是攻击者也可能利用 ICN 的特性来实施新型的 DDoS 攻击,例如易于实施且危害极大的 Interest 报文泛洪攻击和内容毒害攻击。本书以 ICN 的重要代表 NDN(Named Data Networking)为背景,针对如何充分利用 ICN 的网络缓存和多路径转发特点以优化其数据内容传输性能以及 Interest 报文泛洪攻击和内容毒害攻击的检测和防御这些关键问题进行了现状研究及分析讨论,并试图给出一些有益的建议,为感兴趣的读者下一步的研究提供一些指导。

本书第 1 部分(第 1 章~第 7 章)致力于缓存可感知的路由机制研究。缓存内容的合理定位可以提高 off—path 缓存内容的使用率,可以避免缓存内容的放置形成冗余的缓存,可以提高网络缓存器之间协作缓存的程度。本部分在对现有网络缓存研究工作充分调研的基础上,将缓存内容的可达性适度引入路由,基于缓存可感知的路由设计简单而有效的网络缓存管理方案以减少缓存冗余,提高缓存内容的使用率和缓存空间的利用率,并减少用户请求数据内容所需开销。

本书第 2 部分(第 8 章~第 14 章)致力于网络编码增强型的网络缓存机制研究。ICN 支持网络缓存和多路径传输,但充分结合二者以实现内容的高效传输需要请求者、内容发布者和缓存结点间的复杂协调。另外,ICN 中以细粒度缓存数据内容的特点也使其不能有效利用路径外的缓存内容。网络编码融合了路由和编码,可以与 ICN 相结合来提升其网络传输性能。本部分在提出结合网络编码且支持 Interest 报文 pipeline 发送模式的 NC—NDN 基础框架后,深度研究了适配的线性同态签名实现方案、基于该框架的高效的转发策略以及低开销的缓存策略。

本书第 3 部分(第 15 章~第 20 章)致力于 Interest 报文泛洪攻击的检测和防御机制研究。大多数现有的 Interest 报文泛洪攻击检测与防御机制均主要关注于高速度的攻击场景,可能无法防御较为隐蔽的攻击,并且存在攻击检测不及时、无法准确定位攻击者、防御时损害合法消费者的数据访问请求等问题。本部分提出一种较为隐蔽的 Interest 报文泛洪攻击方式，在对该隐蔽的 Interest 报文泛洪攻击的特点进行分析的基础上，提出一种基于控制器整体网络视图的 Interest 报文泛洪攻击检测与防御机制，并设计实现了相应的原型系统。

本书第 4 部分(第 21 章～第 24 章)致力于内容毒害攻击的检测和防御机制研究。在分析了缓解内容毒害攻击的最新技术和挑战后，提出基于名称密钥转发和多路径转发带内探测这种增强型 NDN 以缓解内容毒害攻击，尽快地从缓存中清除毒害内容，将合法内容交付给当前用户，并为后续 Interest 请求恢复合法的内容传输，且无需任何的带外通信。

本书主要是作者在未来网络体系结构及其安全等领域长期的研究成果的总结，也保留了作者指导学生参与的科研项目部分相关科研成果和论文。在本书的撰写过程中，郑少琦、赵丽侠等给予了大力支持，参与了本书部分章节的编写工作，全书由胡晓艳、程光、龚俭、吴桦统稿。

本书的研究成果受到国家重点研发计划"地址驱动的网络安全管控体系结构及其机理研究(No. 2017YFB0801700)"中的"SDN/NFV 与 NDN 安全研究(No. 2017YFB0801703)"、国家自然科学青年基金"基于网络编码的信息中心网络研究(No. 61602114)"、教育部科技司指导的赛尔网络下一代互联网技术创新项目"IPv6 网络中 NDN 应用的安全防御机制研究(No. NGII20170406)"等国家级项目的资助，在此表示感谢！ 在本书的撰写过程中，得到东南大学网络空间安全学院、计算机网络和信息集成教育部重点实验室(东南大学)、网络空间国际治理研究基地(东南大学)、网络通信与安全紫金山实验室、江苏省计算机网络技术重点实验室、东南大学出版社等单位领导和专家的大力支持，在此深表谢意！ 同时对作者所引用的参考文献的作者及不慎疏漏的引文作者也一并致谢！

由于作者水平有限，编写过程中难免存在不足之处，敬请读者给予批评指正！

编著者

2020 年 8 月

目　录

第 1 部分　缓存可感知的路由机制研究

第 2 部分　基于网络编码的命名数据
网络传输性能优化研究

第 3 部分　Interest 报文泛洪攻击检测与防御

第 4 部分　内容毒害攻击检测与防御）

第1部分

缓存可感知的路由机制研究

简 介

随着计算机网络技术的快速发展,因特网渗入人们生活的方方面面,越来越多的数据内容如电子商务、视频媒体进入网络,整个因特网的主要用途已经从传统的资源共享变成了内容分发。为了从根本上满足日益增长的数据内容分发的需求,信息中心网络 ICN(Information Centric Networking)体系结构被提出来。ICN 方案的一个重要特点就是网络中的路由器具有缓存数据内容的功能,以改善网络传输数据内容的效率,该特点被称为 ICN 的网络缓存功能。

网络缓存可以减少整个网络需要传输的数据量,也可以降低发生网络拥塞的可能性,并可以降低内容服务器的负载。因此网络缓存在彰显 ICN 的优势方面扮演着重要的角色,它的性能对 ICN 的系统性能有着至关重要的影响。作为一个独特的网络体系结构功能,网络缓存引入了许多新问题:首先,当前每个 ICN 路由器无差异地普遍缓存任何途经的数据内容报文,由于路由器中缓存空间有限,无差异的普遍缓存不仅在数据内容报文传输的路径上(on-path)造成了不小的冗余,而且产生了不必要的频繁的缓存置换更新。其次,当前 ICN 路由器并不能感知和定位其他邻近路由器所缓存的内容,用户请求传输路径之外(off-path)大量就近缓存的内容没有被利用,而且邻近路由器中的内容缓存缺乏协作,路由器中的缓存空间未能被有效利用,缓存空间的潜在能力没有被充分释放和发挥。缓存已经是当今因特网用于减少带宽消耗的一个实用工具(如 Web,P2P),而且优化缓存系统的缓存理论和技术已经得到大量的研究。但 ICN 网络缓存异于传统缓存的透明性、普遍性和精细化的特征,使得网络缓存系统的数学建模和分析增添了难度,也使得现有的为 Web 缓存系统和 CDN 缓存系统开发的模型和集中式的复杂协作缓存优化技术难以直接无缝地植入网络缓存中。

现有的网络缓存方面的研究工作几乎都是独立讨论缓存内容的放置,没有将缓存内容的放置与缓存内容的定位相互结合。缓存内容的合理定位可以提高 off-path 缓存内容的使用率,可以避免缓存内容的放置形成冗余的缓存,可以提高网络缓存器之间协作缓存的程度。本部分的工作以 ICN 的重要代表 NDN（Named Data Networking）为背景，将缓存内容的可达性适度引入路由，基于缓存可感知的路由设计简单而有效的网络缓存管理方案以减少缓存冗余，提高缓存内容的使用率和缓存空间的利用率，并减少用户请求数据内容所需开销。本部分的主要工作和研究成果如下：

（1）当前 on-path 缓存机制存在冗余缓存和不必要的缓存置换。针对这个问题，提供了一种机会型的 on-path 网络缓存机制（OPPORTUNISTIC）。即使不能感知其他结点中缓存的内容，该机制使路由器选择性地缓存本地流行度高和离数据源远的内容，实现数据内容的差异化缓存，减少不必要的缓存置换操作；同时，由于 ICN 存在请求聚合和缓存过滤的特征，网络中的每个路由器对数据内容的流行度分布有不同的视图，加上每个路由器在网络中的位置不一样，不同路由器也偏向于缓存不同的数据内容，减少冗余的缓存。

（2）若暂态缓存内容只有本地可以感知，路由器不能使用 off-path 就近暂态缓存的内容，也会导致冗余的缓存。针对这个问题，提出了一种将内容放置、置换和定位相结合的网络缓存机制（PRL）。该机制支持缓存可感知的路由，使得路由器可以感知和定位邻近路由器暂态缓存的内容，提高暂态缓存内容的使用率，同时内容放置、置换和响应用户请求时考虑邻近结点内的暂态缓存内容，进而减少网络中缓存内容的冗余度以及不必要的内容缓存和置换，有效利用网络缓存器的缓存空间，改善网络传输数据内容的性能。

（3）针对传统集中式的复杂协作缓存优化技术难以应用到稳态缓存内容的网络协作缓存中的问题，提出了一种分布式的协作缓存机制（DICC）。该机制将稳态缓存内容的网络协作缓存的问题形式化为一个带约束条件的优化问题，然后使用拉格朗日松弛法和原始对偶分解法将优化问题分解为一系列的缓存内容放置决策子问题和数据内容定位子问题，每个缓存内容放置决策子问题可以在各路由器处分布式地解决，然后缓存可感知的路由使得数据内容定位的子问题也可以在各路由器处分布式地解决。DICC 以结点间少量的通信开销最终实现网络缓存器之间对稳态缓存内容的共享以及协作缓存。

（4）将 AS 结点抽象为自治缓存器，针对自治缓存器试图最小化的只是它自身的数据内容访问开销而非整体的数据内容访问开销的情况，提出了一种自治缓存器间的网络协作缓存机制（NSCC）。该机制采用博弈论的方法——迭代最佳对策：在每轮中，基于本地用户对数据内容的请求率信息、到其他缓存结点访问内容的"价格"以及缓存可感知的路由提供的其他结点的缓存决策，自治的缓存结点依次独自决定本地应该缓存哪些内容才是最佳的对策，最终找到满足所有自治结点理性参与协作缓存限制条件的全局内容放置方案，促使这些自治的结点参与协作缓存。

(5) 提供了 NSCC 在 NDN 中的实现模型。该模型给出了实现 NSCC 理论模型所需的请求率信息收集、结点间信息同步、缓存决策、内容缓存和错误事件检测五个功能设计。该功能设计的正确性在实现 NDN 体系结构的 CCNx 库之上得到了验证。

本部分章节安排招下:

第1章:主要论述了本部分背景、研究意义和目的,明确了本部分的研究目标与研究内容。

第2章:提出了一种机会型的 on-path 网络缓存机制,使得路由器选择性地缓存本地流行度高和离数据源远的内容。

第3章:提出了一种将内容放置、置换和定位相结合的网络缓存机制,使路由器在缓存内容放置、置换和使用缓存时考虑邻近结点内的暂态缓存。

第4章:将稳态缓存内容的网络协作缓存的问题形式化为一个带约束条件的优化问题,然后将优化问题分解为一系列的缓存内容放置决策子问题和数据内容定位的子问题由各路由器分布式地解决。

第5章:将 AS 结点抽象为自治缓存器,提出自治缓存器间的网络协作缓存机制,使用博弈论的方法寻找满足所有自治结点理性参与协作缓存限制条件的全局缓存内容放置方案。

第6章:提供了 NSCC 在 NDN 中的实现模型。该模型给出了实现 NSCC 理论模型所需的五个功能设计。该功能设计的正确性在实现 NDN 体系结构的 CCNx 库之上得到了验证。

最后是结束语,对本部分工作进行总结,提出存在的不足和下一步的研究方向。

1   缓存可感知的路由机制研究绪论

本章阐述了本部分的研究背景、研究目的和意义,明确了研究目标与研究内容。第一,简单分析了提出信息中心网络 ICN(Information-Centric Networking)体系结构的动机并引出本部分缓存可感知的路由机制的研究工作。第二,对作为本部分工作背景的 ICN 热点方案 NDN(Named Data Networking)进行了较详细的介绍。第三,对其他主流的 ICN 方案进行综述总结,包括命名规范、名字解析、数据路由及网络缓存等特征。第四,对 ICN 网络缓存的透明性、普遍性和精细化缓存进行阐述,并探索网络缓存可能扮演的角色。第五,针对当前网络缓存的普遍缓存和缓存内容仅本地可感知存在的问题和不足进行分析,引出本部分的研究目的和意义。第六,针对研究目标,提出了本部分的研究内容并对本部分的整体思路进行概述。

1.1   引言

20 世纪 60、70 年代因特网建立时,网络要解决的问题是资源共享,一台主机提供资源,另一台主机访问资源。因此,得到的通信模型是两台静态主机之间会话式的通信,建立的网络是一个关注如何在源和目的主机之间实现报文交互的通信网络,进而 IP 报文都需指定源主机和目的主机的 IP 地址。

随着计算机网络技术的快速发展,因特网渗入人们生活的方方面面。越来越多的数据内容如电子商务、视频媒体进入网络。根据思科视觉网络指数[1]的预测,到 2018 年,仅视频流量就将占据因特网流量的 79%。届时,内容分发的应用将产生绝大部分网络流量。整个因特网的主要用途已经从传统的资源共享转变为内容分发。用户关注的是他们想得到的内容和服务而并不关心这些内容在网络中结点的位置。但是,当前网络用户所看到的以及对网络价值的感知仍然建立在传统的资源共享、主机到主机的通信模型之上。当用户访问内容或服务时,应用程序首先需要进行名字解析,将用户关注的内容或服务的名字解析为用户并不关心的发布这些内容或服务的主机的 IP 地址。因此当前网络的通信模型与网络的主要用途之间并不匹配,这给用户的网络使用带来了一系列问题:

- 可用性:对网络用户来说,网络中的数据内容应该具备高可用性,即数据内容的访问可靠且时延小。为了满足日益增长的内容分发的需求,当前的因特网需要借助于一些事先筹划的特定应用如 P2P(Peer to Peer)或者 CDN(Content

Distribution Network),数据内容的可用性依赖于这些应用。由于这些特定应用仍然建立在传统的通信网络之上,它们的内容分发引入了大量带宽的开销。

● 安全性:当前网络中数据内容的安全性依赖于可信任的存储数据内容的结点以及安全的数据内容传输通道,数据内容报文只有在特定的连接中才有意义。因此,不同用户对同一数据内容的请求需要重复地从数据源获取数据内容,引起了冗余流量和网络时延。

● 位置依赖:当前数据访问依赖于特定数据源,需要 DNS(Domain Name Service)服务器将数据内容解析成存储数据的结点。访问 DNS 服务器引入了不必要的带宽和时延,也使得网络的配置和网络服务的实现复杂化,而移动网络设备的急剧增长(DNS 信息需实时更新)和网络结点多归路的配置使得问题进一步复杂化。

为了从根本上满足网络分发数据内容的需求,在过去的十多年中,研究人员提出并逐渐明确了 ICN 体系结构。ICN 将网络问题的抽象从以主机为中心转向以数据内容为中心。其中,TRIAD[2,3] 和 Baccala 在 2002 年撰写的 IETF 草案[4] 是 ICN 的开创性工作,DONA[5] 是第一个全面、详细的全新 ICN 设计,接着 CCN (Content Centric Networking)[6] 的提出引起了 ICN 研究团体的广泛关注,而其他一些项目如 4WARD[7]、PSIRP[8]/PURSUIT[9]、NetInf[10] 和 COMET[11] 等则进一步集中讨论该问题,CCN 也以 NDN[12,13] 项目的形式成为美国自然科学基金 NSF (National Science Foundation)未来互联网体系结构计划的四大项目之一。ICN 是便于大规模内容分发的网络,内容是网络的核心实体。由于设计侧重点和采用具体技术的差异,ICN 的众多方案在网络体系结构的设计细节上不尽相同,但它们有一些共同点[14]。如由用户发送指定名字的 Interest 报文请求获取数据内容(即以名字识别和获取内容),返回的数据内容报文内置安全保护措施以及网络结点具有普遍的缓存功能(网络缓存),Interest 报文和数据内容报文均未指定请求者和数据源的信息。由于 ICN 中内容的自识别能力和内置的安全性,用户可以识别缓存的副本并验证其完整性、可靠性和相关性[15];另外,由于 Interest 报文和数据内容报文均未指定请求者和数据源的信息,这样任一可自我识别和内置安全性的数据内容报文对所有感兴趣的用户都是有用的,因此数据内容报文在网络中的缓存才有意义。网络缓存可以在所有 ICN 网络结点(包括终端用户结点和网络中的路由器①)中实现,可以缓存任何用户任何应用的数据。网络缓存将数据的请求和响应在时间和空间上分离开来,方便了 ICN 中内容的获取。如图 1.1 所示,内容请求者请求数据内容 O_1 时无须内容服务器在线。用户的请求可以用附近路由器 R_B

---

① 在本部分中,路由器有时也写作缓存结点、缓存器或者网络缓存器、网络存储器或者结点。

缓存的副本直接响应,无须到远处的内容服务器处获取。这样一来,用户访问数据内容的时延减小了,数据内容的可用性提高了,整个网络需要传输的数据流量减少了(路径 R_B—R_C—R_D—R_E 无须传输 O_1),进而节省了带宽资源,降低了发生网络拥塞的可能性和远端服务器的负载。因此,作为 ICN 的特色之一,网络缓存在彰显 ICN 的优势方面扮演着重要的角色,网络缓存的性能对 ICN 的系统性能有着至关重要的影响。

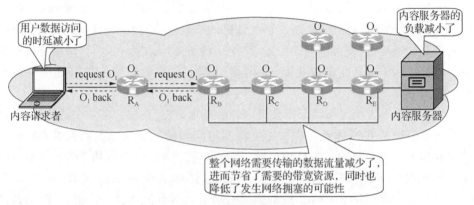

图 1.1　ICN 网络缓存的效果

但当前 ICN 的网络缓存尚缺乏高效的管理,网络缓存的性能还存在不少可以改进的空间。当前每个 ICN 路由器无差异地普遍缓存任何途经的数据内容报文,由于缓存空间有限,无差异的普遍缓存不仅导致在数据内容报文传输的路径上(on-path)造成缓存冗余,而且产生不必要的频繁缓存置换。另外,当前 ICN 路由器只能感知和定位本地缓存的内容,用户请求传输路径之外(off-path)大量就近缓存的内容没有被利用。此外,由于当前 ICN 路由器不能感知和定位 off-path 缓存的内容,邻近路由器中存在冗余的缓存,路由器没有有效利用缓存空间,缓存空间的潜在能力没有被充分释放和发挥。当前,网络缓存管理已经引起了 ICN 研究团体的广泛关注。但是 ICN 的网络缓存异于传统缓存的透明性、普遍性和精细化的特征使得网络缓存系统的数学建模和分析增添了难度,也使得现有的为 Web 缓存系统和 CDN 缓存系统开发的模型和集中式的复杂协作缓存优化技术难以直接无缝地植入网络缓存中。

为了减少缓存冗余,提高缓存内容的使用率和缓存空间的利用率,并减少用户请求数据内容所需的开销,本部分的工作将缓存内容的可达性适度引入路由使得路由器可以感知和定位其他路由器缓存的内容,进而设计简单而有效的网络缓存管理机制以充分展示 ICN 网络的性能优势。本部分的工作主要以 ICN 众多方案中最具有代表性的 NDN 体系结构为背景,研究如何在 NDN 中提高网络缓存的效率,进而实现高效的内容分发。因此第1.2节将较详细地综述NDN,第1.3节简单介绍文献中其他比较有影响力的ICN体系结构。文献[16-19]给出ICN模型的完整综述,其中文献[19]还给出了更广范围的未来网络体系结构模型研究的综述。

1.2　NDN的设计思想和核心特征

　　NDN是ICN众多方案中最受关注和最具代表性的方案,并成为下一代互联网体系结构的重要研究方向。NDN[6]是从"信息为中心"的角度重新设计的下一代互联网体系结构方案。美国PARC[20]实验室最早提出命名为CCN(Content Centric Networking)的以"内容为中心"的下一代互联网体系结构。Van Jacobson等在2009年的文献[6]中详细阐述了CCN体系结构的设计和思想。随后,CCN引起了学术界许多研究者的关注。从2010年开始,美国UCLA(University of Los Angeles)的Lixia Zhang教授联合PARC以及其他多家高校和研究机构在CCN的基础上提出了针对下一代互联网的名为NDN[14]的研究项目。NDN项目得到美国NSF下一代互联网体系结构项目的重点资助,并在2014年得到NSF新一轮的资助。CCN和NDN项目紧密合作,在本部分撰写时两者在体系结构上没有本质区别,因此可以说CCN和NDN在目前是同一个体系结构的两个不同称呼。概括地说,NDN采用层次化的名字命名内容对象,基于名字而非IP地址路由和转发用户的内容请求,网络设备可以缓存途经的数据内容,以实现高效的内容分发[6,12,13]。

　　NDN提出了IP体系结构的一种演化,将当前因特网的沙漏形体系结构中细腰的角色一般化,使得报文除了可以指定通信结点,还可以指定数据内容对象。IP网络中网络服务的原语为将报文传输到指定地点,而NDN中网络服务的原语为获取由给定名字标识的数据内容。NDN报文的名字标识的对象是抽象的,可以是一个通信结点、一个特定的数据内容,甚至一个控制命令等。这个概念上的简单改变允许NDN解决更大范围的问题,除了端到端通信的问题,还有数据内容分发的问题和控制类问题。NDN的设计也(通过在所有命名数据中提供签名)嵌入了安全原语和(通过Interest和Data报文之间的流量平衡)网络流量的自我调节功能。该设计还包含了随着网络的演化而有利于用户选择和竞争的功能,如多路径转发和网络存储。

　　NDN网络体系结构集中于**what**(访问的内容)而非**where**(访问的内容在哪里),通信模型建立在命名的数据而非命名的主机之上。NDN对底层的主机没有任何概念,报文的"地址"是内容而非位置。图1.2比较了IP和NDN的协议栈。IP协议栈的大部分层反映了双边协定,例如第二层的组帧协议是物理链路两端的协定,第四层传输层是通信双方(内容的生产者和消费者)之间的协定。需要网络整体一致协定(agreement)的是第三层,即网络层。IP 的很多成功在于其网络层(IP 协议栈的细腰)的简单性以及网络层对第二层的弱需求,即无状态的、不可靠的和无序的尽力而为的交付服务。NDN 保留了那些使 TCP/IP 简单、健硕和可扩展的设计方案,NDN 协议栈与 IP 协议栈类似,甚至对第二层的需求更少。

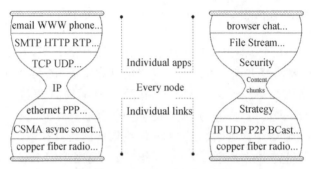

图 1.2　IP 和 NDN 协议栈比较[6]

　　NDN 和 IP 关键的不同点在于 NDN 协议栈引入了策略层(strategy)和安全层(security)两个新的层次。由于 NDN 与第二层具有更简单的依赖关系,NDN 可以最大化的同时使用多重连通性(以太网、3G、蓝牙或 802.11)。在网络动态变化的情况下,策略层细粒度地动态优化选择以最好地应用多重连通性。NDN 的安全层保护内容本身而非内容的出处和传输内容的连接,因而可以避免 IP 网络中基于主机的漏洞。

1.2.1　报文格式

　　NDN 中的通信由接收者(即数据消费者)驱动,主要涉及两种不同类型的报文,分别为 Interest 报文(Interest packet)和 Data 报文(Data packet),其中 Interest 报文用于请求内容,Data 报文是 Interest 报文的响应,其格式如图 1.3 所示。为了请求所需内容,消费者发送一个 Interest 报文,其名称部分指明了想要获取的内容

兴趣包(Interest packet)　　　　　　　数据包(Data packet)

兴趣包(Interest packet)	数据包(Data packet)
Name	Name
Selectors (order preference, publisher filter, exclude filter, ...)	MetaInfo (content type, freshness period, ...)
Nonce	Content
Guiders (scope, Interest lifetime)	Signature (signature type, key locator, signature bits, ...)

图 1.3　NDN 报文格式

的名称。Interest 报文中不携带任何主机或接口标识,路由器根据其所携带的内容名称将其路由向相应的内容提供者。一旦 Interest 报文到达了一个含有所请求内容的结点(路由器或内容提供者),该结点将会返回一个封装了所请求内容的 Data 报文。该 Data 报文将沿着对应 Interest 报文的路由路径的反方向返回到内容的请求者。NDN 具有流平衡特性,即一个 Interest 报文至多只能被一个 Data 报文满足。

Interest 报文中各个字段的含义分别为:

• Name:该字段指明了消费者想要获取的内容的名称,是每个 Interest 报文都必须包含的部分。

• Selectors:消费者可以通过该字段来根据自身需要筛选所要获取的内容。例如,消费者可以指定该 Interest 报文必须获取某个特定内容提供者所发布的内容,或者指定中间路由器是否可以使用其缓存中的过期数据来响应该 Interest 报文等。

• Nonce:该字段是一个随机数,用于区分名称相同的不同 Interest 报文。Interest 报文的名称和随机数字段联合起来可以唯一地标识一个 Interest 报文,这可以用来检测环路。

• Guiders:消费者可以通过设置 Scope 的值来限制 Interest 报文的路由跳数,lifetime 是指 Interest 报文的生存期,若一个 Interest 报文在其生存期时间内没有得到响应,则将在其生存期结束时被路由器移除。

Data 报文中各个字段的含义分别为:

• Name:该字段标识了 Data 报文中封装的具体内容。

• MetaInfo:该字段存储着 Data 报文的元信息,其中 contenttype 是指 Data 报文所封装的内容的类型,freshnessperiod 是指 Data 报文的保鲜期,保鲜期超时则意味着内容提供者可能已经产生了新版本的内容。

• Content:该字段封装了消费者所请求的内容,可以是任意的字节序列。

• Signature:在 NDN 中,内容提供者使用自己的私钥来对其所发布的每个 Data 报文进行签名,从而将每个 Data 报文的名称与其所封装的内容绑定在一起。在收到一个 Data 报文后,消费者可以根据其签名中的 keylocator 属性获取对应内容提供者的公钥来对报文进行签名验证,从而确保内容的安全性。

Interest 和 Data 两种报文都有名字(content name)字段,Interest 报文该字段指定请求内容的名字,Data 报文则用该字段指定有效负载的数据内容;但两类报文均未指定报文的发送者和接收者。Interest 报文的 selector 字段用于限定数据的获取,比如指定数据的发布者或数据的来源。Interest 报文的 Nonce 字段是发送者生成的随机数,路由器可以用 Nonce 字段区分来自不同请求者的相同 Interest

报文。Data 报文除了包含名字和内容的有效载荷外,还包含内容发布者对名字和内容载荷两字段的数字签名以及相应的签名信息;当用户收到请求的 Data 报文时,依据 Data 报文的数字签名及签名信息可以验证该报文的出处(provenance)、完整性(integrity)及是否是其想要的内容(relevance)[15]。用户将想要的数据内容的名字放在 Interest 报文中后将 Interest 报文发送到网络中。路由器依据 Interest 报文的名字向潜在数据源方向转发该 Interest 报文。只要 Interest 报文碰到一个包含有被请求数据内容的结点,该结点就会返回响应的 Data 报文,Data 报文沿着 Interest 报文到来的路径原路返回请求数据内容的用户。

1.2.2　命名机制

NDN 采用层次结构的命名机制。在 NDN 中,一个名称通常由多个名称组件组成,相邻名称组件之间以"/"分隔。NDN 命名机制鼓励使用易于理解的明文字符串作为名称组件,类似于文件系统的命名结构。例如,爱奇艺视频网站所产生的某个视频片段可以命名为/iqiyi/videos/demo. qsv,《中国日报》在 2020 年 3 月 10 日刊发的新闻内容可以命名为/ChinaDaily/news/2020march10。这种分层结构有利于 NDN 应用程序表示不同数据块之间的关系,也允许名称的聚合。例如,所有爱奇艺视频网站所产生的内容均位于/iqiyi 命名空间下,某视频第 2 版本的片段 4 可以命名为/iqiyi/videos/demo. qsv/v2/s4。

1.2.3　结点结构

NDN 路由器的结构如图 1.4 所示。每个 NDN 路由器中均含有三个主要的数据结构,分别为 FIB、CS 和 PIT。

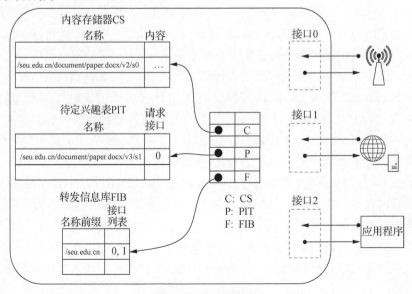

图 1.4　NDN 结点结构

1) CS(Content Store,内容存储器)

NDN 路由器中的 CS 与 IP 路由器中的缓冲存储器类似。由于每个 IP 报文都属于一个点对点对话,因此 IP 报文在被转发到其目的地后就不能再重复使用,IP 路由器在报文转发完成后会立即回收其缓冲区。但是在 NDN 中,由于每个 Data 报文都携带着一个与其请求者和获取位置无关的名称和签名,因此每个 NDN 路由器都可以将其所转发的 Data 报文缓存在其 CS 中来满足后续的消费者请求。NDN 的网络内缓存使得消费者的请求总会在离其最近的存储有所请求内容的结点处得到响应,而不是一定要被路由至最初的内容提供者处才可以得到满足,这可以缩短消费者请求的响应时间,提高内容的共享率,并减轻网络带宽的压力。

2) PIT(Pending Interest Table,待定兴趣表)

NDN 支持有状态的转发,每个 NDN 路由器均需在其 PIT 中维护其所转发的每个 Interest 报文的状态信息。每个 PIT 条目中记录着待定 Interest 报文(即已被路由器转发出去并且正在等待响应的 Interest 报文)的名称及其进入的接口。当一个 NDN 路由器收到多个消费者发送的请求相同内容的 Interest 报文时,则会发生 Interest 报文的聚合——只有一个 Interest 报文会被转发出去,其他 Interest 报文进入的接口会被添加到已有的 PIT 条目中,而报文本身则会被直接丢弃。当收到所请求的 Data 报文时,路由器会将其转发到所匹配的 PIT 条目中记录的所有接口,并将对应的 PIT 条目移除。此外,每个 PIT 条目都有一个生存期,如果路由器在一个 PIT 条目的生存期内未收到对应的 Data 报文,则会在该 PIT 条目生存期结束时将其移除。PIT 中维护的状态信息使得每个 Data 报文都可以沿着对应 Interest 报文的路由路径的反方向返回到其请求者,同时减少了网络中重复的 Interest 报文的传播,并提供了对多播的原生支持。

3) FIB(Forwarding Information Base,转发信息表)

NDN 路由器的 FIB 中存储着路由信息,用于将 Interest 报文转发到可能的内容源。FIB 中的路由信息可以手动配置,也可以通过基于名称的路由协议计算得到。每个 FIB 条目中均记录着一个名称前缀以及对应的下一跳接口信息。NDN 路由器中的 FIB 与 IP 路由器中的 FIB 几乎相同,但是两者之间有两个基本的区别:首先,IP 路由器中每个 FIB 条目通常只包含单个最佳下一跳,而 NDN 路由器中每个 FIB 条目中均可存储多个下一跳并将其按照一定的优先级排序,因此 NDN 路由器可以将一个 Interest 报文从多个接口转发出去,从而同时从多个内容源处检索数据,提高内容分发效率;其次,IP 路由器中每个 FIB 条目中只记录下一跳信息,而 NDN 中 FIB 条目中可以记录来自路由和转发平面的信息(例如 Interest 报文的往返时延)以支持自适应的转发决策。

1.2.4　报文转发

对于收到的每个报文,NDN 路由器均根据报文所携带的名称进行转发,具体转发流程如图 1.5 所示。

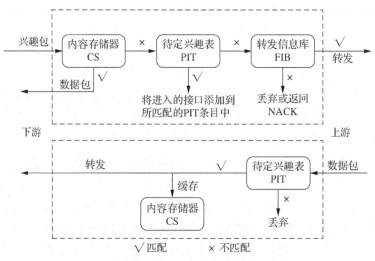

图 1.5　NDN 报文转发逻辑

对于收到的每个 Interest 报文:

• NDN 路由器首先查找其 CS 中是否缓存有对应的 Data 报文,若查找成功,则直接利用缓存中的 Data 报文回复,并将该 Interest 报文丢弃。

• 若 CS 中没有所请求的内容,则在 PIT 中查找,若含有相同名称的 PIT 条目则说明路由器已经转发了请求相同内容的 Interest 报文并且正在等待回复,因此将该 Interest 报文进入的接口加入对应的 PIT 条目中并将该 Interest 报文丢弃,因此,在每个中间结点,同一 Interest 报文(来自一个或多个请求者)只会最多向上游转发一次,这称之为 NDN 请求聚合的特征。

• 若没有匹配 PIT 表项,路由器基于 FIB 信息以及自适应转发策略将 Interest 报文向潜在数据源转发。对于每个 Interest 报文,转发策略从 FIB 获取最长匹配的表项,决定何时以及向哪些接口(可能是多个接口,多路径转发特性)转发并为其创建新的 PIT 条目。

• 若没有匹配的 FIB 表项,路由器丢弃 Interest 报文,这一点与 IP 网络的处理策略是一致的,即丢弃不能确定路由的报文。若发现 Interest 报文不能被响应,如上游链路出现故障,FIB 没有转发表项,或出现极度的拥塞,路由器可以向发送该 Interest 报文的下游路由器发送 NACK 信息(一种特定 Interest 报文)。接收到 NACK 的下游路由器将探索其他可行的路径[21,22]。

对于收到的每个 Data 报文：

• NDN 路由器首先查看其 PIT 中是否存在对应的 PIT 条目，若存在，则将该 Data 报文缓存到 CS 中，并将其从对应 PIT 条目中记录的所有接口发出，然后将这个 PIT 条目移除。

• 若没有对应的 PIT 条目，则表示路由器未转发过请求该内容的 Interest 报文，因此将这个 Data 报文直接丢弃。

1.2.5 路由

NDN 根据名称路由和转发报文，这消除了 IP 体系结构中由地址引发的地址空间消耗、NAT 遍历和地址管理等问题。传统的路由算法也适用于 NDN，例如链路状态算法和距离向量算法。相对于 IP 体系结构中的通告 IP 前缀，NDN 路由器是对路由器所能提供的数据的名称前缀进行广播，路由协议在网络中传播这些通告，并通知每个路由器构造自己的 FIB。

NDN 可以使用传统的路由算法如链路状态和距离向量算法。NDN 路由器不是通告 IP 前缀，而是通告路由器可达数据内容的名字前缀。路由协议在网络中传播这些通告，使得每个路由器可以构建自身的 FIB。通过将名字当作一系列不透明的组成成分，将 Interest 报文的名字与 FIB 表项按成分做最长前缀匹配，传统路由协议，如 OSPF 和 BGP，应该可以用于路由名字前缀。目前，Yi 等人分析了 NDN 路由应该扮演辅助自适应转发平面的角色[23]。另外，主要有 Dai[24] 和 Hoque[25] 等人对 NDN 的域内路由机制进行了探索。两层域内路由协议[24] 和 NLSR[25] 表面上相似，但它们在以下几方面不同。首先，前者用 OSPF 收集拓扑信息和计算最短路径，后者用 SYNC 协议而非泛洪的方式传播链路状态广播 LSA。其次，前者的路由信息不以 Interest/Data 的形式发送，因而它不享受带签名的更新带来的安全性。再次，前者的多路径转发仅限于数据内容有多个内容提供者的情况，但后者还支持将请求多路径转发至同一内容提供者。

1.2.6 有状态转发

PIT 表支持 NDN 数据平面的有状态转发，记录每个未被响应的 Interest 报文以及报文的到达接口，在匹配的 Data 报文到达或者时间超时的情况下会删除这条记录。基于 FIB 表中记录的信息和性能测量情况，路由器中的转发策略模块会做以下决策：Interest 报文转发到哪个接口，允许 PIT 中有多少未被响应的 Interest 报文，不同 Interest 报文的相对优先级，多个接口间 Interest 转发的负载均衡以及选择可用路径来避免内容获取失败。如果路由器发现 Interest 报文无法得到响应，即上游链路中断、在 FIB 中没有可用的转发条目或者极端的链路拥塞情况，路由器会向下游结点返回一个 NACK 报文。NACK 报文主要起通知作用，其返回给下游结点可使下游结点转发 Interest 报文到其他接口来探索可用路径[22]。

　　PIT 表中记录的信息也可提供以下功能:首先,由于 PIT 条目记录请求相同数据内容块的 Interest 报文的到达接口列表,因此 NDN 天然地支持多播数据传输。其次,每个 Interest 报文会获取到至少一个 Data 报文,因此可通过控制待响应的 Interest 报文的数量来控制流量负载,进而实现流量平衡。另外,PIT 条目的数量也可作为路由器负载的指标,限制其大小也就限制了 DDoS 攻击的影响。

1.2.7　网络缓存

　　由于 NDN 中的 Data 报文包括数据内容的名称和签名,因此各个 Data 报文是彼此独立的。路由器可以将收到的 Data 报文缓存进 CS 以响应将来请求相同数据内容的 Interest 报文。CS 类似于 IP 路由器中的缓存,但是 IP 路由器在转发报文到目的结点之后不能对报文进行复用,相反,NDN 路由器支持报文的再转发。

　　NDN 中缓存的处理流程主要包括缓存放置和缓存置换。结点根据缓存放置策略决定是否缓存经过的 Data 报文。缓存置换则是在本地结点 CS 空间已满的情况下,选择已缓存的 Data 报文删除从而为新到达的报文腾出空间。NDN 默认的缓存放置策略是处处缓存(Caching Everything Everywhere,CEE),即每个路由器都缓存经过的 Data 报文。由于路由器的缓存空间有限,若缓存空间已满且有新的 Data 报文到达,路由器就会频繁地进行缓存替换来缓存新的 Data 报文。NDN 普遍采用的缓存置换策略为最近最少使用(Least Recently Used,LRU)或最不经常使用(Least Frequently Used,LFU)算法。

　　NDN 缓存的使用包括路径上缓存和路径外缓存的使用。NDN 天然地支持对路径内缓存的利用,但是这种利用只是机会式的,如何提高缓存利用率是现在 NDN 缓存方向的研究重点。NDN 中若要对路径外的缓存进行有效利用,必须知道路径外缓存内容的可达性信息,这就需要多路径转发和网络内缓存的复杂协调。

　　除了内容存储器 CS 外,NDN 还支持一种相对持久相对大容量的网络存储器,叫作数据仓库(Repository,简称 Repo)。这类存储器可以支持类似于 CDN(Content Delivery Network)的服务,但它支持的是在网络层的缓存功能,而 CDN 是应用层之上的覆盖,CDN 需要创造性的协议才能工作。

1.3　其他 ICN 体系结构

1.3.1　DONA 体系结构

　　2007 年加州大学伯克利分校提出的 DONA[5](Data-Oriented Networking Architecture)首次将 ICN 的思想扩展到数据内容的粒度,是较为完整的 ICN 体系结构之一。它完全改变了最初的命名机制,用扁平的名字代替分层的 URL。

DONA 扁平的名字是持久的,与内容所在结点无关,在数据内容的生命周期内都是有效的。这使得数据内容可以在网络层缓存,改善内容的可用性。另外,通过密码技术,DONA 的名字允许用户验证收到的报文是否与请求的名字匹配。DONA 继续 IP 寻址和路由,并全局或局部地部署名字解析机制,将扁平的名字映射为相应的信息。

1) 命名和安全性

DONA 中每个数据内容与一个主体相关联,数据内容的名字包含主体公钥的哈希值 P 和主体中可以唯一识别该数据内容的标签 L。命名的粒度取决于主体,主体应该是相应数据内容的拥有者。主体可以命名整个网站也可以命名每个网页。每个名字是全球唯一且可自我认证的扁平名字,与应用和位置信息无关。若数据内容是不变的数据,L 可以是数据内容的哈希值。数据内容报文携带了元数据如拥有者的公钥以及对数据的签名,因此用户得到数据内容报文意味着得到了〈数据内容,公钥,签名〉的三元组。当用户收到数据内容时,可以通过查看哈希公钥得到的值是否与 P 相等以及签名是否由该公钥生成以确认该数据是否来自 P,也即 DONA 中数据内容的请求者可以验证 Data 报文的安全性。因此数据内容可以缓存在网络中,用户数据内容的请求可以用网络中缓存的数据内容来响应。

2) 名字解析和数据路由

DONA 基于名字路由的方式进行名字解析。DONA 的名字解析依赖于一种新的网络实体——解析处理器 RH(Resolution Handler)。每个域或管理实体有一个逻辑 RH,RH 依据域或实体之间供应者或客户或对等的关系形成一个层次。名字解析通过 FIND(P:L)和 REGISTER(P:L)两种基本原语实现。内容发布者通过向本地 RH 发送一个 REGISTER 消息将内容的名字发布。当从一个客户域收到 REGISTER 消息时,RH 将这个消息转发给它的供应者域和对等域。REGISTER 消息报文建立了各 RH 中的注册表 RT(Registration Table),接下来查找名字的 FIND 消息可以有效地路由。订阅者发送 FIND 消息到本地的 RH 请求想要的数据内容。若 FIND 消息与 RT 中某表项匹配,FIND 消息将发送到匹配 RT 表项指定的下一跳。否则,FIND 消息转发到 RH 的供应者域直到一级 ISP。若一级 ISP 的 RH 仍未找到匹配表项,一级 ISP 返回错误消息给 FIND 的发送者;否则,一级 ISP 将 FIND 发送给包含所请求数据内容的客户域的 RH。

数据内容的路由可以和名字解析分离也可以结合。如果选择分离,当 FIND 消息到达合适的发布者后,用正常的 IP 路由和转发将数据内容直接发送给订阅者,实际的数据传输遵从发布者 AS 和订阅者 AS 之间建立的路由策略。如果选择数据内容的路由和名字解析结合,FIND 消息在 RH 之间移动时收集路径的标签,记录途经的 AS 系列。当请求到达发布者时,这些路径标签便于 Data 报文原路返回订阅者。

3) 网络缓存

RH 可以扩展为具有缓存功能的基础设施。RH 若希望缓存 FIND 消息查找的数据内容,在转发 FIND 到下一 RH 之前,它可以将 FIND 消息的源 IP 地址修改为自己的 IP 地址。这样可以确保找到的数据内容会经过这个 RH,RH 就可以缓存相应数据内容。如果数据内容的路由和名字解析结合,响应的数据内容会再次经过 FIND 途经的 RH,RH 可以决定是否缓存数据内容。由于缓存副本的存在,当 FIND 消息请求的内容在缓存中时,RH 可以与发送 FIND 消息的主机建立连接,将缓存的数据内容传输给请求者。

1.3.2　PSIRP/PURSUIT 体系结构

PSIRP[8]项目及其后续项目 PURSUIT[9]是欧盟 F7(The Seventh Framework Programme)资助的两大 ICN 项目,它们的体系结构用一个发布订阅的协议栈完全代替 IP 协议栈。PURSUIT 体系结构由三个独立的功能组成:集合点(Rendezvous)、拓扑管理和转发。当将一个订阅匹配到一个发布时,集合点模块引导拓扑管理模块在发布者和订阅者之间创建一个路由,最后转发模块用创建的路由执行实际的数据传输。

1) 命名和安全性

PURSUIT 的信息对象由一对唯一的 ID 对标识:范围 ID(Scope ID)和集合 ID(Rendezvous ID)。范围 ID 将相关信息对象聚合在一起,而集合 ID 才是特定信息实际的标识[26]。一个信息对象可能属于多个范围,但它必须始终属于至少一个范围。范围用于:① 在给定上下文环境中定义信息对象集合;② 基于某种分发策略执行边界。例如,发布者可能将一张照片放在朋友的范围或者家人的范围,不同的范围可能有不同的访问权限。PURSUIT 的名字和 DONA 的名字一样是扁平结构,但它的范围可以组织成各种结构,如层次式的。因此一个完整的 PURSUIT 名字包含一系列范围 ID 和一个唯一的集合 ID。

PURSUIT 支持报文级别的验证技术 PLA(Packet Level Authentication)用于加密和签名单个报文。PLA 确保数据的完整性和机密性以及可以问责恶意发布者。转发结点 FN(Forwarding Node)或最终目的地可以使用 PLA 查看报文。扁平名字的使用可以为不变的数据对象提供可自我认证的名字,如使用对象的哈希值作为集合 ID。

2) 名字解析和数据路由

PURSUIT 的名字解析由集合点模块处理,集合点模块由一批集合结点 RN

(Rendezvous Node)和一个使用分层的分布式哈希表 DHT(Distributed Hash Table)实现的集合网络 RENE(Rendezvous Network)组成。当试图广播一个信息对象时,发布者发送 PUBLISH 消息给本地 RN,然后 PUBLISH 消息由 DHT 路由至负责相应范围 ID 的 RN。当一个订阅者发送一个 SUBSCRIBE 消息给本地 RN 订阅上述信息对象时,SUBSCRIBE 消息由 DHT 路由至同一 RN。该 RN 通知拓扑管理 TM(Topology Management)结点创建一个连接发布者和订阅者的路由用于数据传输。TM 把路由发送给发布者,请发布者使用该路由通过一系列 FN 发送信息对象给订阅者。通过执行分布式的路由协议如 OSPF 以发现网络拓扑,PURSUIT 的 TM 结点共同实现拓扑的管理。实际的传输路径是(经请求后)由集合点模块计算的源路由。因此 PURSUIT 的名字解析和数据路由是解耦的,前者由 RENE 实现,后者由 TM 管理,由 FN 执行。

3) 网络缓存

PURSUIT 同时支持 on-path 和 off-path 缓存。在 on-path 缓存情况下,FN 缓存转发的报文以潜在地服务未来的请求。但 on-path 缓存的效果可能不明显,因为 PURSUIT 中名字解析和数据路由是解耦的,即使请求相同信息的 SUBSCRIBE 消息到达同一 RN,但它们数据传输的路径可能完全不同。在 off-path 缓存情况下,缓存结点像发布者一样,将缓存的信息对象通告到 RENE 中。同时 PURSUIT 也可以高效地支持像 CDN 那样的托管信息的复制。

1.3.3　NetInf 体系结构

4WARD 项目及其后续 SAIL[10] 也是欧盟 F7 资助的两大未来因特网项目。这两个项目研究未来因特网的设计以及促进从当前因特网进行平滑过渡的方式。这两个项目研究的范围比较广泛,这里仅概述它们的研究领域之一 NetInf。NetInf 设计了一个支持命名信息对象进行交换的 ICN 体系结构。

1) 命名

NetInf 中信息对象的名字是类扁平的(flatish):名字有一些结构甚至可以是层次性的结构,但它们不携带位置或组织结构信息。NetInf 定义 ni://A/L URI 机制,名字包含一个权威部分 A 和一个相对于这个权威的局部部分 L,这两部分可以是哈希值,因此允许是可自我认证的或其他任何类型的字符串,包括正常的 URL。为了名字比较,NetInf 名字被认为是扁平的,也就是说,仅当订阅和发布有完全匹配的名字时才认为它们是匹配的。但另一方面,路由器当 NetInf 名字具有层次性结构,使用最长前缀匹配决定报文的路由。

2) 名字解析和数据路由

NetInf 的名字解析和数据路由可以结合,可以解耦,也可以是混合模式。在解耦情况下,一个名字解析系统 NRS(Name Resolution System)负责将对象的名字映射成可以用于获取相应信息对象的定位符,如 IP 地址。NRS 是某种形式的 DHT,要么是多级的,要么是分层次的。在多级 DHT 解决方案中,每个权威维护自己本地的 NRS 用于处理名字 L 部分的解析,而全局 NRS 处理名字 A 部分的解析。为了发布信息对象,发布者用自己的定位符发送一个 PUBLISH 消息给本地 NRS。本地 NRS 存储信息对象名字的 L 部分和定位符的映射,将相同权威 A 下面的所有 L 存储到一个布隆过滤器,将布隆过滤器的内容封装到一个 PUBLISH 消息后发送给全局 NRS。全局 NRS 更新它存储的权威 A 及其布隆过滤器与局部 NRS 的映射。当对某信息对象感兴趣时,订阅者发送一个 GET 信息给本地 NRS。本地 NRS 查询全局 NRS 以获取信息对象的定位符。接着,订阅者向返回定位符所标识的发布者发送一个 GET 信息。然后,发布者用一个 Data 消息返回订阅者请求的信息对象。在名字解析和数据路由结合的情况下,路由协议通告对象的名字,填充内容路由器 CR(Content Router)的路由表。本地 CR 将 GET 消息逐跳向发布者或内容的缓存结点转发,其间 GET 消息收集沿途的路由方向。当信息对象找到时,一个包含信息对象的 DATA 消息沿着 GET 消息途经的路径原路返回订阅者。在混合模式下,NRS 返回路由提示 RH(Routing Hint),RH 将 GET 消息导向一个或多个方向,从这些方向可能找到请求的内容。开始时,使用 NRS 提供的 RH,GET 消息到达请求信息对象附近,然后 CR 使用本地存储的基于名字的路由信息将 GET 消息传输到目的地。或者 CR 先基于它存储的基于名字的路由信息转发 GET 消息,当途中的某个 CR 没有足够信息可以转发 GET 消息时请求 NRS 获取进一步的 RH。因此 NetInf 路由可以是逐跳和部分路径的一个结合。

3) 网络缓存

除了可以在 CR 中缓存内容,NetInf 还设计了大规模信息对象的缓存部署和与 NRS 合作的复制机制。也就是说,NetInf 把这些缓存看作发布者。NetInf 考虑的是层次树结构的缓存系统,树根部有少数缓存服务器。离树根越近的缓存器存储空间越大,以缓存那些由于本地缓存空间限制而被驱逐出缓存的流行度高的内容。NetInf 还研究缓存迁移策略,将高流行度内容动态迁移至离用户近的缓存中。

1.3.4 COMET 体系结构

COMET[11]也是欧盟 F7 资助的项目,致力于设计最优化信息源选择和分布的机制,可基于传输需求、用户喜好和网络状态将信息映射到正确的主机或服务器。COMET 的核心模块是内容调停平面 CMP(Content Mediation Plane)。CMP 可以感知网络中的信息和基础设施,负责在网络提供商和信息服务器之间调停。COMET 项目为 CMP 设计了两种不同的体系结构:一个叫作 CURLING 的耦合设计,将名字解析和路由结合在一起;另一种设计在没有从根本上改变底层网络的情况下增强信息分发。与其他 ICN 方案争取位置无关不同,COMET 允许订阅者和发布者在遵从建立好的商业惯例的情况下显式地包含偏好的信息位置。

1) 命名

COMET 没有定义精确的命名机制。COMET 中信息的名字由内容解析系统 CRS(Content Resolution System)在发布者注册信息时提供,允许相关信息的名字显式地可聚合,使得命名系统应用信息对象间现有关系变得可扩展。

2) 名字解析和数据路由

在耦合的方法中,当希望别人访问它的某信息时,发布者发送一个 REGISTER 消息到本地 CRS 结点。本地 CRS 命名该信息并记录信息实际的位置。该信息在 AS 层次中用 PUBLISH 消息一直向上传播,每个父 CRS 有一个指向发送 PUBLISH 消息的子 CRS。信息发布者可以限制它的信息仅在一定区域内传播,因此 PUBLISH 消息可能到不了一级供应者。对信息感兴趣的订阅者发送一个 CONSUME 消息到本地 CRS,本地 CRS 将该 CONSUME 消息类似地在 CRS 的层次中向上传播直到到达有匹配该名字信息的 CRS。订阅者也可以限定 CONSUME 消息传播的区域。当找到匹配时,CONSUME 消息沿着 CRS 中建立的指针发送直到真正的发布者。在 CONSUME 消息传输过程中,沿途 CRS 在每个 AS 的内容感知的路由器 CaR 处建立转发状态,使得实际的数据信息可以沿着这些 CaR 原路返回给订阅者。

在解耦的方法中,CRS 系统类似于 DNS,将对象命名空间划分成固定的层次。也就是说,当发布者希望其他人访问它的信息时,它向本地的 CRS 发送 REGISTER 消息,该 REGISTER 消息不需要向外再转发,因为该信息的名字一定属于分配给本地 CRS 的名字空间。当订阅者发送一个 CONSUME 消息订阅某信息时,根 CRS 将该信息解析为指向发布者的 CRS 的指针。订阅者的 CRS 联系发布者的 CRS 获取发布者的位置信息。然后订阅者的路径配置者 PC(Path Configurator)联系发布者的 PC,请求从订阅者到发布者的源路由。订阅者用该返回的源路由请求信息,然后发布者用该源路由的反向路径返回实际的信息。由于这里名字依赖于位置信息,所以这种情况下 COMET 不是真正意义上的 ICN 体系结构。

3) 网络缓存

在耦合方法中,COMET 支持 on-path 和 off-path 缓存。on-path 缓存是概率性的缓存机制,路径上的结点基于单位时间内收到的请求估计路径上的所有流量,然后基于该估计以及到发布者和到订阅者的距离计算缓存 Data 报文的概率。

off-path 缓存中,各结点计算自己在拓扑中的中心度,数据内容报文缓存则缓存在传输路径上中心度最大的结点中。

1.4　ICN 网络缓存的特性和角色

1.4.1　网络缓存的特性

　　缓存已经是当今因特网用于减少带宽消耗的一个实用工具(如 Web,P2P 缓存),优化缓存系统的缓存理论和技术已经得到大量的研究。但由于网络缓存呈现出下面介绍的新特性——透明性、普遍性以及精细化[27],现有的为 Web 缓存系统和 CDN 缓存系统开发的模型和优化技术难以直接无缝地植入网络缓存中。

　　1) 网络缓存的透明性

　　传统缓存是封闭的系统,为特定应用如 Web、CDN 或 P2P 的具体类型流量设计。虽然 Web 缓存是基于开放式的 HTTP 协议,但 Web 内容遵从基于域的命名规范,同一对象缺乏唯一的标识使得缓存难以被利用,例如,URL 既是 Web 对象的标识符又是 Web 对象的定位符。当同一对象的两个副本放在不同内容提供商的不同服务器处时,需要用两个不同的 URL 来标识和访问内容。Web 缓存系统将这两个副本看作不同的信息对象,数据内容的缓存被域边界逻辑地分离开,因而降低了缓存的效率。P2P 应用使用私有协议,因而每个 P2P 应用成为一个封闭的系统。为了克服这些不足,研究人员正试着使缓存对应用更透明。例如,IETF DECADE 方案[28-29]试图提供一个可以共享的缓存基础设施,使得每个应用可以独立地管理缓存空间。但由于缺乏统一的命名规范,实现跨应用的缓存共享仍然很难。协议的封闭性和命名的不一致性在 ICN 中可以很好地得到解决。首先,ICN 中以统一一致的方式命名内容,这些名字是可以自我验证的,简化了内容的安全性验证。其次,ICN 的路由和缓存决策均基于这些统一的名字,真正意义上使网络可以感知这些名字,这个特征使得网络缓存成为一个通用的、开放的、与上层应用无关的透明式服务。

　　但网络缓存的透明化也带来以下的一系列挑战:

　　• 缓存的线速操作:网络缓存器的透明性对 ICN 缓存器的操作速度提出了新的要求。根据提议,ICN 缓存器应该以线速操作,这使得 ICN 的缓存管理与传统磁盘缓存的缓存管理区别很大[30,31]。

　　• 缓存目标的不一致性:传统缓存系统的目标一般较简单,但每个系统的目标都不一样。例如,Web 缓存希望减少网络流量和用户感知的时延,而 P2P 缓存主要关注网络流量的减少。作为新的网络体系结构,ICN 希望服务于各种网络流量包括 Web、VoD、文件共享等。这些不同类型的流量有不同的目标,因此 ICN 需要在不同类型流量间权衡以为缓存目标做出合理的选择。

●多应用之间对缓存空间的竞争:不同类型流量的数量、数据内容对象的大小及流行度的差异比较大[32]。例如,Web数据内容对象的数量庞大,大约是十亿,但数据内容对象尺寸比较小。相比之下,VoD流量的数量少,大约是10^5,但数据内容对象大很多。这些流量的高度差异性对传统专用的封闭式缓存系统提出了新的挑战,需要ICN能够在不同类型流量之间高效共享缓存资源。

2)网络缓存的普遍性

传统缓存系统中缓存的位置往往是事先决定好的,缓存的拓扑有意地形成线性级联或是层次树的结构,缓存器之间内容的放置和协调通过求解由先验的流量需求和缓存结构建立的分析模型决定。而ICN中的缓存器是普遍存在的,位置不再固定,缓存网络的拓扑从层次树进化到任意拓扑,传统缓存结点间固定的父子关系也消失了。这些因素为网络缓存系统的数学建模和分析增添了难度,也使得网络缓存器之间显式的复杂协调机制难以使用。

同时,网络缓存的普遍性也使得缓存内容的可用性变得更微妙。在传统的Web和CDN缓存系统中,用户请求的内容是否可以从缓存中获取是清楚的。在CDN中,内容基于用户访问需求和网络结构的先验知识事先推送并复制到边界服务器;缓存系统基于重定向或DNS解析这样的机制确保缓存内容的全局可用性。在层次式的Web缓存系统中,只有从请求结点到根结点的路径上缓存的内容才可以被请求利用,在这条路径之外缓存的内容无法利用。但在ICN中这种情况改变了。通用的缓存网络拓扑、缓存器的普遍存在及缓存内容的波动性使得ICN的缓存系统呈现出高度动态性。若每个缓存器短暂缓存的内容均需向全局注册系统或路由系统通告,系统的可扩展性将由于高容量的更新信息而面临巨大的挑战。此外,高度动态性也使得系统一致性维护更加困难。如何在高度动态的网络缓存系统中保持适度的对象可用性、优化对象的获取代价是网络缓存亟须解决的问题。

3)精细化的网络缓存

传统的缓存系统以文件为缓存单元,而大多数ICN模型将大的文件细分成一个个小的可以自我识别的数据块,以数据块为缓存操作的单元。缓存单元的这一改变产生了下面的一系列问题:

●流行度的改变。文件级别数据内容对象的流行度分布得到大量研究。如现在已经很好地证明了Web对象或P2P对象的访问频率分别遵从Zipf分布和Mandelbrot-Zipf分布[33,34]。但文件级别对象的流行度可能不能简单地扩展为数据块对象的流行度,因为同一文件的不同数据块可能有不同的访问频率。比如说,用户通常依据视频的最初部分决定是否看整个视频,这使得视频的不同数据块有不同的访问频率。迄今为止,关于数据块级别对象的流行度分布没有任何分析模型,也没有任何实验性研究。

• 独立参考模型的失效。传统的基于文件的缓存典型地依赖于用户的请求遵从所谓的独立参考模型的假设,也就是说,一个给定对象将被用户访问的概率只由其流行度决定,与以前的请求不相关。但这个假设在数据块级别的缓存中可能失效,因为同一文件不同数据块的访问往往是相关的,如按序访问。

• 更加高效地使用缓存空间的机会。以数据块而不是文件的粒度缓存和置换数据内容,并且缓存的数据块内容有统一标准的名字,因而 ICN 网络可以同时从不同结点获取同一文件的不同部分,加速内容获取的速度,改善缓存空间的利用率。虽然 P2P 也使用类似的策略,但不同的 P2P 应用缺乏一致的命名规范,这使得应用之间缓存内容的重用变得不可行。

1.4.2　网络缓存的角色

作为 ICN 的特色之一,网络缓存在彰显 ICN 的优势方面扮演着重要的角色,但当前大家对网络缓存所扮演的具体角色没有一致的看法。本节探索了网络缓存在错误恢复、对移动通信的支持、突发访问缓解、DDoS 攻击防治、热点内容缓存及托管服务方面所扮演的角色[35]。

1) 错误恢复及对移动通信的支持

ICN 的路由器缓存途经的数据内容报文。在传统意义上,缓存器一般用于存储那些被用户重复请求的热点内容。这样看来,若 ICN 路由器缓存会话中的数据内容报文,似乎有点激进且不明智,因为会话中动态生成的一次性数据只有会话的参与方(可能是多方会话)会请求,除此外没有其他人需要这样的数据内容,缓存这样的数据内容似乎意义不大。但按照设计,ICN 需要能够在不可靠的数据传输服务之上运行,包括在高度移动和间歇性链路连通性的环境之下运行。在这种情况下,用户请求的数据内容在传输中可能丢失也可能发生错误。为了提供可靠的数据传输服务,若用户发送的请求在合理的时间内仍未收到返回的数据,用户需要重发这些请求。当重传的请求在网络上传输时,它们在沿途经过的路由器中可能碰到上一次请求返回的数据内容报文在丢失或被破坏之前被缓存下来的副本,可以将这样的副本快速返回给用户,使得错误被快速恢复并自然地支持了移动结点的通信。网络缓存在错误恢复和移动通信支持方面的角色对于那些对时延敏感的应用很重要。另外,有了缓存的能力,移动结点可以充当断开连接的区域间的网络媒介或在间歇性连通性的链路上提供延迟的连接,这类似于中断容错网络[36]。

2) 突发访问缓解和 DDoS 攻击防治

在互联网中,某些内容在短时间内突然被世界各地的用户频繁访问。这样的突发访问可能源于下述两种情况：

（1）突发访问[37]：突发访问通常是因为出现了吸引大众眼球的突发事件。大量终端用户几乎同时向突发事件内容所在服务器发送请求。突发事件可能是事先安排的，如网络直播的热门电影或节目，也可能是不可预测的，如地震这样的自然灾害引发公众几乎同时访问地震相关消息。当突发访问发生时，请求突发事件消息的流量急剧增长，可能比正常情况下的大多个数量级。

（2）DDoS 攻击[38,39]：DDoS 攻击者常用攻击方式就是使散布在网络各个地方的恶意结点向目标结点或网络发送密集的请求流量。

在 IP 网络中，如此密集的请求流量在如此短的时间内均到达内容服务器可能导致服务器超载，进而服务器响应的速度变慢甚至于服务器崩溃。与此同时，响应请求的流量在流量聚集最为密集的链路上可能导致网络拥塞。结果大部分用户（突发访问的用户或 DDoS 所攻击服务器的真正用户）得到的都是极差的服务质量，而使用户无法正常访问目标服务器或网络资源是 DDoS 攻击者的目的。实际上在突发访问或 DDoS 攻击发生时，组播可以起到缓解的作用。但 IP 网络中路由器需要耗费大量资源才能为每个组播组维护一棵组播树，这一点限制了 IP 网络中组播的部署。而 ICN 路由器可以缓存数据内容，用于响应几乎同时来自不同用户的请求进而自然地支持组播。即中间路由器所缓存内容可以作为组播源返回给用户，自然地支持组播，无须内容服务器的参与。因此 ICN 中 DDoS 攻击较难成功，攻击者不可以通过向目标服务器发送特定请求而达到拒绝服务的目的。因此，网络缓存在缓解突发访问的负面影响及防治 DDoS 攻击方面可以发挥重要作用。

3）热点内容的缓存

本部分将上述流行度高度动态变化的缓存内容称为暂态缓存内容。网络中除了暂态缓存内容，还存在一些在较长时间内都稳定流行的内容，如今日新闻在当天都比较热门，人们可以选择一天内任意空闲时间阅读。对于这种在较长时间内稳定流行的内容，路由器可以将它们在缓存器中较长时间地缓存以减少带宽的需求和响应请求产生的时延。本部分将这类稳定流行的缓存内容称之为稳态缓存内容。

相对于暂态缓存内容，稳态缓存内容的动态性比较低，可以考虑 off-path 缓存，允许 off-path 路由器之间共享稳态缓存内容以及协商稳态内容的缓存。但 ICN 路由器中的计算和空间资源有限，如何有效利用这些资源决定了稳态缓存内容网络协作缓存的效率。与传统的缓存系统相比，ICN 中网络缓存器数量庞大，它们之间协作所产生的开销也较大。因此网络缓存器之间中心式的协作缓存可能不太现实，而分散式的协作不失为一种选择。

4）托管服务

互联网上现代企业应用和服务具有严格的服务质量要求，因为在服务性能和可靠性方面细微的退化就可能产生相当大的业务影响，而中断供应可能对品牌声誉产生重大的损害，进而流失客户。并且互联网服务提供商之间的竞争将会越来越激烈。路由器缓存热点内容有利于改善热点内容的可用性和数据传输性能，但新兴数据发布者（如新的视频网站）的内容传输可能不会从热点内容的缓存中受益。因此新兴的内容发布者可能需要借助额外的缓存来提升它们的竞争力。而ICN 网络缓存系统如 NDN 的数据仓库 Repo 可以承诺为那些不那么热门的内容提供"持久的"缓存，与 CDN[40] 的托管服务类似。

数据仓库 Repo 可能不需要在每个路由器上都部署，ISP 可以根据数据仓库Repo 的需求量来部署并设定位置。数据仓库 Repo 的发展可能需要新的商业模型来促进。在 IP 网络中，CDN 运营者从内容提供商如多媒体公司获取报酬，因为CDN 帮助他们把内容分发给用户；反过来，CDN 运营者付费给 ISP、网络运营者等，因为后者用数据中心服务器为 CDN 存储和传输数据内容。相比之下，ICN 中内容提供商将直接付费给数据仓库 Repo 的拥有者，即 ISP 或网络运营者[41]。ICN中网络运营者和内容提供商之间的争斗将潜在地增加，因为前者希望从后者的收入中"分一杯羹"以资助网络缓存设备的投资。

1.5　研究目的与意义

作为 ICN 的特色之一，网络缓存在彰显 ICN 的优势方面扮演着重要的角色，网络缓存的性能对网络的系统性能有着至关重要的影响，但当前的网络缓存尚缺乏高效的管理，网络缓存的性能还存在不少可以改进的空间：

•首先，当前每个 ICN 路由器无差异地普遍缓存任何途经的数据内容报文[6]，由于路由器的缓存空间有限，无差异地普遍缓存不仅在数据内容报文传输的路径上（on-path）造成了不小的冗余，而且产生了不必要的频繁的缓存置换更新。具体表现为：最新缓存的内容，可能还未来得及响应其他用户的请求就被置换了；最新缓存的内容可能是用户一次性访问的数据，但它的缓存可能导致置换了on-path 路由器中缓存的流行度更高的内容，使得后续对该被置换内容的请求要到数据服务器处才能被响应。路由器若有选择地缓存途经的数据内容报文，则可以避免 on-path 缓存的冗余以及频繁而不必要的缓存置换。

•其次，由于网络缓存内容的高度动态性，为避免高容量的更新信息使路由面临巨大的挑战，当前 ICN 的路由如 NDN 的 NLSR[25] 仅向网络通告数据内容服务器处稳定持久的内容。因此，路由器并不能感知和定位其他邻近路由器所缓存的内容,用户请求传输路径之外(off-path)大量就近缓存的内容没有被利用。具体地说,由于路由器只能定位本地缓存的内容,用户请求只能利用在从请求者到数据内容服务器的路径上缓存的内容。若一个到达的用户请求所请求数据内容未在本地缓存,而是缓存在一跳之外的邻居路由器(该邻居路由器不在从请求者到数据内容服务器的路径上),由于路由器对此一无所知,用户的请求仍然会被路由器引导至更远的数据内容服务器处去获取数据内容。如图 1.6 所示,用户请求以结点 A 为数据内容服务器的内容,请求首先到达结点 D 处。虽然结点 D 的邻居结点 C 处有所请求内容缓存的副本,但由于结点 D 对 C 缓存的内容一无所知,而且结点 C 不在用户请求从请求者到数据内容服务器 A 的路径 D—E—F—A 上,结点 C 处缓存的内容不能被该请求所用。

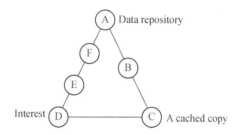

图 1.6   路由器无法感知邻居路由器所缓存内容的情况

• 再次,也由于当前 ICN 路由器不能感知和定位 off-path 缓存的内容,路由器中的缓存空间未能被有效利用,缓存空间的潜在能力没有被充分释放和发挥。相反,如果路由器可以感知和定位 off-path 大量就近缓存的内容,那么路由器之间可以相互共享缓存的内容并共同决策内容的缓存进而实现对缓存空间的高效利用。如图 1.7(a)所示,假设有两个邻接的路由器 R_A 和 R_B,它们的缓存空间都只够缓存一个数据内容报文。两个路由器都收到请求数据内容服务器 S 处数据内容 o_1 和 o_2 的请求报文,并且 o_1 在两个路由器处更频繁地被请求。由于两个路由器处缓存空间的限制,以及它们对各自缓存的内容一无所知,两个路由器都偏向于缓存更热点的内容 o_1,以便更多的请求在本地就可以直接被响应。因而两个路由器接收到的对内容 o_2 的请求都需要被引导到数据内容服务器 S 处。但如图 1.7(b)所示,如果这两个路由器可以相互感知对方缓存的内容,共享对方缓存的内容并一起作缓存决策,它们能够达成共识,分别缓存内容 o_1 和 o_2。以这种方式,这两个路由器接收到的对内容 o_1 和 o_2 的请求都能够用缓存的内容来响应。

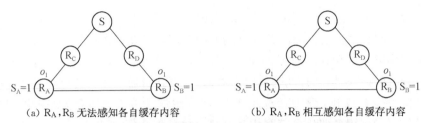

　　　　(a) R_A,R_B 无法感知各自缓存内容　　　　　　(b) R_A,R_B 相互感知各自缓存内容

图 1.7　路由器是否可以感知邻居路由器所缓存内容时缓存的差异

　　网络缓存异于传统缓存的透明性、普遍性和精细化特性为网络缓存系统的数学建模和分析增添了难度，也使得现有的为 Web 缓存系统和 CDN 缓存系统开发的模型和集中式的复杂协作缓存优化技术难以直接无缝地植入网络缓存中，ICN需要相对简单而有效的缓存优化技术。网络缓存的管理操作包含缓存内容的放置（即选择内容放置到某个或某些路由器中）、缓存内容的置换（即在缓存已满又需再缓存额外的内容时，决定置换缓存中的哪个数据内容）以及缓存内容的定位（感知和定位网络中其他路由器缓存的内容）。其中缓存内容的放置是当前网络缓存管理研究中最热的研究点，如研究人员讨论如何减少网络中缓存的冗余[42-43,31]和实现数据内容的差异化缓存[44,45]。现有的关于缓存内容放置策略的工作考虑的因素比较单一，考虑的因素最多的是数据内容的流行度，其他要么是数据内容源的远近，要么是缓存空间的竞争等，没有将这些因素综合起来考虑。另外，更重要的是，缓存内容的放置没有与缓存内容的定位结合起来。而缓存内容的定位可以提高off-path 缓存内容的使用率，可以避免缓存内容的放置形成冗余的缓存，可以提高网络缓存器之间协作缓存的程度。缓存内容的定位依赖于缓存可感知的路由机制将缓存内容的可达性在网络中传播，网络中缓存的内容增加了路由信息进入了路由的选择和建立。但由于网络缓存器缓存的内容数量庞大而且绝大部分缓存内容具有高度动态性，若缓存可感知的路由实时追踪网络中缓存的所有内容，及时地更新网络中缓存内容的可达性信息，这样频繁的更新会使得缓存可感知路由的维护成为一个巨大的工程，耗费大量的开销。因此，缓存可感知的路由机制需要根据所缓存内容的稳定性、流行度等信息以及系统允许的开销，有选择性地为缓存内容提供一定范围内的可感知能力，如暂态缓存内容可以仅被邻近路由器感知，稳态缓存内容可以被较大范围内路由器感知等。

　　缓存从 IP 网络中的一个中间件优化机制变成 ICN 中用于实现高效内容分发的基本体系结构构建模块，优化缓存的性能对整个系统的性能至关重要。ICN 网络缓存的透明性、普遍性以及精细化的特征对缓存技术不仅提出了新的挑战，同时也为它的发展提供了新的机遇。本部分的工作将缓存内容的可达性适度引入路由，设计简单而有效的网络缓存管理机制以减少缓存冗余，提高缓存内容的使用率和缓存空间的利用率,并减少用户请求数据内容所需的开销(如路由跳数),进而充分展示 ICN 网络的性能优势。本部分基于理论分析和实验验证提出的优化机制和方法,可以为 ICN 的路由和网络缓存管理提供可行的优化策略,研究成果对于后续 ICN 的研究发展也具有积极的指导意义。

1.6 研究内容

本部分始终在讨论与路由紧密结合的网络缓存管理。如图 1.8 所示,缓存可感知的路由提高了缓存内容的使用率,其设定的缓存内容被感知和定位的范围决定了缓存内容放置决策中可以协作的缓存结点范围,其路由选择提供了缓存的需求。而缓存内容的放置决策依据缓存可感知路由提供的缓存需求,以及设定的缓存内容被感知的范围确定数据内容在协作缓存组中的缓存情况,然后决定是否应该缓存数据内容以及将数据内容缓存在哪个结点,以减少冗余的缓存,提高缓存空间的利用率,减少用户请求数据内容所需开销;最终网络中缓存的内容增加了路由信息。因此,路由和网络缓存管理必须结合起来统一考虑,互相协作,共同实现网络缓存性能的优化和提升。本部分的工作将缓存内容的可达性适度引入路由,基于缓存可感知的路由设计简单而有效的网络缓存管理方案以减少缓存冗余,提高缓存内容的使用率和缓存空间的利用率,并减少用户请求数据内容所需开销。

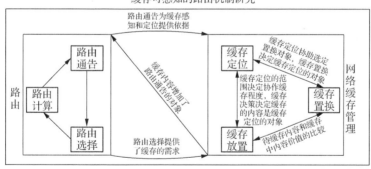

图 1.8 路由与网络缓存管理之间的关系

在对现有机制进行深入分析和对比的基础上,指出目前存在的主要问题与不足,将研究的问题细化为"on-path 网络缓存""暂态缓存内容的放置、置换和定位""稳态缓存内容的网络协作缓存"以及"AS 结点间的协作缓存"四个子问题分别展开研究,提出对应的优化解决方案。本部分的研究内容框架如图 1.9 所示,本部分主要研究内容包括以下几点:

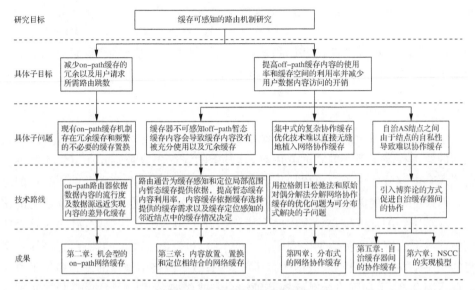

图 1.9　本部分的研究内容架构

（1）针对当前 on-path 缓存机制存在冗余缓存和不必要缓存置换的问题，提供了一种机会型的 on-path 网络缓存机制。即使不能感知其他结点中暂态缓存的内容，该机制使路由器选择性地缓存本地流行度高和离数据源远的内容，实现数据内容的差异化缓存，减少不必要的缓存置换操作；同时，由于 NDN 网络存在请求聚合和缓存过滤的特征，网络中的每个路由器对数据内容的流行度分布有不同的视图，加上每个路由器在网络中位置不一样，不同路由器也偏向于缓存不同的数据内容，减少冗余的缓存。该机制是一个轻量级的网络缓存机制，路由器之间无须信令信息的交互。仿真实验验证了该机制减少了冗余缓存和不必要的缓存置换操作，提高了缓存的命中率，减少了用户请求所需的路由跳数。

（2）针对若路由器不可感知 off-path 就近暂态缓存的内容会导致暂态缓存内容没有被充分利用而且存在冗余缓存的问题，提出了一种将暂态缓存内容的放置、置换和定位相结合的网络缓存机制。缓存可感知的路由使得路由器可以感知和定位 off-path 就近暂态缓存的内容，提高暂态缓存内容的使用率，同时内容放置、置换和使用缓存时考虑邻近结点内暂态缓存的内容，进而减少网络中缓存内容的冗余度以及不必要的缓存置换；此外，缓存内容的放置综合考虑了数据内容的流行度分布、路由器离数据源的远近和路由器处缓存空间的竞争以及缓存置换带来的"罚金"，进而将数据内容放置（即缓存）在用户需求大的、离数据源比较远的而且缓存空间竞争小的路由器处。该机制无须路由器之间进行信令信息的交互。仿真实验验证了该机制进一步减少了不必要的缓存置换操作，提高了缓存的命中率，减少了用户请求所需的路由跳数,有效地利用了网络缓存器的缓存资源,改善了网络传输数据内容的性能。

(3) 针对传统集中式的复杂协作缓存优化技术难以应用到稳态缓存内容的网络协作缓存中的问题,提出了一种分布式的网络协作缓存机制。该机制将稳态缓存内容的网络协作缓存问题形式化为一个带约束条件的优化问题,然后使用拉格朗日松弛法和原始对偶分解法将优化问题分解为一系列缓存内容放置决策子问题和数据内容定位子问题,每个缓存内容放置决策子问题可以在各路由器处分布式地解决,然后缓存可感知的路由使得数据内容定位的子问题也可以在各路由器处分布式地解决,最终实现网络缓存器之间对稳态缓存内容的共享及协作缓存。

(4) 将 AS 结点抽象为自治缓存器,针对自治缓存器试图最小化的只是它自身数据内容访问开销而非整体数据内容访问开销的情况,提出了一种自治缓存器间的网络协作缓存机制。该机制采用博弈论的方法——迭代最佳对策:在每轮中,基于本地用户对数据内容的请求率信息、到其他缓存结点访问内容的“价格”以及缓存可感知的路由提供的其他结点的缓存决策,自治的缓存结点依次独自决定本地应该缓存哪些内容才是最佳的对策,最终找到满足所有自治结点理性参与协作缓存限制条件的全局内容放置方案,促使这些自治的结点参与协作缓存。仿真实验验证了该方法的有效性并分析了影响自治缓存器间网络协作缓存性能的因素。

(5) 提供了 NSCC 在 NDN 中的实现模型。该模型给出了实现 NSCC 理论模型所需的请求率信息收集、结点间信息同步、缓存决策、内容缓存和错误事件检测五个功能设计。该功能设计的正确性在实现 NDN 体系结构的 CCNx 库之上得到了验证。

2　机会型的 on-path 网络缓存

NDN 路由器中暂态缓存的内容数量庞大,加上缓存的波动性,缓存的内容可能随时被置换。如果设计不合理,缓存可感知的路由可能产生大量开销,因此当前 NDN 暂时不支持缓存可感知的路由,缓存结点只能感知本地缓存的内容。现有的为这种情况设计的 on-path 缓存机制存在冗余缓存和不必要缓存置换的问题。针对这个问题,本章设计了一种机会型的 on-path 网络缓存机制。该机制使得路由器选择性地缓存本地流行度高和离数据源远的内容,实现数据内容的差异化缓存,减少不必要的缓存置换。NDN 存在请求聚合(request aggregation)和缓存过滤(cache filtering)的特征,网络中的每个路由器对数据内容的流行度分布有不同的视图;另外,每个路由器在网络中的位置不一样。因此,即使路由器不能感知其他邻近路由器中暂态缓存的内容,通过运用机会型的 on-path 网络缓存机制,不同路由器也偏向于缓存不同的数据内容,减少冗余的缓存。通过理论分析以及基于 ndnSIM 的仿真实验和性能分析,本章提出的机会型 on-path 网络缓存机制的有效性得到了验证。

2.1　问题分析

在 NDN 中,网络缓存在改善数据内容传输的性能方面扮演着至关重要的角色。但是,如果 NDN 路由器不加区分地缓存任何途经的 Data 报文,也就是说将任何内容缓存在任何地方(CEE:Cache Everything Everywhere)[42,46],这可能会导致沿途路由器中有大量冗余的缓存内容,并引起不必要的频繁的缓存置换,因而削弱了网络缓存的有效性。更具体地说,在 CEE 中,路由器在收到任意 Data 报文时都会缓存它;如果缓存满了,就有数据内容被驱逐出缓存以腾出空间缓存新到达的 Data 报文。由于路由器的缓存空间有限,随着新的 Data 报文不断到达,路由器中会频繁地发生缓存置换;另外,沿途路由器都缓存相同的 Data 报文会引起不必要的缓存冗余。此外,因为数据内容的流行度分布一般服从类似于 Zipf 的分布[47],所以网络中大量的数据内容被用户访问的频率很低。在 CEE 中,这些被用户访问频率很低的 Data 报文可能置换沿途路由器中相对访问频率高些的 Data 报文,然后这些访问频率低的 Data 报文还没来得及响应用户的请求就被置换掉了,而紧接着可能收到请求前面被置换的相对热门的 Data 报文的 Interest 报文,但这些 Interest 报文已不再能用缓存的内容响应。

网络缓存的性能改善引起了 ICN 研究团体的广泛关注。当前存在诸多关于协作缓存的文献[48-50],这些工作大部分考虑的是覆盖网,其中的缓存是独立于底层网络的一种覆盖服务,这些工作不能直接用到 ICN 网络中。因为它们要么是为特定应用设计的(这些特定应用对缓存的设计施加了额外的约束条件),要么针对的是特定类型的拓扑如组播树;此外,覆盖网络中的缓存结点之间一般通过信息交互共同决定并共享各缓存结点存储的内容。但在 ICN 网络中,作为网络层功能的网络缓存可以缓存任何应用的数据内容,具有缓存功能的路由器数目庞大且形成任意的拓扑;相对于覆盖网络中的缓存,ICN 网络中缓存内容的波动性更大,缓存的内容可能随时被置换;如果路由器之间以缓存可感知的路由的方式使路由器感知当前网络中缓存的内容然后再协作缓存,频繁的路由更新需要的通信开销可能会比较大,因此 ICN 暂时不支持缓存可感知的路由。为了避免缓存可感知的路由产生的通信开销,Saino 等人[51]回顾了哈希路由技术,提出将 Data 报文的内容标识作为哈希函数的输入从而决定应该将数据内容缓存在哪个网络缓存器;文献[52]的网络缓存机制和文献[51]的类似,但缓存数据内容块的路由器是由数据内容的块号对一个特定的数字求模得到的。这两个缓存方法都没有冗余的缓存,最大化了缓存命中率,但是它们都没有依据各路由器处数据内容的流行度分布来实现差异化缓存,因而难以避免地会出现路径延展,进而使得缓存的有效性降低。

另外,由于 on-path 网络缓存不需要缓存可感知路由的支持,ICN 研究团体对它产生了极大的兴趣,其中热门的主题包括减少缓存的冗余[31,42]和依据数据内容的流行度估计设定数据内容缓存的优先级[44,53]。Chai 等人提出仅选择沿途路径中具有最高中心性的路由器缓存 Data 报文[42]。而 Psaras 等人则提出一种概率性的缓存算法,由剩余路径上的缓存容量和离数据内容请求者的距离决定数据内容缓存的概率[31]。这两种 on-path 网络缓存策略对 Data 报文不加区分地缓存,这可能会产生不必要的缓存内容置换。在文献[44]和[53]介绍的缓存策略中,上游结点基于它自身观测到的数据内容的流行度分布建议下游结点应该缓存哪些 Data 报文。由于 ICN 网络请求聚合的特征以及缓存过滤的效应,各路由器看到的数据内容的流行度分布不同,别人代之决策的方式可能会引起不必要的缓存冗余,因为在一个结点热门的内容在其邻近结点不一定热门,要求邻近结点缓存该 Data 报文可能是不合理的。因此各结点自身才最适合设定本地 Data 报文存储的优先权,这样也可以避免不必要的冗余缓存,如在邻居结点处热点但本地不流行的 Data 报文则可以不缓存。

本章提出了一个分布式和机会型的 on-path 网络缓存机制,致力于减少 NDN

网络对上游带宽的需求,改善网络传输数据内容的性能。作为现有 on-path 网络
缓存机制的补充工作,机会型的 on-path 网络缓存是一种轻量级的机制,不需网络
缓存器之间显式地交换信息,由网络缓存器自身依据本地观察到的数据内容的流
行度分布以及离数据源的远近两个因素共同实现数据内容的差异化缓存。机会型
on-path 网络缓存的思想来源于直觉:缓存更热点的数据内容能直接响应更多用户
的请求,而将 Data 报文缓存在离用户近的地方可以减少用户请求平均所需经过的
路由器跳数。在机会型的 on-path 网络缓存中,每个沿途路由器根据它观察到的
数据内容的流行度、请求者到数据源以及到本地路由器的距离独自决定 Data 报文
的缓存概率。通过这种方式,更热门的 Data 报文内容更可能被路由器,尤其是邻
近用户的路由器缓存。机会型的 on-path 网络缓存机制降低了沿途路由器中缓存
空间的竞争以及缓存的冗余,使得流行度高的内容可以在靠近用户的路由器中缓
存更长的时间。大量仿真实验,其中包括在 PoP 级别拓扑上,用现实网络上用户
请求的 trace 数据作为用户数据访问模式的实验,表明相比于 CEE 和评估的其他
on-path 缓存机制,本章提出的机会型 on-path 网络缓存机制通过差异化的缓存减
少了冗余的缓存和不必要的缓存置换,最终能够改善用户数据内容访问的平均缓
存命中率并减少数据内容访问平均经过的路由器跳数。原则上,机会型 on-path
缓存机制也可以用于其他具有网络缓存功能的 ICN 体系结构中。

2.2 机会型 on-path 网络缓存

本节首先介绍了机会型 on-path 网络缓存机制的系统模型,接着具体阐述机
会型 on-path 网络缓存机制的工作原理,然后从理论上分析该 on-path 网络缓存机
制的相关特征。

2.2.1 系统模型

本章考虑的是一个任意拓扑的 NDN 网络,用图 $G=(V,E)$ 表示,其中 $V=$
$\{v_1,v_2,\cdots,v_{|V|}\}$ 表示 NDN 网络中路由器的集合,每个路由器具有缓存功能但缓存
空间有限,这样的路由器被称之为网络缓存器;而 E 表示路由器之间通信的链路。
$O=\{o_1,o_2,\cdots,o_{|O|}\}$ 表示 NDN 网络中用户请求的 Data 报文的集合,这些 Data 报
文由它们专门的数据内容服务器托管并提供给网络中的用户。不失一般性,本章
假设这些 Data 报文的大小一致,网络缓存器的每个存储单元可以缓存一个 Data
报文。另外,假设网络中数据内容请求的到达过程是一个泊松过程。虽然 NDN
网络自然地支持多路径转发以提高网络性能,但多路径转发当前尚不成熟,还依赖
于未来协议的发展。为了简化,本章的工作将内容缓存和请求的转发限制在沿途

的原则下。也就是说,Interest 报文沿着到数据内容服务器的最短路径路由,途中可能会遇到匹配 Data 报文缓存的副本,而 Data 报文在原路返回请求者时可能缓存在沿途的某(些)路由器中。

当一个 NDN 路由器几乎同时收到多个请求相同 Data 报文的 Interest 报文时(这些 Interest 报文来自不同的请求者),路由器只将第一个到达的 Interest 报文向网络的上游发送以获取想要的 Data 报文。也就是说,从不同用户发送的请求相同 Data 报文的 Interest 报文到达下游同一路由器时会被聚合,只有一个 Interest 报文会向网络的上游发送,这个称为 NDN 请求聚合(requests aggregation)的特征。此外,上游结点也看不到下游结点命中缓存的请求,这个称之为 NDN 网络缓存过滤的作用(cache filtering effect[54])。因此,网络中的结点对数据内容的流行度分布有着不同的视图。在本章考虑的系统中,每个路由器通过用户数据内容访问的历史(该历史能够反映 NDN 网络中请求聚合和缓存过滤的效应)周期性地获取本地数据内容的流行度分布。

如果一个 Interest 报文在沿途经过的路由器中找到缓存的副本,该请求报文被记录为缓存命中;否则,该 Interest 报文需走完全程到达数据内容服务器处获取内容且该请求被记录为缓存未命中。当一个本地未缓存的 Data 报文到达时,路由器基于本章提出的缓存内容放置策略概率性地缓存该 Data 报文。如果决定缓存且缓存空间已满,路由器需要用缓存内容置换策略决定应该置换哪个 Data 报文。

2.2.2　on-path 缓存机制

在本章的机会型 on-path 缓存机制中,沿途路由器缓存 Data 报文的概率基于路由器统计的该数据内容在本地的流行度和请求者到数据源以及到本地路由器的距离计算。在路由器处的机会型 on-path 网络缓存算法的伪代码如算法 2.1,相关符号的解释如表 2.1 所示。其中 β 是由网络管理员配置的参数。变量 x 和 c 的值是 Data 报文捎带给沿途路由器的。变量 c 的值首先存储在 Interest 报文的 *Traversed Hops c* 字段(这个字段是新添加的),每经过一个路由器,Interest 报文这个字段的值就增加 1。当找到匹配的 Data 报文时,Interest 报文 *Traversed Hops c* 字段的值拷贝到 Data 报文的 *Interest Traversed Hops c* 字段(这个字段也是新增的)。Data 报文的 *Interest Traversed Hops c* 字段的值在 Data 报文传输到请求者的过程中始终是不变的。Data 报文的另一新增的 *Data Traversed Hops x* 字段的值在数据源处被初始化为 0,然后 Data 报文每经过一个路由器,它的 *Data Traversed Hops x* 字段的值增加 1。图 2.1 显示了添加相关字段后的 Interest 和 Data 报文,其中带阴影的字段是为机会型 on-path 网络缓存新增的。

表 2.1　模型符号

符号	含义
o_i	用户请求的数据内容
r_i	路由器统计的 o_i 在用户中的流行度（用户请求 o_i 概率）
β	路由器管理员配置的参数
x	Data 报文经过的路由器跳数
c	Interest 报文获取 Data 报文经过的总路由器跳数

Interest packet

Content Name
Traversed Hops c
Selector (order preference, publisher filter, scope,...)
Nonce

Data packet

Content Name
Data Traversed Hops x
Interest Traversed Hops c
Signature (digest algorithm, witness, ...)
Signed Info (publisher ID, key locator, stale time, ...)
Data

图 2.1　机会型 on-path 网络缓存机制下的 Interest 和 Data 报文

算法 2.1　机会型的 on-path 网络缓存机制(o_i, f)

输入：$Interest(o_i)$　//请求数据内容 o_i 的 Interest 报文

　　　f　//Interest(o_i)进入路由器的接口

　　　o_i　//返回的 Data 报文

Interest(o_i)的处理

1. Update_popularity(o_i)//更新数据内容 o_i 流行度的统计信息
2. **IF** in_cache(o_i)//o_i 已经在本地缓存中
3. 　copy_InterestTraversedHops(o_i, Interest(o_i))　//将 Interest(o_i)的 *Traversed Hops c* 字段的值拷贝到 o_i 的 *Interest Traversed Hops c* 字段
4. 　return_data(o_i, f)//将 Data 报文 o_i 从接口 f 返回给用户
5. **ELSE**
6. 　**IF**(pit＝find_PIT(o_i))//找到完全匹配的 PIT 表项 pit
7. 　　pit.incomingfaces.add(f)//在 pit 的 Interest 到来的接口列表中添加 f
8. 　　**ELSE**
9. 　　将 Interest(o_i)的 *traversed hops c* 字段的值加 1
10. 　　Forward($Interest(o_i)$)//将 $Interest(o_i)$ 依据 FIB 表项转发出去
11. 　**ENDIF**

Data 报文 o_i 返回到本地路由器后的处理

12. **IF** have_enough_space(o_i)//如果本地路由器有足够的缓存空间可以存储 o_i
13. 　add_to_cache(o_i)//将 o_i 存储在缓存中
14. **ELSE**

15.　　Get(r_i,x,c)//获取 r_i,x 和 c

16.　　*Compute_prob*(r_i,x,c)//计算 $prob = r_i^\beta \times \dfrac{x}{c}$

17.　　Cache($o_i,prob$)//以概率 *prob* 缓存 o_i

18.　**ENDIF**

19.　Increase_hop(o_i)//将 Data 报文的 *Data traversed hops c* 字段的值加 1

20.　**FOREACH** *face* in pit. incomingfaces//Interest(o_i)进入路由器的每个接口

21.　　return_data($o_i,face$)//将 Data 报文 o_i 从接口 *face* 返回给用户

22.　**ENDFOREACH**

23.　**ENDIF**

当请求数据内容 o_i 的 Interest(o_i)报文到达路由器时,路由器更新数据内容 o_i 在本地的流行度信息,然后查看用户请求的内容是否已经在本地缓存。如果 Interest(o_i)在路由器处命中缓存,路由器先将 Interest(o_i)的 *Traversed Hops c* 字段的值拷贝到 o_i 的 *Interest Traversed Hops c* 字段,然后将 Data 报文 o_i 从接口 f 返回给用户。否则路由器查找匹配的 PIT 表项。如果找到匹配的 PIT 表项,路由器将 Interest 报文到达的接口 f 添加到匹配 PIT 表项的接口列表中,以便后面返回的 Data 报文可以原路返回给请求者。否则,Interest(o_i)未命中缓存也没有匹配的 PIT 表项,需要向上游转发;在 Interest(o_i)向上游转发之前,它的 *Interest Traversed Hops c* 字段的值增加 1。当 Data 报文 o_i 返回到路由器时,路由器会先查看它的缓存器以及 PIT 表看 o_i 是否为未缓存且被请求的数据内容。如果 o_i 未在本地缓存且是用户请求的数据内容,路由器会进一步查看它的缓存空间是否已满。如果缓存空间未满,o_i 直接存储到缓存中。如果缓存空间已满,路由器从本地统计数据内容流行度分布的模块获取数据内容 o_i 的流行度 r_i,从 o_i 的 *Data Traversed Hops x* 和 *Interest Traversed Hops c* 两个字段获取变量 x 和 c 的值,然后计算缓存 o_i 的概率 $prob = r_i^\beta \times \dfrac{x}{c}$,接着以概率 *prob* 缓存 o_i。最后 Data 报文 o_i 需要进一步往下游转发返回给用户。在向下游转发之前,路由器将 Data 报文 o_i 的 *Data Traversed Hops x* 字段的值增加 1。

2.2.3　分析

从算法 2.1 的描述可以看到,随着参数 $\beta(0<\beta\leqslant1)$ 的增加,同一 Data 报文缓存在某一指定路由器的概率变小。2.3 节将评估参数 β 对机会型 on-path 网络缓存的影响。本节证明机会型的 on-path 网络缓存具备以下几个特征:

命题 2.1:热点内容更容易被沿途路由器缓存。

证明:由于 Data 报文被沿途某路由器缓存的概率与该路由器处数据内容的流行度 r_i 以及 Data 报文途经的路由器跳数 x 成正比,而与 Interest 报文途经的路由

器总跳数 c 成反比,那么对于一个热门的数据内容和一个用户访问频率很低的数据内容,如果它们途经的路由器跳数 x 和 Interest 报文途经的路由器总跳数 c 相同,路由器偏向于缓存前者(在用户中流行的内容)。因为后者的请求概率很小以至于缓存的概率微乎其微。因此,热点的内容偏向于被路由器缓存,而用户访问频率低的内容被缓存的概率很小,这样可以减少不必要的缓存置换,使得热点的内容可以在缓存中待的时间更长,进而改善缓存命中率。

命题 2.2:Data 报文偏向于缓存在离用户近的路由器中。

证明:对于一个特定的 Data 报文 o_i,当它从数据源(这个数据源可能是数据内容服务器,也可能是缓存了 o_i 的路由器)向请求者传输时,虽然 o_i 的 *Interest Traversed Hops* c 不变化,但 o_i 的 *Data Traversed Hops* x 在逐渐增加。另外,由于 NDN 网络中请求聚合的特征,o_i 的流行度 r_i 在越来越靠近请求者的路由器处可能越高。而 o_i 在各路由器处缓存的概率与它在路由器处的流行度 r_i 和它的 *Data Traversed Hops* x 成正比,所以 Data 报文 o_i 更偏向于缓存在离请求者近的路由器中,进而可以减少 Interest 报文获取 o_i 平均所需经过的路由跳数。

命题 2.3:如果数据内容已经在从数据内容服务器到请求者的路径上缓存,那么它被路径上其他路由器缓存的概率变小。

证明:假设从数据内容 o_i 的请求者到其内容服务器 S 的路径 P 沿途所经过的路由器跳数为 c,从内容服务器 S 到沿途的某一路由器 R_a 的路由器跳数是 $x(0<x<c)$。若 o_i 没有在路径 P 上缓存,R_a 缓存 o_i 的概率则为 $prob=r_i^\beta\times\dfrac{x}{c}$。否则,如果 o_i 已经在从内容服务器 S 到路由器 R_a 的路径上的路由器 R_b 处缓存,而从内容服务器 S 到路由器 R_b 的路由器跳数是 $\alpha(0<\alpha<x)$,这时路由器 R_a 缓存 o_i 的概率为 $prob'=r_i^\beta\times\dfrac{x-\alpha}{c-\alpha}$。这里构建一个函数 $f(\alpha)=\dfrac{x-\alpha}{c-\alpha}$,其中 x 和 c 是常量,该函数的导数为 $f'(\alpha)=\dfrac{x-c}{(c-\alpha)^2}$。因为 $0<x<c$,所以 $f'(\alpha)<0$;随着 α 的增加 $f(\alpha)$ 会减小,也就有 $\dfrac{x}{c}>\dfrac{x-\alpha}{c-\alpha}$,也就是说 $prob=r_i^\beta\times\dfrac{x}{c}>r_i^\beta\times\dfrac{x-\alpha}{c-\alpha}=prob'$。因此,如果数据内容已经在从数据内容服务器到请求者的路径上缓存,那么它被路径上其他路由器缓存的概率变小,进而可以减少路径上冗余的缓存。

命题 2.4:对于在用户中流行度相同的两个数据内容,路由器偏向于缓存数据源更远的数据内容。

证明:路由器缓存数据内容 o_i 的概率为 $prob(r_i,x,c)=r_i^\beta\times\dfrac{x}{c}=r_i^\beta\times\dfrac{c-d}{c}=r_i^\beta\times\left(1-\dfrac{d}{c}\right)=prob(r_i,d,c)$,其中 d 是该路由器到 o_i 的请求者的路由跳数。假设

在该路由器处有两个 Data 报文,它们具有相同流行度 r',而且从该路由器到它们的数据内容服务器具有相同的路由跳数 d',这两个数据内容中从请求者到数据源更远(即 c 更大)的数据内容被该路由器缓存的概率更大,即路由器偏向于缓存数据源更远的数据内容。

本章使用了用户访问数据内容的历史信息。在能够较好地预测未来小的时间段内数据内容在用户中的流行度分布的情况下,Famaey[55] 给出了基于预测的缓存机制的理论收益。随着用户数据内容访问模式的动态变化,路由器需要周期性地追踪内容的流行度分布。内容的流行度分布一般在一段时间内较稳定,路由器可以定期地重启内容的流行度分布统计。一般来说,路由器处流行度分布的统计在越短的时间间隔内重启,路由器处的缓存决策可以更好地适应用户数据内容访问的动态模式。本章提出的机会型 on-path 网络缓存机制是轻量级的算法,每个路由器仅基于自身的知识作缓存决策,不需要和其他路由器显式地交换信息。

2.3　性能评估

本节提供了深入评估机会型 on-path 网络缓存机制的实验,一方面量化了机会型 on-path 网络缓存机制的缓存性能,另一方面评估了影响网络缓存性能的因素。

2.3.1　实验设置

开源的 ndnSIM[56] 包在 NS-3 网络仿真器(http://www.nsnam.org)中实现了 NDN 的网络协议栈。本节的一系列实验是在一台 2.70 GHz CPU、2.0 GB RAM 的机器上运行的 ndnSIM 仿真实验。具体而言,ndnSIM 被做了进一步的扩展,包括在 Interest 报文里添加了 *Traversed Hops c* 字段,在 Data 报文里添加了 *Data Traversed Hops x* 和 *Interest Traversed Hops c* 字段,并定制转发策略,用机会型的 on-path 网络缓存作缓存决策。

1)网络拓扑

本节在两个不同的网络拓扑(一个二进制树拓扑和一个 PoP 级别的 ISP 拓扑)中进行仿真实验。一棵树比较适合做网络缓存仿真实验的拓扑,因为从一个内容服务器的角度看,数据内容分发的拓扑就是一棵树。而 PoP 级别拓扑中的仿真实验可以反映机会型的 on-path 网络缓存部署在实际网络中的缓存性能。

2)实验方法

本节评估路由器的缓存空间大小、参数 β 和用户的数据内容访问模式如何影响机会型的 on-path 网络缓存机制。在仿真实验中,假设网络缓存器的缓存空间大小相同,因为 Rossi 等人[57] 证明各网络缓存器缓存空间大小差异带来的收益有限。为了评估参数 β 的影响,实验中参数 β 被设置为不同值,范围为$[0.3,1.0]$。本节使用了模拟的用户数据内容访问模式,该数据内容访问模式中数据内容在用户中的流行度分布服从典型形状参数 $s=0.73$ 的 Zipf 分布(请参照文献[47]和文献[58])。另外,本节也使用了现实世界的 Web 流量 trace[59] 作为用户数据内容访问的模式。由于实验考虑的用户数据内容访问的模式相对稳定,本节将整个实验持续的时间作为数据内容流行度统计的一个周期。假设各用户发送数据内容请求的过程是一个服从参数 $\lambda=100$ Interests/s 的泊松过程,Data 报文的有效负荷大小均为 1 024 字节,两个拓扑中每条链路的带宽和时延分别为 10 Mb/s 和 1 ms。由于机会型的 on-path 网络缓存没有与特定的缓存置换策略绑定,与以前工作[6,31,42]的处理类似,本章仅介绍使用最近最少使用 LRU(Least Recently Used)缓存策略时的结果,使用其他缓存置换策略如最少使用 LFU(Least Frequently Used)得到的结果与本节给出的结果性质上类似。

3)性能测度

本节使用了两个测度来量化机会型的 on-path 网络缓存的缓存性能,它们分别是缓存命中率和平均路由跳数。前者记录命中缓存的 Interest 报文占用户发送的 Interest 报文总数的比例,它可以反映网络对上游带宽的需求。后者是指 Interest 报文找到匹配的 Data 报文平均所需经过的路由器跳数,这个测度可以刻画网络传输数据内容的性能。本节将机会型的 on-path 网络缓存 Opportunistic 与其他代表性 on-path 网络缓存机制进行比较。

(1) CEE;

(2) 概率缓存机制 Prob(0.3),以概率 0.3 缓存经过的 Data 报文;

(3) 概率缓存机制 Prob(0.7),以概率 0.7 缓存经过的 Data 报文;

(4) 文献[31]提出的由剩余路径上的缓存容量和离数据内容请求者的距离决定数据内容缓存概率的概率性缓存算法 ProbCache;

(5) 文献[53]提出的基于数据内容流行度的缓存机制 Popularity。

2.3.2　小规模实验评估

本节首先在具有 15 个结点的 3 级二进制树拓扑上进行仿真实验,将该二进制树当作一个 ISP 路由级的简单拓扑。8 个请求数据内容的用户连接在树的叶子结点,它们请求数据内容的 Interest 报文向连接在树的根结点的数据内容服务器 S 路由。S 托管了 1 000 个数据内容,这些数据内容在用户中的流行度分布如图 2.2 所示,服从形状参数为 0.73 的 Zipf 分布。每个仿真实验持续的时间为 8 min,并重复多轮以获取平均的实验结果,每轮通过设置不同的 NS-3 "RngRun"参数来随机化用户请求数据内容的流量以及概率性缓存机制的缓存概率。

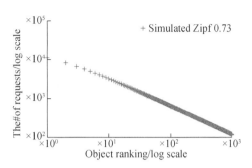

图 2.2　二进制树拓扑中用户请求 trace 中数据内容的流行度分布

1）机会型 on-path 网络缓存的有效性

图 2.3 展示了在二进制树拓扑中,当各路由器的缓存空间大小设置为 100 个 Data 报文,β 设置为 0.7 时,各网络缓存机制下的平均缓存命中率和平均路由跳数。可以看到,不到一分钟,路由器得到了数据内容流行度分布的统计信息,然后机会型 on-path 网络缓存的缓存性能超过评估的其他 on-path 网络缓存机制——既提高了平均的缓存命中率,也降低了平均的路由跳数。具体地说,与 CEE 相比,机会型 on-path 网络缓存将平均缓存命中率从 0.46 提高到 0.67(0.21 的改善量),将平均路由跳数从 3.4 降低到 2.7(0.7 的降低量);与评估的剩余四种 on-path 缓存机制相比,机会型 on-path 网络缓存将平均缓存命中率提高了 0.08～0.17,将平均路由跳数降低了 0.3～0.6。因为本实验中数据内容服务器直接连接在树的根结点,离用户比较近,所以平均路由跳数的减少量不明显。而现实情况下数据内容服务器一般离用户比较远,机会型 on-path 网络缓存对平均路由跳数的改善应该更可观。

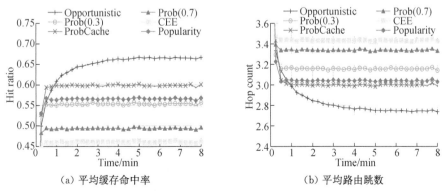

（a）平均缓存命中率　　　　　　　　　　（b）平均路由跳数

图 2.3　二进制树拓扑中平均的缓存命中率和 Interest 报文经过的平均路由器跳数,
它们的值在时间 0 时分别为 0 和 5,因为此时缓存里面没有任何数据内容

为了进一步理解机会型 on-path 网络缓存实际是如何工作的,进一步测量了树每层(树的层次越小,离树根越近)结点处平均发生的缓存置换操作次数以及缓存的数据内容在用户中的平均流行度。如图 2.4(a)所示,机会型 on-path 网络缓存将每个结点处平均发生的缓存置换操作数从 CEE 缓存策略下的成千上万降低到不足一千,减少了大约两个数量级,这说明了机会型 on-path 网络缓存的确能够降低沿途路由器中缓存空间的竞争。另外,如图 2.4(b)所示,当系统达到稳定状态后,机会型 on-path 网络缓存策略下缓存内容的平均流行度比评估的剩余几种缓存策略(基于数据内容流行度的缓存机制 Popularity 除外)下的都要高至少 $3\times$ 10^{-4}。此外,从图 2.4(b)中可以发现两个现象。第一个现象是在机会型 on-path 网络缓存机制下,前 30 秒缓存的数据内容的平均流行度比实验剩余时间里缓存的数据内容的平均流行度都要高。这是因为在实验初期,此时用户就访问的数据内容的流行度一般都比较高,而且因为路由器的缓存空间尚未存满,这些被访问的数据内容在沿途的路由器中都缓存;然后随着越来越多的数据内容被用户访问,机会型的 on-path 网络缓存有选择地将 Data 报文缓存在沿途的路由器中,减少缓存的冗余,增加缓存内容的多样性,进而提高缓存命中率。第二个现象是在整个实验当中,虽然基于数据内容流行度的缓存机制 Popularity 下缓存的数据内容的平均流行

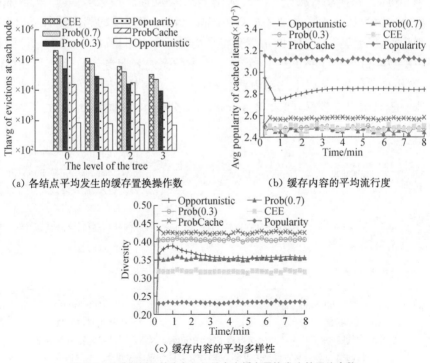

(a) 各结点平均发生的缓存置换操作数　　　(b) 缓存内容的平均流行度

(c) 缓存内容的平均多样性

图 2.4　二进制树拓扑中各级处结点中缓存置换发生的平均次数、
不同时刻缓存结点中缓存内容的平均流行度及缓存内容的平均多样性

度都比机会型 on-path 网络缓存机制下的要高,但是它的缓存命中率反而比机会型 on-path 网络缓存机制下的要低。为了寻找原因,进一步测量了这些网络缓存机制下缓存内容的冗余度,如图 2.4(c)展示的网络中缓存内容的平均多样性所示。基于数据内容流行度的缓存机制 Popularity 下缓存内容的冗余度比较高甚至高于 CEE 缓存策略下的,这可能是没必要的,比如说一个结点没有必要缓存在邻居结点处比较流行而在本地不流行的内容。另外,机会型的 on-path 网络缓存机制下路由器中缓存内容的多样性不及概率性的缓存机制 Prob(0.3) 和 ProbCache。这是因为在机会型的 on-path 网络缓存机制中,靠近用户处的各路由器可能都选择缓存热门的内容,形成一定的冗余,但这样的冗余是合理的,因为这样可以降低大量请求这些流行内容的 Interest 报文所需经过的路由器跳数。因此,机会型的 on-path 网络缓存不仅成功地选择了比较流行的数据内容存储在缓存中,而且保持了适宜的缓存冗余度,减少了不必要的缓存冗余。

2) 参数 β 和路由器缓存空间大小对缓存性能的影响

图 2.5 展示了在 8 分钟的仿真实验中当路由器的缓存空间大小设置为 100 个 Data 报文时,参数 β 的设置对平均缓存命中率和平均路由跳数的影响。可以看到,参数 β 设置为 [0.3,1.0] 范围内的值时,机会型 on-path 网络缓存的缓存性能在所有考虑的缓存机制中是最好的;当参数 β 设置为 0.7 时,与 CEE 缓存机制相比,机会型 on-path 网络缓存在平均缓存命中率方面的改善量高达 0.19,在平均路由跳数方面的降低量高达 0.7。但是如果将参数 β 设置为 0.3,机会型 on-path 网络缓存与 ProbCache 缓存的缓存性能之间的差距并不明显。因此,如果机会型 on-path 网络缓存真正部署在实际的网络中时,网络管理员应该依据用户数据内容访问的模式对参数 β 作相应的调整。

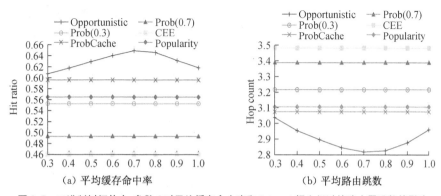

(a) 平均缓存命中率   (b) 平均路由跳数

图 2.5   二进制树拓扑中,参数 β 对平均缓存命中率和 Interest 报文经过的路由器跳数的影响

为了评估路由器的缓存空间大小对机会型 on-path 网络缓存的缓存性能的影

响,参数 β 被设置为 0.7,路由器的缓存空间大小被设置为 5 到 120 个 Data 报文范围内的值。图 2.6 展示了路由器缓存空间大小对平均缓存命中率和平均路由跳数的影响。可以看到,当路由器的缓存空间大小设置为不同值时,机会型 on-path 网络缓存的缓存性能比考虑的其他五种缓存策略的要好:在平均缓存命中率方面,与 CEE 缓存策略相比,改善量是 0.11~0.19,而与剩下的四种缓存策略的相比,改善量在 0.03~0.16;在平均路由跳数方面,与 CEE 缓存策略相比,减少量是 0.36~0.64,而与剩下的四种缓存策略相比,减少量是 0.04~0.57。此外,随着路由器的缓存空间大小的增加,机会型 on-path 网络缓存的性能进一步得到改善,但改善的速度在降低。这是因为用户数据内容访问的模式服从 Zipf 分布,这导致增加的缓存空间内额外缓存的数据内容被用户访问的概率越来越低,进而对缓存性能的改善量也越来越小。

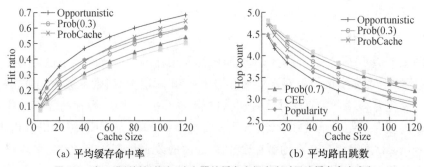

(a) 平均缓存命中率　　　　　　　(b) 平均路由跳数

图 2.6　在二进制树拓扑中,路由器的缓存空间大小对平均缓存命中率和 Interest 报文经过的路由器跳数的影响,缓存大小的单位是 Data 报文个数

2.3.3　大规模实验评估

本小节使用真实的流量 trace 作为用户数据内容访问的流量,在一个更真实的大规模拓扑中开展了一系列实验来研究机会型 on-path 网络缓存的缓存性能。这些仿真实验模拟的是网络中有多个数据内容服务器的场景,这些服务器各自缓存一部分数据内容;用户从这些数据内容服务器获取数据内容,数据内容在用户访问期间沿途机会式地缓存。这里采用的拓扑是 SPRINT PoP 级别的拓扑[60],如图 2.7 所示,该拓扑有 52 个结点。其中结点度为 1 的结点(图中 19 个标记为红色的结点)被设定为用户的接入点,紧邻用户接入点的结点被设置为网关结点(图中标记为绿色的 13 个结点),其余的结点(20 个标记为白色的结点)作为中间的路由器结点。实验设定该拓扑中存在三个数据内容服务器,每轮实验随机选择三个网关作为这三个数据内容服务器的接入点。因为当前没有找到一个真实的包含用户访问多个数据内容服务器处数据内容的流量 trace,为了弥补这点,将世界杯用户访问的流量 trace[59](文献[61]评估部分也使用了这个流量 trace)中出现的数据内

容集合均分为三个子集,三个数据内容服务器各托管其中一个子集。世界杯用户访问的流量 trace 包含 2 880 720 个数据内容请求,请求的有 7 175 个不同的数据内容,数据内容的流行度分布如图 2.8 所示。

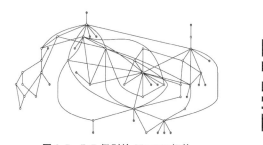

图 2.7　PoP 级别的 SPRINT 拓扑

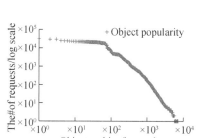

图 2.8　世界杯用户请求数据内容 trace 中数据内容的流行度分布

在该大规模拓扑上,评估了参数 β 对机会型 on-path 网络缓存的缓存性能的影响,并发现当参数 β 设置为 0.7 时,机会型 on-path 网络缓存的缓存性能最优(因为结果与图 2.5 的类似,这里没有展示相关的图)。为了评估路由器的缓存空间大小对网络缓存性能的影响,将参数 β 设置为 0.7,将路由器的缓存空间大小设置为 40 个到 120 个 Data 报文范围内的值。如图 2.9 所示,在这个存在多个数据内容服务器,各数据内容服务器离各用户的距离存在差异的特定情景下,机会型 on-path 网

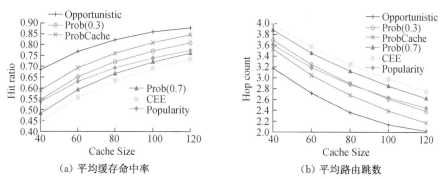

(a) 平均缓存命中率　　　(b) 平均路由跳数

图 2.9　SPRINT 拓扑中不同网络缓存机制仿真结果,缓存大小单位 Data 报文数

络缓存的缓存性能仍然最优：在平均缓存命中率方面，与 CEE 缓存机制相比，机会型 on-path 网络缓存的改善量高达 0.24，与剩余的四种缓存机制相比，改善量为 0.04～0.20；在平均路由跳数方面，与 CEE 缓存机制相比，机会型 on-path 网络缓存的降低量大约为 0.8，与剩余的四种缓存机制相比，降低量是 0.3～0.8。

2.4　讨论

　　机会型 on-path 网络缓存是一个轻量级的网络缓存机制，无须路由器之间显式地交换信息。2.3 节的实验已经证实它在改善平均的缓存命中率和平均路由跳数方面是有效的，现在有必要讨论该工作存在的局限性。第一，它缺乏 NDN 的实际路由信息。NDN 路由一般是基于一系列特征的，这些特征包括流量均衡和 QoS 的问题。但是，因为 NDN 当前还没有正式部署，没有关于这方面的信息，ndnSIM 中的路由还是基于最短路径的，也就不会出现不可预测的多路径路由和路由变化。第二，该研究假设用户访问的数据内容的大小一致，这个假设不是那么贴近现实，而数据内容大小的分布对数据内容的缓存可能存在一定的影响。第三，该研究中数据内容流行度分布统计所需的存储空间与统计所在期间，用户访问的数据内容集合的大小 $|O|$ 成正比，可能会比较大。由于 NDN 中数据内容的名字是可变长度的字符串，数据内容的流行度统计模块可以通过存储这些数据名字的哈希值来减少空间的使用；而且还可以参照文献[62]的工作（文献[62]使用双布隆过滤器在高速网络上统计流长信息），使用高效利用空间的双布隆过滤器记录数据内容的流行度信息，进一步减少空间的使用。这几点也给出了未来进一步改进机会型 on-path 网络缓存的方向。

2.5　本章小结

　　对于不支持缓存可感知路由的 NDN 网络，本章提出了一种分布式的机会型 on-path 网络缓存机制，用于减少网络对上游带宽的需求，改善数据内容传输的性能。作为现有 on-path 网络缓存机制的补充工作，机会型的 on-path 网络缓存是一种轻量级的机制。它不需要网络缓存器之间显式地交换信息，由网络缓存器自身依据本地观察到的数据内容流行度分布以及离数据源的远近两个因素共同实现数据内容的差异化缓存。具体地说，机会型 on-path 网络缓存不需要路由器感知和定位其他路由器中暂态缓存的内容；数据内容传输路径上的每个路由器独自决定 Data 报文的缓存概率；缓存概率的计算基于路由器观察到的数据内容流行度和 Data 报文中捎带的请求者到数据源以及到本地路由器的距离信息；这样的概率性缓存使得热点内容可以缓存在路由器中，尤其是离用户近的路由器中，实现数据内容的差异化缓存。NDN 存在请求聚合和缓存过滤的特征，网络中的每个路由器对数据内容的流行度分布有不同的视图。另外,每个路由器在网络中的位置不一样。因此,即使路由系统没有显式通告路由器中缓存内容的可达性,不同路由器也偏向于缓存不同的数据内容,减少冗余的缓存。

本章通过基于 ndnSIM 的仿真实验评估机会型 on-path 网络缓存机制的缓存性能。仿真实验在二进制树拓扑和 PoP 级别的 ISP 拓扑两种拓扑上进行,既使用了数据内容流行度分布服从 Zipf 分布的拟合请求流量,也使用了现实世界的 Web 流量 trace 作为用户数据内容访问的模式。大量的仿真实验证实:与当前代表性的 on-path 网络缓存机制相比,机会型的 on-path 网络缓存机制既提高了数据内容请求的缓存命中率,也降低了数据内容请求在找到数据内容前平均所需经过的路由器跳数。此外,本章检查了机会型 on-path 网络缓存机制下缓存的响应,证实机会型 on-path 网络缓存的确减少了不必要的缓存置换和缓存冗余,而且选择了流行度较高的内容存储在缓存中。下一步的工作是进一步改善机会型 on-path 网络缓存机制,将考虑多路径路由和 Data 报文大小差异这两个因素的影响。

3 内容放置、置换和定位相结合的网络缓存

若缓存内容只有缓存结点可以感知，路由器不能使用 off-path 就近暂态缓存的内容，也会导致冗余的缓存。针对这个问题，本章提出了一种将内容放置、置换和定位相结合的网络缓存机制 PRL（coupling cache Placement，Replacement and Location）。缓存可感知的路由使得路由器可以感知和定位邻近路由器中暂态缓存的内容以提高暂态缓存的使用率，同时在内容放置、置换和使用缓存时，路由器考虑邻近结点中暂态缓存的内容，减少网络中暂态缓存内容的冗余度以及不必要的内容缓存和置换，提高网络缓存空间的利用率，改善网络传输数据内容的性能。PRL 中缓存可感知的路由将暂态缓存内容的可达性在局部网络中传播，利用 Data 报文携带相关信息在 Data 报文返回请求者的过程中通知沿途路由器即将缓存或已经缓存 Data 报文的路由器的位置。该方法使得距离缓存结点较近的沿途结点可以感知和定位相关缓存的副本，用以快速响应后续用户对该数据内容的请求，同时减少冗余的缓存。基于 ndnSIM 的仿真实验和性能分析验证了 PRL 的有效性。

3.1 问题分析

ICN 网络中默认的网络缓存策略 CEE 导致沿途路由器缓存冗余的内容；不加区分地缓存任何途经的数据内容会导致频繁的内容置换操作，该操作不仅消耗路由器的资源，而且可能导致缓存中贡献较大的内容资源被贡献较小的内容所置换。此外，CEE 机制下用户请求只能使用从"数据内容请求者"到"数据内容服务器"直接路径上的暂态缓存内容，off-path 就近暂态缓存的内容则无法被用户的请求使用，最终导致网络中暂态缓存内容的低使用率。如何提高 ICN 网络缓存管理的效率是当前学术界的研究热点。

在大量路由器组成的 ICN 网络任意拓扑中，网络缓存要求路由器以线速搜索和置换缓存器中的数据内容。网络缓存的线速需求使其与以往覆盖缓存（如 Web 缓存[63]、CDN 和 Http 代理等）存在本质区别。它不仅限制了各级网络处缓存空间的大小，而且使得集中式的复杂协作缓存机制[46,49]不再适用。因此，网络缓存策略需要进行适当的调整，使得缓存管理操作可以在完全分布式和鲜少协调的环境中得以实现。网络缓存的管理操作包含缓存内容的放置（即选择内容放置到某个

或某些沿途路由器中)、缓存内容的置换(即在缓存已满需再缓存额外内容时,决定置换缓存中哪个数据内容)以及缓存内容的定位(定位网络中缓存的内容,提高缓存内容的利用率)。在缓存内容的放置方面,研究人员讨论如何减少网络中缓存的冗余[31,42-43],通过内容流行度的估计实现数据内容的差异化缓存[44-45]。文献[31,42,43]中的缓存内容放置策略倾向于考虑缓存结点的位置,但对各 Data 报文并不区分对待,缓存会出现不必要的内容置换,如一次性访问的数据内容置换了更热点的内容等。文献[44]的工作中,每个路由器对数据内容的缓存决策由其他邻近结点依据它自身处数据内容的流行度来决定,而非路由器本地的流行度决定,因此路由器的内容缓存可能并不是本地用户对数据内容需求的反映,甚至会产生不必要的缓存冗余。文献[45]的 SAC 方法将用户请求的内容下拉(pull-down)至连接请求者的第一跳路由器的缓存测试区。经过一段时间的测试后,如果内容够热门,它会被正式缓存下来,否则内容会被驱逐出缓存。在任何路由器处被驱逐的内容将被推回(push-back)到内容到来的前一跳路由器处缓存。SAC 方法会引起网络资源的浪费,因为若低流行度的内容缓存在上级网络中,它会被后续的用户请求拉到下级网,然后因为流行度低又被推回上级网。该过程多次重复,使得缓存的内容可能并没有发挥响应用户请求的作用。除了内容的流行度,MAGIC[64] 和 OPPORTUNISTIC[65] 还考虑了报文路由跳数减少的收益,而 CC-CCN[66] 则考虑了沿途路由器中缓存空间的竞争,但这些工作都没有综合考虑这几个因素,也没有参考其他结点的缓存决策。

此外,现有的工作(除了 MAGIC)几乎都没有考虑缓存置换将带来的"罚金",即用户请求被置换内容的 Interest 报文不再能用本地缓存的副本响应,而需要到更远的地方去获取。因为现有的网络缓存内容放置策略不考虑缓存内容置换的"罚金",可能会引起不恰当的内容缓存和置换操作,进而使得缓存贡献大的内容被缓存贡献小的内容置换。此外,现有的网络缓存内容放置策略往往与 ICN 网络中两个比较流行的缓存内容置换策略[6] LRU 和 LFU 之一共同工作,LRU 和 LFU 分别基于缓存内容的新近程度和流行度设定缓存内容被置换的先后顺序。文献[67]提出的最不利者 LB(Least Benefit)在 LFU 的基础上进一步考虑了一个 Data 报文的缓存对 Interest 报文路由跳数减少的收益,而该工作并没有讨论 LB 应该与什么样的缓存内容放置策略一起工作才能达到更好的网络缓存性能。

缓存可感知的路由提供邻近路由器中暂态缓存内容的可达性,使得路由器能够感知和定位邻近路由器中缓存的数据内容,进而提高暂态缓存内容的使用率,这对有效使用 ICN 网络中的缓存资源是至关重要的。但现有的缓存可感知的路由方面的工作都没有与缓存内容的放置结合起来,缓存内容的放置没有考虑邻近结点中缓存的内容,因而可能会存在一定程度的冗余缓存。文献[68,69]的工作提出将缓存内容的可达性在路由系统中通告,以便其他路由器可以定位缓存的内容。
但由于暂态缓存内容的数量庞大以及其高度动态性——即暂态缓存的内容随时可
能被置换,暂态缓存内容的可达性通告及动态路由更新会给整个路由系统带来很
大的负担。文献[70]的工作 Breadcrumb 则采用隐式和尽力而为的方式定位缓存
的数据内容:假设 Data 报文沿途经过的路由器都会采用 CEE 的缓存内容放置策
略缓存它,路由器记录途经 Data 报文"最近到来"和"被转发"的时间和方向,便于
用这些方向邻近路由器缓存的副本直接响应短期内再次到达的请求。但
Breadcrumb 是基于采用 CEE 的缓存内容放置策略来设计的,而 CEE 会引起网络
中缓存的冗余。

　　理论上讲,数据内容应该放置(即缓存)在用户需求较大、距离数据源较远且缓
存空间竞争较小的路由器处,并且邻近缓存结点的其他路由器应该可以定位缓存
的数据内容从而避免产生不必要的冗余缓存。此种部署可以使得更多用户请求途
经更少的跳数而直接利用缓存的内容响应,同时也可以减少各路由器处缓存和置
换内容的操作。但是,依据上述对现有网络缓存机制的分析,现有的工作没有将暂
态缓存内容的放置、置换和定位相互结合,数据内容在放置时没有综合考虑邻近结
点是否已经缓存了相应内容,也较少考虑缓存空间竞争对缓存内容存留时间的影
响和缓存置换将引起的"罚金",因而可能存在冗余的缓存以及不必要的缓存置换
操作,缓存的内容也没有得到充分地利用。

　　本章首次将缓存内容的放置、置换和定位相互结合,在缓存可感知的路由允许
路由器感知和定位邻近路由器中暂态缓存内容的前提下,使用低复杂度的缓存内
容放置策略优化网络缓存的性能。该缓存内容放置策略综合考虑内容的流行度分
布、路由跳数减少的收益、缓存空间的竞争以及缓存置换的"罚金",即 PRL 方法。
在 PRL 中,当一个数据内容的请求到达时,基于请求的数据内容在本地的请求频
率、路由跳数减少的收益(该收益考虑了邻近路由器中缓存内容的存在)、缓存空间
的竞争以及缓存置换的"罚金"等测度,路由器计算该数据内容潜在的缓存贡献;请
求数据内容的 Interest 报文记录沿途路由器结点中该数据内容能得到潜在缓存贡
献最大的路由器结点;返回的 Data 报文缓存在 Interest 报文中指定的将得到最大
缓存贡献的路由器结点(在该路由器处,请求的数据内容较为热门、从数据源获取
比较远而且可以缓存较长的时间),并在离缓存结点较近的沿途路由器中留下记录
形成缓存可感知的路由,使得它们可以定位缓存的 Data 报文。仿真实验结果证
明,PRL 方法通过综合考虑内容放置策略、缓存内容置换和缓存内容定位,可以有
效地优化网络资源管理操作。

3.2 构建 PRL

本节首先阐述系统模型,而后详细描述网络缓存策略 PRL。原则上,PRL 可以运用于几乎所有具有网络缓存功能的 ICN 体系结构。但为了简化描述,在本章叙述中仅以 NDN 网络(最具代表性的 ICN 网络)中特定的网络缓存问题作为样本进行详细设计。

3.2.1 系统模型

本节内容涉及的网络是一个任意拓扑的 NDN 网络,用图 $G=(V, \sharp)$ 表示,其中 $V=(v_1, v_2, \cdots, v_{|V|})$ 表示 NDN 网络中路由器的集合。每个路由器具有缓存功能但缓存空间有限,这样的路由器被称之为网络缓存器。而 E 表示路由器之间通信的链路。$O=\{o_1, o_2, \cdots, o_{|O|}\}$ 表示 NDN 网络中用户请求的 Data 报文的集合,Data 报文由其专门的数据内容服务器托管并提供给网络中的用户。不失一般性,假设这些 Data 报文的大小一致,网络缓存器的每个存储单元可以缓存一个 Data 报文。另外,假设网络中数据内容请求的到达过程是一个泊松过程。虽然 NDN 网络自然地支持多路径转发来提高网络性能,但多路径转发当前尚不成熟,还依赖于未来协议的发展。为了简化,假设 NDN 网络的路由协议传播各数据内容服务器处内容的可达性,提供到数据内容服务器的最短路径信息,内容缓存和请求的转发限制在沿途的原则下。也就是说,Interest 报文首先沿着到数据内容服务器的最短路径路由,如果在沿途路由器中碰到可以定位到缓存副本的痕迹(trail),Interest 报文将被重定向到缓存副本所在的路由器;而 Data 报文在原路返回请求者时可能缓存在沿途的某路由器中。

当一个 NDN 路由器几乎同时收到多个请求相同 Data 报文的 Interest 报文时(这些 Interest 报文来自不同的请求者),路由器只会将第一个到达的 Interest 报文向网络的上游发送去获取想要的 Data 报文。也就是说,从不同用户发送的请求相同 Data 报文的 Interest 报文到达下游同一路由器时就会被聚合,只有一个 Interest 报文会向网络的上游发送,即 NDN 的请求聚合(requests aggregation)特征。此外,上游结点无法看到下游结点命中缓存的请求,该机制被称为 NDN 网络缓存的过滤效应(cache filtering effect[54])。因此,NDN 网络中的各结点对数据内容的流行度分布有不同的视图。在本章考虑的系统中,每个路由器通过用户数据内容访问的历史(该历史能够反映 NDN 网络中请求聚合和缓存过滤的效应)周期性地获取本地数据内容的流行度分布。

由于各路由器处缓存空间大小、流量负载或缓存管理技术的差异,在各路由器处的缓存空间竞争有差异,因此不同路由器处缓存的内容在缓存中维持的时间也存在差异。而 Data 报文应该被缓存在可能可以缓存它更长时间的路由器中,以便缓存的 Data 报文有更多的机会可以响应接下来的请求。测量一个路由器 $v \in V$ 处缓存空间竞争的一个直接的测度是 e_v/S_v,即路由器 $v \in V$ 处单位时间内发生的缓存置换操作与它的存储空间大小的比例。e_v/S_v 越大,路由器 v 处的缓存空间竞争越激烈,因此缓存的内容可能更快被置换。

如果一个 Interest 报文在沿途经过的路由器中找到缓存的副本,或者缓存定位模块引导该 Interest 报文找到缓存的副本,该请求报文被记录为缓存命中;否则,该 Interest 报文需要走完全程到数据内容服务器处获取内容且该请求被记录为缓存未命中。当一个本地未缓存的 Data 报文到达时,路由器基于本章提出的缓存内容放置策略决定是否缓存该 Data 报文。如果决定缓存且缓存空间已满,需要用缓存内容置换策略决定应该被置换的 Data 报文;如果决定本地不缓存新到的 Data 报文,此时若一个比该 Data 报文原数据源更近的下游路由器会缓存该 Data 报文,本地路由器的缓存内容定位策略则创建一个痕迹(trail),记录该缓存用以之后将用户的请求定位到下游缓存的副本,同时避免缓存冗余的副本。为方便进一步的讨论,表 3.1 解释了相关的符号。

表 3.1　模型符号

符号	含义
R	用户请求数据内容的系列
S_v	网络缓存器 $v \in V$ 的存储空间大小,单位是 Data 报文的个数
C_v	网络缓存器 $v \in V$ 处缓存的数据内容集合,$C_v \subset O$
e_v	网络缓存器 $v \in V$ 处单位时间内发生的缓存驱逐(置换)操作数
r_v^o	网络缓存器 $v \in V$ 处对数据内容 $o \in O$ 的请求率
h_v^o	从网络缓存器 $v \in V$ 处到 $o \in O$ 数据源的路由跳数,也即 v 缓存 o 可以得到的路由跳数减少的收益

3.2.2　PRL 策略

如 3.1 节所述,PRL 将缓存内容的放置、缓存内容的置换和缓存内容的定位紧密地结合。本节分别阐述 PRL 的三个模块,整体的缓存算法如算法 3.1 所述。

1) 缓存内容的放置策略

缓存内容的放置策略依据 Data 报文在沿途各路由器处的缓存贡献决定一个 Data 报文是否缓存以及应该把 Data 报文缓存在路径上的哪个路由器。首先如式(3.1)定义,一个 Data 报文 $o \in O$ 若将被缓存或者已经被缓存在路由器 $v \in V$ 处所能体现的缓存价值为:

$$Value_v^o = \frac{r_v^o \times h_v^o}{e_v / S_v} \tag{3.1}$$

该缓存价值综合测量了 Data 报文 $o \in O$ 在路由器 $v \in V$ 处的流行度(r_v^o)、路由跳数减少的收益(h_v^o)以及缓存空间的竞争(e_v)。特别强调的是，h_v^o 指的是到内容 o 的最近数据源的路由跳数，由于 PRL 的缓存可感知的路由使得路由器可以感知邻近路由器中的缓存，所以最近的数据源除数据内容服务器外，也有可能是缓存的结点。如果邻近路由器已经缓存了内容 o，它在本结点的缓存价值相应地减少，进而被缓存概率降低，减少了冗余的缓存。若请求 Data 报文 $o \in O$ 的 Interest 报文到达路由器 $v \in V$ 并且 o 在 v 处没有被缓存，v 将估计 o 在 v 处潜在的缓存贡献，该缓存贡献与路由器 v 处的缓存空间是否已满相关，它的定义如式(3.2)：

$$Contri_v^o = \max\{0, Value_v^o - RepPenalty_v\} \tag{3.2}$$

$RepPenalty_v$ 定义如式(3.3)：

$$RepPenalty_v = \begin{cases} 0 & \text{if } |C_v| < S_v, \\ \min\{Value_v^k | k \in C_v\} & \text{if } |C_v| = S_v. \end{cases} \tag{3.3}$$

具体而言，若缓存空间未满，o 在 v 处的缓存不会引起缓存内容的驱逐，那么 o 在 v 处的缓存贡献就是其缓存价值。否则，o 在 v 处的缓存会引起某些缓存的内容被驱逐，而缓存内容的驱逐会产生置换"罚金"。因为接下来请求被驱逐内容的请求不再能用缓存的副本响应而需要到更远的数据源处获取，所以 o 在 v 处的缓存贡献是它在 v 处的缓存价值减去缓存置换的"罚金"。

图 3.1 展示了为 PRL 修改后的 Interest 和 Data 报文，其中阴影部分字段是为 PRL 添加的。在从请求者到提供内容的数据源(该数据源可能是托管数据内容的服务器，也可能是中间的网络缓存器)的路径上，Interest 报文的 Max Contribution 字段记录在途经路由器中它所具有的最大潜在缓存贡献，在 Interest 报文遇到匹配 Data 报文时，该字段的值会赋值给匹配 Data 报文的 Max Contribution 字段，返回的 Data 报文据此可以被缓存在它具有最大潜在缓存贡献的路由器处。需要强调的是，Data 报文仅在其最大缓存贡献大于零时才会在 Data 报文传输的路径上传输。

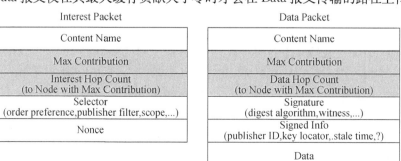

图 3.1 为 PRL 修改后的 Interest 和 Data 报文

2) 缓存置换策略

缓存置换策略不仅依据已缓存内容的请求率,而且依据路由跳数减少的收益来设定已缓存内容被置换的先后顺序。每当一个 Data 报文将存储在一个已满的缓存器时,本地缓存置换策略将选择缓存中具有最小缓存价值的数据内容来置换。通过此种方式,缓存置换策略与缓存内容放置策略紧密结合,此种缓存置换方式使得新的内容缓存可以像缓存内容放置策略所计划的那样获得最大的缓存贡献。

依据式(3.1)中缓存价值的定义,在一个特定的路由器 $v \in V$ 处,缓存置换策略可以依据缓存内容 $o \in O$ 的 r_v^o 和 h_v^o 来设定内容被置换的先后顺序,而无须考虑 e_v/S_v。因为对这些缓存的内容而言,路由器 v 处的 e_v/S_v 是相同的。路由器 $v \in V$ 处已缓存内容 $o \in O$ 的缓存价值的计算可以为 $r_v^o \times h_v^o$,具体的实现与最不利者 LB[67]类似:每当缓存的内容 o 响应一个请求时,已缓存内容 o 的缓存价值在原有基础上增加路由跳数的收益,然后 o 被置换的先后顺序依据更新后的缓存价值重新排序。

3) 缓存内容的定位

每个路由器处缓存可感知的路由负责定位邻近路由器中缓存的内容,PRL 中缓存可感知的路由是由 Data 报文携带信息实现的,为那些经过本地路由器、但未在本地缓存而是在下游邻近路由器(缓存的决策是由缓存内容放置策略决定的)缓存的 Data 报文维护缓存的痕迹,以便定位下游缓存的 Data 报文,并使用邻近网络缓存器内缓存的 Data 报文来响应后续用户的请求。特别强调的是,只有缓存贡献大于零的 Data 报文才可能被途中某路由器缓存。此外,路由器只会为在其下游缓存且缓存结点相比原数据源更近的 Data 报文创建痕迹。因此各路由器处的缓存可感知的路由模块需要维护的缓存内容痕迹应该不多,存储痕迹需要的存储空间并不巨大。每个痕迹定义为一个四元组($content\_name$, $next\_hop$, hop_count, $latest\_time$),由 Data 报文的名字、下一跳、离缓存结点的跳数和痕迹最近被涉及的时间一起作为索引。痕迹最近被涉及的时间初始化为痕迹的创建时间,在痕迹成功用于获取 Data 报文时被更新。图 3.1 中 Interest 和 Data 报文的 *Interest Hop Count* 和 *Data Hop Count* 字段的值由沿途路由器维护,前者的值始终为正,记录到将缓存 Data 报文的路由器的距离;而后者的值可为正或负,记录到缓存结点的距离,为正值时表示 Data 报文将在下游结点缓存,而为负值时则表示 Data 报文已经在上游结点缓存,沿途的路由器就可以根据该值的正负判断 Data 报文是在上游、下游还是本地的路由器缓存以及离缓存结点的距离。Interest 报文的 *Interest Hop Count* 初始值为 0,在 Interest 每经过一个路由器时增加 1,但当 Interest 报文的 *Max Contribution* 发生变化时,它又被重置为 0。Data 报文 *Data Hop Count* 的值首先从 Interest 报文的 *Interest Hop Count* 字段拷贝而来,然后在每一跳路由器处,对于要从首次到达的接口处转发的 Data 报文,其 *Data Hop Count* 字段的值减1;而对于要从首次到达外的接口转发的 Data 报文,在将 Data 报文转发出去之前,如果当前该字段的值大于0,则将其先取反后再减1,否则直接减1。

　　图 3.2 展示了缓存可感知的路由如何创建、使用和弃用缓存内容的痕迹。如图 3.2(a)所示,用户 U_1 发送的请求内容♡的 Interest 报文通过路径 R_1—R_2—R_3—R_4—R_5 到达托管♡的数据内容服务器 S_1 处,并且缓存内容放置策略决定将♡缓存到 R_2 路由器处。当♡原路返回请求者 U_1 处时,沿途路由器知道上游还是下游的路由器会缓存♡并且知道到缓存结点的距离。只有 R_3 为♡创建缓存的痕迹,因为 R_3 知道下游路由器 R_2 会缓存♡,且从 R_2 处获取♡(一跳远)比从内容服务器 S_1 处获取(两跳远)更近。此时(时间为0)创建的缓存痕迹为($♡,R_2,1,0$)。接下来,如图 3.2(b)所示,用户 U_2 发送的请求内容♡的 Interest 报文首先向内容服务器

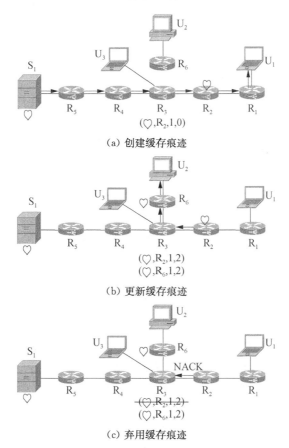

(a) 创建缓存痕迹

(b) 更新缓存痕迹

(c) 弃用缓存痕迹

图 3.2　依据痕迹定位缓存内容的示例

S_1 路由,然后到达路由器 R_3。因为 R_3 维护了♡缓存的痕迹,Interest 报文被重定向到 R_2 处获取缓存的副本。当缓存的♡成功返回请求者 U_2 时(时间为 2),R_3 更新♡缓存痕迹的最近涉及的时间 latest_time 为 2,并为♡创建了一个新的缓存痕迹(♡,R_6,1,2),因为♡将被缓存在 R_3 的另一个下游一跳远的路由器 R_6 处。在 PRL 的缓存可感知的路由中,在 10 s 内没有被使用的缓存痕迹被认为是"过期的",此类缓存痕迹会周期性地被清除。如果一个路由器处缓存的内容被置换,其他路由器处为该缓存的内容维护的缓存痕迹就失效了。如果失效的缓存痕迹在被清除之前被用于转发 Interest 报文,如图 3.2(c)所示,R_2 处缓存的♡已经被置换,因而 R_3 处记录这一缓存的缓存痕迹已经失效。但在失效的缓存痕迹被清除之前,用户 U_3 发送了请求内容♡的 Interest 报文,而且路由器 R_3 依据这个失效的缓存痕迹将 Interest 报文路由至路由器 R_2 处。因为 R_2 处已经没有缓存的♡,而且 R_2 可以转发该 Interest 报文的唯一下一跳(R_3)却是刚转发该 Interest 的 R_3,此时 R_2 不知道如何转发该 Interest 报文,只能向 R_3 发送一个 NACK 报文[21](一种特殊的 Interest 报文),告知 R_3 它没法获取♡。R_3 在收到该 NACK 报文后,得知 R_2 处缓存的♡已不复存在,因而关于 R_2 处缓存♡的缓存痕迹则被弃用。通过上述操作,NACK 可以使失效的缓存痕迹尽快被弃用,减少不必要的 Interest 报文转发。

3.2.3　PRL 下路由器对 Interest 和 Data 报文的处理

算法 3.1 给出了路由器 $v \in V$ 处理 Interest 和 Data 报文的过程。当一个 $Interest(o)$ 报文从接口 f 到达时,路由器 $v \in V$ 首先确认其是否是 NACK 报文。

如果不是 NACK 报文而是正常的 Interest 报文,v 先查看是否缓存了请求的 o。如果有缓存的内容,v 直接将 Data 报文 o 从接口 f 原路发送回去;否则,v 查看是否存在完全匹配的 PIT 表项。如果存在匹配 PIT 表项,则更新 PIT 表项的 Interest 到来的接口列表;否则,在查找 FIB 表项之前,v 先查看是否存在匹配的 TRAIL 表项。如果存在匹配 TRAIL 表项 trail,$Interest(o)$ 的转发则依据 trail,v 将 $Interest(o)$ 导向缓存了 Data 报文 o 的缓存结点;否则,v 依据 FIB 表项将 $Interest(o)$ 向数据内容服务器转发。在 $Interest(o)$ 被转发之前,路由器按需更新 $Interest(o)$ 的 Max Contribution 和 Interest Hop Count 两个字段的值。若 Data 报文 o 在本地的潜在缓存贡献比 $Interest(o)$ 中记录的要大,将 $Interest(o)$ 的 Max Contribution 更新为本地潜在的缓存贡献,并重置 Interest Hop Count 的值为 0;否则只要按规则更新 Interest Hop Count 的值。在 $Interest(o)$ 被转发出去的同时,v 为 $Interest(o)$ 的转发建立相应的 PIT 表项,PIT 表项除了记录 $Interest(o)$ 进来的接口列表外,还会记录 Data 报文 o 在本地的潜在缓存贡献以及用于转发 $Interest$ (o) 的 TRAIL 或 FIB 表项。

若 $Interest(o)$ 是一个 NACK 报文，v 首先将之前用于转发 $Interest(o)$ 的 trail 表项标注为"不再可用"，然后再查看是否有其他可用的 TRAIL 或 FIB 表项可用于转发 $Interest(o)$。如果有，则按照上述的方式转发 $Interest(o)$；否则，v 将 NACK 报文向匹配 PIT 表项中记录的 $Interest(o)$ 到来的所有接口转发。

当 Data 报文 o 返回到路由器 $v \in V$ 时，v 首先将 Data 报文中 Max $Contribution$ 字段的值与 PIT 表项记录的本地潜在缓存贡献值是否相等。若相等，则本地缓存 Data 报文 o。另外，v 查看 PIT 表项中，核实该 Data 报文 o 的返回是否是依据某一 TRAIL 表项 trail 转发的结果。如果是，则将 trail 表项的 $latest\_$ $time$ 字段的值更新为当前时间。此外，若本地没有缓存 Data 报文 o 且 o 的 $Data$ Hop $Count$ 字段的值表明 o 将在下游一个比原数据源更近的路由器缓存，v 为 o 在下游的缓存建立一个 TRAIL 表项形成缓存可感知的路由。最后，v 在将 Data 报文 o 向 $Interest(o)$ 进来的每个接口转发出去之前，更新 Data 报文 o 的 $Data$ Hop $Count$ 字段的值。

算法 3.1　PRL 中路由器 $v \in V$ 处理 Interest 和 Data 报文的过程

初始化：

输入：$Interest(o)$//请求数据内容 o 的 Interest 报文

　　　f//$Interest(o)$ 进入路由器的接口

　　　o//返回的 Data 报文

内容请求过程：发送内容请求（Interest Packet）

1. **IF** Interest(o)不是 NACK 消息
2. 　更新数据内容 o 流行度的统计信息
3. 　**IF** o 已在本地缓存中
4. 　　将 $Interest(o)$ 的 $Interest\ Hop\ Count$ 字段值拷贝到 Data 报文 o 的 $Data\ Hop\ Count$ 字段
5. 　　将 Data 报文 o 从接口 f 返回给用户
6. 　**ELSE**
7. 　　**IF** 找到完全匹配的 PIT 表项 pit
8. 　　　在 pit 的 Interest 到来的接口列表中添加 f
9. 　　**ELSE**
10. 　　　**IF** 找到匹配的 TRAIL 表项 trail 或找到匹配的 FIB 表项 fib
11. 　　　　依据 trail 或 fib 中的路由跳数、o 在本地的流行度、本地缓存置换发生的速度及发生缓存置换带来的"罚金"计算 o 的缓存贡献 $Contri_o^v$
12. 　　　　**IF** $Contri_o^v$ 比 $Interest(o)$ 的 $MaxContribution$ 字段值大
13. 　　　　　更新 $Interest(o)$ 的 $MaxContribution$ 字段为 $Contri_o^v$
14. 　　　　　重置 $Interest(o)$ 的 $Interest\ Hop\ Count$ 字段值为 0
15. 　　　　**ELSE**
16. 　　　　　$Interest(o)$ 的 $Interest\ Hop\ Count$ 字段值加 1
17. 　　　　**ENDIF**

18.　　　　建立 PIT 表项,记录 *Interest(o)* 到来的接口 *f*,本地的潜在缓存贡献 *Contri*_o 和用于转发 *Interest(o)* 的 trail 或 fib 表项

19.　　　　根据 trail 或 fib 的提示转发报文 Interest(o)

20.　　　　**ENDIF**

21.　　　**ENDIF**

22.　　**ENDIF**

23. **ELSE**

24.　将匹配 PIT 表项记录的用于转发 *Interest(o)* 的 TRAIL 表项标注为不再可用

25.　**IF** 还有其他可用的 TRAIL 表项或 FIB 表项

26.　　重复步骤 9 到 19

27.　**ELSE**

28.　　**FOREACH** PIT 表项记录的 Interest 报文进入的接口 *face*

29.　　　向接口 *face* 发送 NACK 消息

30.　　**ENDFOREACH**

31.　**ENDIF**

32. **ENDIF**

数据响应过程:接收内容应答(Data Packet)

33. **IF** Data 报文 *Max Contribution* 字段的值和匹配 PIT 表项记录的 *Contri*_o 相同

34.　缓存 Data 报文

35. **ENDIF**

36. **IF** Data 报文的返回是依据 TRAIL 表项 trail 转发的结果

37.　更新 trail 表项的 *latest_time* 字段的值为当前的时间

38. **ENDIF**

39. **hop**＝Data 报文的 *Data Hop Count* 的值

40. **IF** Data 报文 *o* 未在本地缓存,*hop* 为正数且小于 PIT 中记录本次数据获取所需经过的路由跳数

41.　为 Data 报文 *o* 在下游的缓存建立一个 TRAIL 表项

42. **ENDIF**

43. **FOREACH** PIT 表项记录的 Interest 报文进入的接口 *face*

44.　**IF** *face* 不是 Interest 首次到达的接口并且 *hop*＞0

45.　　$hop = (-hop - 1)$

46.　**ELSE**

47.　　$hop -= 1$

48.　**ENDIF**

49.　将 *hop* 的值赋值给 Data 报文 *o* 的 *Data Hop Count* 字段

50.　将 Data 报文 *o* 从接口 *face* 发送出去

51. **ENDFOREACH**

3.3　性能评估

本节通过仿真实验量化评估了 PRL 方法的有效性,并对影响 PRL 方法的各

个参数进行了分析。

3.3.1　实验设置

开源的 ndnSIM[56]包在 NS-3 网络仿真器（http://www.nsnam.org）中实现了 NDN 的网络协议栈。本节的一系列实验是在一台 2.70 GHz CPU、2.0 GB RAM 的机器上运行的 ndnSIM 仿真实验。具体而言，ndnSIM 被做了进一步的扩展，包括在 Interest 报文里添加了 *Max Contribution* 和 *Interest Hop Count* 字段，在 Data 报文里面添加了 *Max Contribution* 和 *Data Hop Count* 字段，并定制转发策略和缓存置换策略，使得缓存内容的放置、置换和定位都遵照本章提出的 PRL 网络缓存策略。表 3.2 列出了实验中主要参数的设置。

表 3.2　实验参数设置

参数	默认值	取值范围
用户的请求速率 λ	100 Interests/s	—
总的数据内容请求数 $\|R\|$	5×10^5	—
被请求数据内容集合大小 $\|O\|$	1×10^4	—
树叉 k	5	—
树深度 D	5	[3,7]
网络缓存器缓存空间大小 S_v	20	[5,55]
Zipf 形状参数 α	0.8	[0.7,1.4]

1）基准

本章将 PRL 和下述代表性的网络缓存策略进行了比较：

- MAGIC：基于最大收益的网络缓存机制[64]。
- HPC：基于路由跳数的概率性缓存机制[43]。
- OPP：机会型 on-path 网络缓存机制[65]。
- ProbCache：基于路径缓存容量的概率性缓存机制[31]。
- CEE：ICN 网络中默认的网络缓存机制，Data 报文缓存在沿途所有路由器中[6]。

以上作为比对基准的方法，其相关配置严格遵从引用文献中的描述。其中，MAGIC 使用 LFU 作为缓存置换策略，而 HPC、OPP、ProbCache 和 CEE 均使用 LRU 作为缓存置换策略。比对基准中的网络缓存策略暂时均未考虑使用缓存可感知的路由来定位缓存的内容。

2）网络拓扑

本章在不完全的 k-叉树上进行仿真实验，假设数据内容服务器连接在树根处,所有的用户从树叶接入网络,相关设置与文献[64]中的描述类似。单独的一棵树适合作为网络缓存仿真实验的拓扑,因为从单个内容服务器的角度看,数据内容分发的拓扑就是单独的一棵树。一棵 k-叉树拓扑有两个参数:k 表示每个树结点最大子结点数,D 表示树的深度。与文献[64]中的设置类似,本章的仿真实验设置 $k=5$,k-叉树拓扑中每个树结点的子结点数取[0,5]之间的随机数。

3)实验方法

本节评估了网络缓存器缓存空间大小、用户的数据内容访问模式(即数据内容在用户中的流行度分布)和 k-叉树的深度对本章提出的网络缓存机制 PRL 缓存性能的影响。在每轮仿真实验中,假设各用户发送数据内容请求的过程是一个服从参数 $\lambda=100$ Interest/s 的泊松过程,并且每轮实验中用户发送的总请求数约为 5×10^5,以允许整个系统到达稳定的状态。用户访问的数据内容集合大小为 1×10^4,用户的数据内容访问模式服从形状参数为 α 的 Zipf 分布。实验假设所有网络缓存器的缓存空间大小相同,因为 Rossi 等人[57]证明各网络缓存器缓存空间大小差异带来的收益十分有限。另外,实验设置拓扑中每条链路的带宽为 10 Gbps,足以满足全部用户的请求,并且设置链路的时延为 1 ms。

4)性能测度

本节从下述三个角度评估网络缓存策略的缓存性能:

• 路由跳数减少的比率 β,该测度可以评估用户可感知的数据传输质量的改善程度。定义如式(3.4):

$$\beta = 1 - \frac{\sum\limits_{r\in R} h_r}{\sum\limits_{r\in R} H_r} \tag{3.4}$$

其中,h_r 和 H_r 分别表示从数据内容请求 $r\in R$ 的请求者到达响应该请求的结点和到达所请求数据内容的内容服务器的路由跳数。

• 缓存命中率 γ:该测度衡量网络缓存命中使得内容服务器负载与从终端用户到内容服务器路径上的路由器传输负载二者减少的程度。定义如式(3.5):

$$\gamma = \frac{\omega}{|R|} \tag{3.5}$$

其中,ω 表示用网络缓存器中缓存内容响应的请求的总数量。

• 每个网络缓存器处平均的缓存驱逐操作数 δ:该测度反映网络缓存器缓存操作所消耗的时间与能量资源。定义如式(3.6):

$$\delta = \frac{\sum\limits_{v\in V} E_v}{|V|} \tag{3.6}$$

其中，E_v 是一轮实验中网络缓存器 $v \in V$ 处发生的缓存驱逐（或叫作置换）操作的总数量。

3.3.2 实验结果和讨论

1）网络缓存器存储空间大小的影响

图 3.3 显示了网络缓存器缓存空间大小对本节考虑的各网络缓存策略缓存性能的影响。因为线速的需求，未来实际使用的 NDN 路由器的缓存空间不应过大。如图所示，在路由跳数减少的比率和缓存命中率两个方面，PRL 在所有涉及的网络缓存策略中性能最优。具体地讲，相比于次优的网络缓存策略 MAGIC，PRL 在路由跳数减少的比率和缓存命中率两个方面的改善量分别为 15.88%～19.58% 和 47.37%～58.54%，并且改善程度随着缓存空间的增加而增加。越多的 Data 报文被缓存在存储器中，则越多的用户请求可以使用缓存的内容响应（即缓存命中率增加），进而请求数据内容的 Interest 报文路由所需经过的跳数越少（即路由跳数减少的比率增加）。在平均缓存置换操作数方面，当缓存空间大小大于 30 个 Data 报文时，PRL 的平均缓存置换操作数在所有评估网络缓存策略中最优，与平均缓存

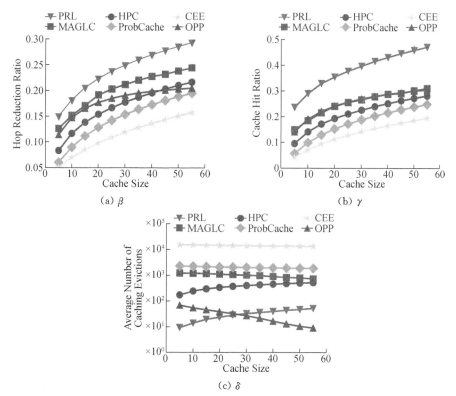

图 3.3 网络缓存器缓存空间大小对缓存性能的影响，缓存大小的单位是 Data 报文个数

置换操作数次优的 OPP 相比有 11.99%～86.50%的减少量；当缓存空间大小小于
30 个 Data 报文时，OPP 的平均缓存置换操作数最小。此外，随着缓存空间大小的
增加，PRL 的平均缓存置换操作数呈现增长趋势。这是因为在 PRL 网络缓存策略
下，当缓存空间未满时，Data 报文的缓存不需要考虑缓存内容置换的"罚金"。当
缓存空间已满时，PRL 需要基于缓存内容置换的"罚金"重新考虑是否应该保留缓
存中存储的各个内容。缓存价值小的内容则会被考虑置换掉，这样的置换操作数
与缓存空间的大小成正比。

2）用户数据访问模式的 Zipf 形状参数 α 的影响

图 3.4 展示了用户数据访问模式的 Zipf 形状参数 α 对本节考虑的各网络缓存
策略缓存性能的影响。可以看到，在设置不同 Zipf 形状参数 α 的情况下，PRL 在
三个测度方面所体现的网络缓存性能均优于其他网络缓存策略。伴随 α 值的增
大，所有涉及的网络缓存策略的路由跳数减少比率和缓存命中率两个测度的值均
呈现上升趋势，而平均缓存置换操作数则相应减少。伴随 α 值的增大，热点内容的
热门程度增加，更大比例的用户请求倾向于此类热点内容。而随着热点内容热门
的程度增加，对其缓存会使得更多的用户请求命中缓存，进而路由跳数减少的比率

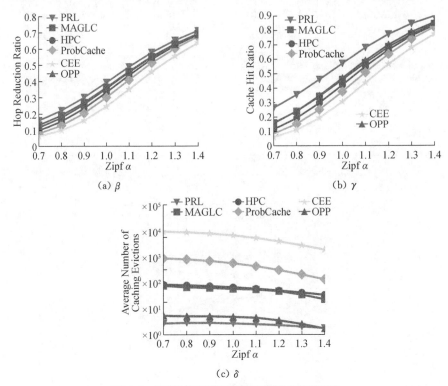

图 3.4　用户数据内容访问模式对缓存性能的影响

增加。并且其他剩余数据内容的请求相应减少,使得平均缓存置换操作数减少。如图 3.4 所示,在路由跳数减少比率和缓存命中率两个测度上,相比于次优的 MAGIC 方法,PRL 分别表现出 2.65%～21.42% 和 6.42%～64.02% 的改善量。而在平均缓存置换操作数测度上,当 Zipf 的形状参数 $\alpha \leqslant 1.3$ 时,PRL 的平均缓存置换操作数在所有涉及的网络缓存策略中最优,与平均缓存置换操作数次优的 OPP 相比,有 17.01%～41.86% 的减少量;但当 $\alpha = 1.4$ 时,OPP 产生的平均缓存置换操作数甚至更少。

3) k-叉树深度 D 的影响

图 3.5 显示了 k-叉树深度 D 对本节考虑的各网络缓存策略缓存性能的影响。可以看到,在不同的 k-叉树深度 D 下,PRL 仍然是本节考虑的网络缓存策略中缓存性能最优的。在路由跳数减少的比率和缓存命中率两个测度上,PRL 保持领先的优势,并且 PRL 改善的程度随着 k-叉树深度 D 的增加而增加。这是因为在仿真实验中,更大的 k-叉树深度 D 意味着更多的网络存储器,也就意味着有更大的缓存空间可供 PRL 优化内容的缓存,有更多的缓存内容可供 PRL 去定位以响应应用

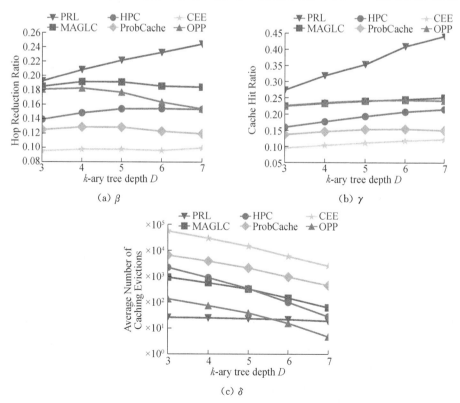

图 3.5 k-叉树深度对缓存性能的影响

户的请求。具体地讲,在路由跳数减少的比率和缓存命中率两个测度上,相比于缓存性能次优的 MAGIC,PRL 的改善量分别为 $4\% \sim 32.61\%$ 和 $21.94\% \sim 75.76\%$。而在平均缓存置换操作数测度上,当 $3 \leqslant D \leqslant 5$ 时,PRL 的平均缓存置换操作数是最优的,与平均缓存置换操作数次优的 OPP 的相比,约有 $39.54\% \sim 80.72\%$ 的减少量;当 $6 \leqslant D \leqslant 7$ 时,OPP 的平均缓存置换操作数更小。此外,随着 k-叉树深度 D 的增加,所有涉及的网络缓存策略的平均缓存置换操作数均在减小,这是因为整体的缓存空间大小在增加,相应地会产生更少的缓存置换。

3.4　本章小结

为了更加高效地利用 ICN 网络中路由器的缓存空间,减少用户请求数据所需经过的路由跳数,降低内容服务器的负载,并减少缓存操作引起的时间和能量消耗,本章工作首次将暂态缓存内容的放置、置换和定位相互结合,本章将这一缓存思想简称为 PRL。在缓存可感知的路由允许路由器感知和定位邻近路由器中暂态缓存的前提下,使用一个低复杂度的缓存内容放置策略对网络缓存的性能进行优化。该策略综合考虑内容的流行度分布、路由跳数减少的收益(这个收益考虑了邻近路由器中暂态缓存内容的存在)、缓存空间的竞争以及缓存置换的“罚金”,进而将数据内容放置(即缓存)在用户需求较大、距离数据源较远且缓存空间竞争较小的路由器处,并且使邻近缓存结点的其他路由器可以定位缓存的数据内容。该方法可以使更多的用户请求途经更少的跳数,直接用缓存的内容响应,同时也可以减少各路由器处缓存和置换内容的操作。本章工作的主要贡献有如下三个方面:

　　• 提出了一个综合考虑内容流行度分布、路由跳数减小的收益、沿途路由器中缓存空间竞争以及缓存内容置换“罚金”的隐式协作缓存内容放置策略。

　　• 将缓存内容的放置、缓存内容的置换和缓存内容的定位相互结合。缓存内容的置换选择具有最小缓存价值的内容驱逐出缓存,缓存内容的定位模块在沿途路由器中为将缓存到下游邻近路由器的数据内容创建记录形成缓存可感知的路由,使得缓存结点附近的路由器能够定位缓存的副本,进而可以直接利用缓存的副本响应用户后续对该数据内容的请求,同时在缓存内容时减少冗余的缓存。

　　• 使用 ndnSIM 进行仿真实验,评估 PRL 的有效性,并将 PRL 的缓存性能与其他代表性的 on-path 网络缓存机制的缓存性能进行比较。仿真结果表明,PRL 更加高效地使用了可用的网络缓存资源,将用户请求平均所需的路由跳数降低了 32.61%,将缓存命中率提高了约 75.76%,将缓存置换操作数降低了约 86.50%。

　　下一步工作将围绕实体网络拓扑展开,使用真实用户请求的 trace 数据集作为用户的数据内容访问模式,评估和改善 PRL 的各个模块,最终在 NDN 的测试床上部署 PRL。

4 分布式的网络协作缓存

NDN 中网络缓存器的数量较大,路由器中的计算和空间资源有限,因此传统集中式的复杂协作缓存机制不适合于稳态缓存内容的网络协作缓存。针对这个问题,本章提出了一种分布式的协作缓存机制 DICC(Distributed In-network Cooperative Caching)。首先,本章将稳态缓存内容的网络协作缓存问题形式化为一个带约束条件的优化问题;然后,提出使用拉格朗日松弛法和原始对偶分解法将优化问题分解为一系列的缓存内容放置决策子问题和数据内容定位子问题,每个缓存内容放置决策子问题可以在各路由器处分布式地解决,缓存可感知的路由使得数据内容定位的子问题也可以在各路由器处分布式地解决,实现网络缓存器之间对稳态缓存内容的共享以及协作缓存;最后,对 DICC 进行了仿真验证和性能分析。

4.1 问题分析

网络中缓存的内容数量庞大,而且由于缓存结点缓存空间的限制,流行度高度动态变化的暂态缓存内容随时可能被置换即缓存内容具有高动态性。网络中除了这些流行度高度动态变化的内容,还存在一些在较长时间内都稳定流行的内容,如今日新闻在当天都比较热门,人们可以选择一天内任意空闲时间阅读。路由器可以通过对用户的数据内容访问模式做统计分析来发现这类稳定流行的内容[35,68],本部分将这类缓存内容称之为稳态缓存内容。对于稳态缓存内容,路由器可以将它们在缓存器中较长时间地缓存以减少带宽的需求和响应用户请求所需的时延。

由于高度动态性,如果路由将暂态缓存内容的可达性在大范围网络内通告,这不但会导致大范围网络中出现频繁的路由更新影响路由系统的可扩展性,而且在路由收敛前试图获取已被置换缓存副本的请求会发生缓存缺失,因此流行度高度动态变化的暂态缓存内容的可达性不适合在大范围网络中通告,缓存结点间难以对此类内容的缓存进行协作。相比之下,由于稳态缓存内容可以在路由器中较长时间地存储,路由可以将稳态缓存内容的可达性在较大范围的网络中如一个自治系统的网络中通告使得网络中的路由器可以感知和定位稳态缓存的内容。通过这种方式,缓存的副本可以像数据服务器处的副本一样服务较大范围内的用户请求,提高缓存内容的使用率;在此基础上,由于缓存空间的限制,网络中如一个自治系统中的路由器可以形成一个协作组,进一步周期性地对稳态缓存内容的缓存进行协作,最优化整个网络缓存协作组的网络缓存性能。

　　协作缓存方面的工作已经有大量的相关文献[48-50]。多数文献工作仅考虑覆盖模型(overlay model),即协作缓存被当成与底层网络无关的一种覆盖服务(overlay service),不能直接应用到 NDN 的网络协作缓存中。此类工作或者只针对特定的应用(这些应用对协作缓存的设计施加了额外的条件),或者需要将系统构造成特定类型的拓扑,如组播树。另外,大量的计算开销限制了其在大规模网络中使用的可能。在 20 世纪末期,研究人员提出了 en-route 缓存[71-72]的概念,将 Web 缓存与网络中的路由结点相关联,此类能够缓存 Web 内容的路由结点被称为 en-route 缓存器,类似于 NDN 中的路由器结点。Wang 等人提出一种协作缓存机制[73],动态地将内容放置在从用户到内容服务器的路径上以尽量减少数据内容访问的开销。但该数据内容缓存的决策是由内容服务器集中式地决定将内容缓存在哪个 en-route 结点,需要应用做特定的配置,不适合应用到网络协作缓存管理中。

　　由于较稳定地存储,稳态缓存内容的网络协作缓存的周期应该可以较长,因此允许参与网络协作缓存的路由器之间有一些显式的信息交互应该是合理的。但与传统的缓存系统相比,NDN 中网络缓存器的数量较大,路由器中的计算和空间资源有限,因此集中式的复杂协作缓存机制不适合于稳态缓存内容的网络协作缓存,而分散式的协作不失为一种选择。现有的研究工作针对网络协作缓存方面的关注较少。文献[74]将网络协作缓存的问题形式化为混合缓存线性规划的问题,但没有讨论具体的解决方法。

　　基于以上分析,本章将稳态缓存内容的网络协作缓存问题抽象为一个优化问题,应用拉格朗日松弛法和原始对偶分解法将网络协作缓存的问题分解为一系列可以在各路由器处分布式解决的子问题。本章将此网络协作缓存机制称为分布式的网络协作缓存 DICC(Distributed In-network Cooperative Caching)。实验结果展示了 DICC 在改善稳态缓存内容的命中率和用户请求所需时延方面的优势。

4.2　问题形式化描述

　　本节形式化描述网络缓存的问题,并将其映射到一个图内的优化问题:

1)图的构建

　　NDN 域的路由器级别的拓扑用一个无向图 $G=(V,E,d)$ 来表示。$V=\{v_1, v_2,\cdots,v_N\}$ 是路由器的集合($|V|=N$),E 是路由器之间链路的集合。距离函数 d:$V\times V\rightarrow R$ 定义了任意两个路由器之间数据内容访问的开销;$d(i,j)$ 表示路由器 $v_i,v_j\in V,v_i\neq v_j$ 之间数据内容的访问开销。在这两个路由器之间存在可达路径时可以解释为路由器之间的最短路径长度或者最小的访问时延,否则 $d(i,j)=+\infty$,并且 $\forall v_i\in V,d(i,i)=0$。路由器 $v_i\in V$ 的缓存大小表示为 C_i,稳态缓存的

数据内容的集合为 $O=\{o_1,o_2,\cdots,o_k\}(|O|=K)$，数据内容 $o_k \in O$ 的大小表示为 s^k，在路由器 $v_i \in V$ 处对内容 $o_k \in O$ 的需求表示为 r_i^k。假设这些数据内容的服务器是上游的一台服务器 v_{N+1}，并且有 $\forall v_i,v_j \in V$ 且 v_i,v_j 之间存在可达路径，则 $d(i,j) \ll d(i,N+1)$，即从域内任一路由器的缓存空间访问数据内容的开销都比从域外的内容服务器访问数据内容的开销小。例如，从域内另一路由器的缓存中获取内容副本可以减少时延、上游带宽的使用等。

2）内容放置方案

本章使用一系列二进制的变量 x_j^k 来描述路由器 v_j 是否缓存数据 o_k。

3）内容的访问/定位

数据内容的访问依赖于内容所在的位置。具体而言，当收到对内容 o_k 的一个请求时，如果本地缓存了 o_k，路由器 v_i 将 o_k 直接返回给用户；如果域内其他路由器缓存了 o_k，路由器 v_i 从缓存 o_k 的路由器处获取内容 o_k；否则，o_k 在域内没有副本，路由器 v_i 只能从 o_k 所在的内容服务器获取 o_k。本章使用一系列的二进制变量 y_{ij}^k 来描述路由器 v_i 是否从路由器 v_j 处获取内容 o_k。

4）目标

网络协作缓存的目标是在 NDN 域内路由器中有选择地缓存数据内容以便这些路由器可以共享各自缓存的内容，即决定内容的放置方案以及数据内容的访问方案，使得域内路由器的缓存最大限度地减少域内用户数据内容访问的开销。该目标被形式化地描述为：

$$\text{Maximize} \sum_{v_i \in V}\sum_{o_k \in O}\sum_{v_j \in V} y_{ij}^k (D-d(i,j))r_i^k s^k \tag{4.1}$$

$$\text{Subject to:} \, y_{ij}^k=\{0,1\} \quad \forall v_i \in V, v_j \in V, o_k \in O \tag{4.2}$$

$$x_j^k=\{0,1\} \quad \forall v_j \in V, o_k \in O \tag{4.3}$$

$$\sum_{v_j \in V} y_{ij}^k \le 1 \quad \forall v_i \in V, o_k \in O \tag{4.4}$$

$$y_{ij}^k \le x_j^k \quad \forall v_i \in V, v_j \in V, o_k \in O \tag{4.5}$$

$$\sum_{o_k \in O} x_j^k s^k \le C_j \quad \forall v_j \in V \tag{4.6}$$

式(4.4)的限制条件描述了内容 o_k 是否在域内缓存的事实。如果 o_k 在域内有副本，则 o_k 可以从域内的路由器的缓存中获取 $\left(\sum_{v_j \in V} y_{ij}^k = 1\right)$；否则 $\left(\sum_{v_j \in V} y_{ij}^k = 0\right)$，$o_k$ 需要从它的数据内容服务器处获取。式(4.5)的限制条件表示当且仅当路由器 v_j 缓存了内容 o_k，其他路由器 v_i（v_i 和 v_j 可以是同一路由器，此时表示从本地缓存获取内容 o_k）才可以从 v_j 处访问内容 o_k。式(4.6)的限制条件确保每个路由器处的缓存遵从存储空间的限制。

4.3 DICC 缓存策略

4.3.1 分布式算法

由于网络协作缓存问题本身的复杂性，以集中式的方式求解该问题比较困难。因此，本章提出运用拉格朗日松弛法和原始对偶分解法[75]，以分布式的方式求解网络协作缓存问题的解。这里先将式(4.5)的限制条件改写为式(4.7)：

$$y_{ij}^k r_j^k s^k \leqslant x_j^k r_j^k s^k \qquad v_i \in V, v_j \in V, o_k \in O \tag{4.7}$$

然后通过拉格朗日因子 η_{ij}^k 将式(4.7)整合到目标函数式(4.1)中，得到如式(4.8)中的拉格朗日对偶问题：

$$\begin{aligned} &\text{Minimize } L(\eta_{ij}^k) \\ &\text{Subject to:} \eta_{ij}^k \geqslant 0 \end{aligned} \tag{4.8}$$

其中，对偶问题中的目标函数 $L(\eta_{ij}^k)$ 为式(4.9)：

$$L(\eta_{ij}^k) = \max \sum_{v_j \in V} \sum_{o_k \in O} \sum_{v_i \in V} \eta_{ij}^k r_j^k s^k x_j^k + \sum_{v_j \in V} \sum_{o_k \in O} \sum_{v_i \in V} y_{ij}^k s^k ((D - d(i,j)) r_i^k - \eta_{ij}^k r_j^k)$$

$$\tag{4.9}$$

拉格朗日对偶问题可以分解为 $|V|$ 个数据内容放置的子问题和 $|V| \times |O|$ 个内容定位的子问题，这些子问题分别可以在各个路由器处被求解。$\sum_{v_i \in V} \eta_{ij}^k$ 反映了路由器 $v_j \in V$ 对存储内容 $o_k \in O$ 感兴趣的程度，而 η_{ij}^k 反映了路由器 $v_i \in V$ 对从路由器 $v_j \in V$ 处访问数据内容 $o_k \in O$ 感兴趣的程度。在每个轮次 t 中，路由器 $v_j \in V$ 首先求解式(4.10)中内容放置的子问题：

$$\begin{aligned} &\text{Maximize} \sum_{o_k \in O} \left(\sum_{v_i \in V} \eta_{ij}^k \right) r_j^k s^k x_j^k \\ &\text{Subject to:} x_j^k = \{0, 1\} \quad \forall o_k \in O \\ &\qquad\qquad \sum_{o_k \in O} x_j^k s^k \leqslant C_j \end{aligned} \tag{4.10}$$

式(4.10)描述的是一个经典的 0−1 背包问题。在实际网络环境中，NDN 中大的数据内容可以被分成相同大小的 Data 报文以便在网络中的传输，该内容放置问题的解则如式(4.11)：

$$x_j^k(t) = \begin{cases} 1 \text{ for } k \in [1, z), \\ 0 \text{ for } k \in [z, |O|]. \end{cases} \tag{4.11}$$

在式(4.11)的解中，数据内容集合 O 中数据内容依据关键指标 $(\sum_{v_i \in V} \eta_{ij}^k) r_j^k$ 降

序排序，并且 $z=\min\left\{h\mid\sum_{i=1}^{h}s^k>C_j\right\}$。路由器 v_j 负责将 $|O|$ 维向量 $X_j=(x_j^1,\cdots,$ $x_j^k\cdots,x_j^K)$，也即它临时的内容放置方案广播给网络中其他的路由器。给定所有结点的数据内容放置方案，每个路由器 v_i 可以求解定位各数据内容 o_k 的子问题以便求解式(4.12)所描述优化问题的解。

$$\mathrm{Maximize}\, y_{ij}^k s^k ((D-d(i,j))r_i^k-\eta_{ij}^k r_j^k)$$
$$\mathrm{Subject\ to:} y_{ij}^k=\{0,1\}\quad \forall v_j\in V$$
$$\sum_{v_j\in V}y_{ij}^k\leqslant 1$$
$$y_{ij}^k\leqslant x_j^k(t) \tag{4.12}$$

此处假设 $\zeta_{ij}^k=(D-d(i,j))r_i^k-\eta_{ij}^k r_j^k$。路由器 v_i 处数据内容 o_k 的最优定位问题的解为式(4.13)：

$$y_{ij}^k(t)=\begin{cases}1 & \text{for } v_j \text{ with } \zeta_{ij}^k=\max\{\zeta_{ij}^k\mid v_j\in V, x_j^k(t)=1\},\\ 0 & \text{otherwise.}\end{cases}$$
$$\tag{4.13}$$

在式(4.13)中，路由器 v_i 首先找到路由器集合 $V^k=\{v_j\mid v_j\in V, x_j^k(t)=1\}$，然后找到集合 V^k 中具有最大关键索引 ζ_{ij}^k 值的路由器。

依据本地暂时的数据内容放置方案以及数据内容定位方案，每个路由器 v_i 使用次梯度法[75,76]更新它的 η_{ij}^k，为下一轮的求解做好准备。具体更新如式(4.14)：

$$\eta_{ij}^k(t+1)=\eta_{ij}^k(t)-\theta(t)(x_j^k(t)-y_{ij}^k(t))r_j^k s^k f(d(i,j)) \tag{4.14}$$

其中，$\theta(t)=1/t$ 是步长，$f()$ 与路由器 v_i 和 v_j 之间的数据内容访问开销 $d(i,j)$ 正相关。从 η_{ij}^k 的更新规则可以看到，当 $x_j^k(t)=y_{ij}^k(t)$，无论为 0 或 1，η_{ij}^k 在 $t+1$ 轮不改变，这意味着路由器 v_j 处内容 o_k 的放置方案（存或不存）对路由器 v_i 处数据内容 o_k 的访问起决定作用。如果在当前轮中 $x_j^k(t)>y_{ij}^k(t)$，那么 $\eta_{ij}^k(t+1)$ 将减小（减小的程度与路由器 v_i,v_j 之间的访问开销 $d(i,j)$ 成正比）使得在下一轮中，数据内容 o_k 在路由器 v_j 中缓存的机会变小，因为路由器 v_i 对数据内容 o_k 的访问不依赖于路由器 v_j 缓存 o_k。η_{ij}^k 的更新规则使得算法快速收敛到问题的解。

图 4.1 给出了 DICC 算法中路由器 $v_i\in V$ 与其他路由器交互的示意图，另外，算法 4.1 给出了在路由器 $v_i\in V$ 处上述分布式的网络协作缓存算法 DICC (Distributed In-network Cooperative Caching)的伪代码。

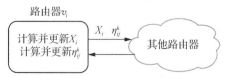

图 4.1 路由器 v_i 与其他路由器之间的交互

算法 4.1　DICC(Distributed In－network Cooperative Caching)

输入:$d(i,j)$,s^k,r_i^k,C_i

输出:x_i^{k*},y_{ij}^{k*}

1. 初始化 $t=0$,并将系数 $\eta_{ij}^k(t)$($\forall v_i,v_j\in V,o_k\in O$)初始化为一系列正数。

2. 迭代直到 η_{ij}^k 收敛至 η_{ij}^{k*}:

(a) 依据式(4.11)计算 $x_i^k(t)$,$\forall o_k\in O$;

(b) 广播当前轮次决定的内容放置方案向量 $X_i(t)$ 给其他路由器;

(c) 接收其他路由器 v_j 当前轮次决定的内容放置方案向量 $X_j(t)$,其中 $\forall v_j\in V,v_j\neq v_i$;

(d) 依据式(4.13)计算 $y_{ij}^k(t)$,$\forall v_j\in V,o_k\in O$;

(e) 依据式(4.14)更新系数 η_{ij}^k 并广播给其他的路由器,$\forall v_j\in V,o_k\in O$。

3. 迭代完后得到接近于最优解的解:$x_i^{k*}=x_i^k(t)$ 和 $y_{ij}^{k*}=y_{ij}^k(t)$。

4.3.2　路由对缓存的感知

在 DICC 算法中,虽然不同路由器并行地决策数据内容的放置方案和定位数据内容,但它们之间需要传播各自临时的内容放置方案,在得到所有路由器的临时缓存决策信息时,路由器才可以分布式地解决本地数据内容定位的子问题;另外,在每轮迭代开始时,需要交换更新的拉格朗日因子。该信息交换的过程,本章通过缓存可感知路由的形式实现。

与 NLSR[25]中使用 NDN SYNC[77]实现链路状态信息传播类似,本章将每个路由器处存储的所有结点的临时缓存决策信息和拉格朗日因子信息当作一个数据集,将路由器之间临时缓存决策信息和拉格朗日因子信息的交换视作不同路由器的数据集之间的同步。邻居路由器之间周期性地交换它们数据集的哈希值以检测不同路由器处数据集的差异并进行同步,即实现临时缓存决策信息和拉格朗日因子信息的交换。该逐跳同步的方法避免向网络不必要的泛洪——当结点间没有临时缓存决策信息和拉格朗日因子信息需要交换时,路由器之间只有一个哈希值的交换。而且该同步是一个接收端驱动的过程,仅当路由器有空闲 CPU 时才会发送哈希值去检测不同路由器处数据集的差异并进行同步,通过这种方式,路由器可以避免在高负载时接收其他路由器发送的临时缓存决策信息或拉格朗日因子信息,即以免网络协作缓存影响其正常的路由功能。

信息的同步使用 NDN SYNC 或叫 Sync,Sync 与 CCNx[78]的数据仓库 Repo[79]相联,允许 DICC 应用将临时缓存决策信息或拉格朗日因子信息放入 Repo,邻居路由器的 Repo 进行同步。Sync 为 Repo 中的数据信息维护一棵哈希树,树中的叶子结点是临时缓存决策信息或拉格朗日因子信息的 Data 报文。邻居路由器之间交换哈希树的根散列。如果根散列值之间存在差异,路由器之间交换哈希树中下一级结点的哈希值,直到找到导致差异的叶子结点,即新的临时缓存决策信息或拉格朗日因子信息的 Data 报文。然后 Repo 之间交换存在差异的信息,并进一步提交给 DICC 应用。

图 4.2 展示了临时缓存决策信息和拉格朗日因子信息同步的过程。为了同步存储了临时缓存决策信息和拉格朗日因子信息的 Repo，Sync 协议周期性地发送特殊的 Interest 消息 Root Advise，该消息包含 Repo 哈希树的根散列值（第 1 步）。当路由器 A 的 DICC 应用有新的临时缓存决策信息或拉格朗日因子信息写入其 Repo（第 2 步），这导致其 Repo 的根散列值与邻居路由器 B Repo 的根散列值不同，因而路由器 A 处的 Sync 回复路由器 B 处 Sync 发送的 Root Advise，将本地新的根散列值发送给路由器 B（第 3 步）。路由器 B 的 Sync 将本地的根散列值与从路由器 B 接收到的比较，发现差异后递归地请求路由器 A 处下一级结点的哈希值直到找到需要同步的信息。然后，路由器 B 的 Sync 使用 Interest 消息获取路由器 A 处 Repo 需要同步的信息（第 4 步和第 5 步），并通知 DICC 应用获取新的信息（第 6 步）。最后，路由器 B 处的 DICC 应用从本地 Repo 获取新的临时缓存决策信息和拉格朗日因子信息（第 4 步和第 5 步）后进行进一步的缓存协作。

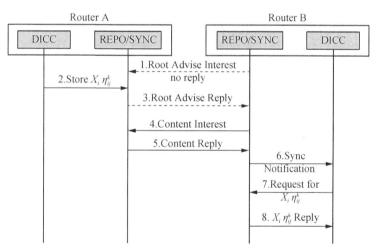

图 4.2 DICC 中路由器之间信息的交互

NDN SYNC 协议提供了可靠的数据同步，充分利用 NDN 中内容可自我识别的特性以及 NDN 对组播的支持，每个路由器的临时缓存决策信息和拉格朗日因子信息仅需要发送给邻居路由器，然后邻居路由器再发送给其邻居路由器，不需要路由器将临时缓存决策信息和拉格朗日因子信息发送给网络中其他所有路由器，进而减少分布式网络协作缓存所需的通信开销。另外，内容放置方案向量 X_i 可以使用高效利用空间的（增量）布隆过滤器[80-82]来表示，进一步减少路由器之间的通信开销。

4.3.3　算法复杂性分析

在 DICC 算法中,路由器 v_i 在决定数据内容放置方案和数据内容定位方案时需要知道它从域内其他路由器访问数据内容所需的访问开销、拉格朗日因子 η_{ij}^k 和其他路由器处决定的内容放置方案向量 x_j^k。路由器之间数据内容访问开销的信息应该相对稳定,只有存在网络动态时才需要更新,该信息的存储需要占据的存储空间为 $O(N)$。在每一轮中,所有路由器并行地决定内容放置方案和数据内容的定位。关于内容放置方案的决策,路由器 v_i 为每个数据内容计算关键索引(这一步所花费时间和空间的上限均为 $O(K)$),将这些数据内容依据它们的关键索引进行排序(这一步所花费时间的上限为 $O(K \lg K)$),广播内容放置方案向量 X_i 并接收其他路由器广播的内容放置方案(这一步所花费时间和空间的上限分别为 $O(2(N-1)K)$ 和 $O((N-1)K)$,本章临时内容放置方案的同步使用 NDN SYNC 协议,路由器只要与邻居路由器之间交换临时内容放置方案,实际的通信开销远小于上界,更新过的拉格朗日因子同步的开销类似),这些步骤总共花费的时间和空间的上限分别为 $O(K+K \lg K+2(N-1)K)$ 和 $O(NK)$。关于数据内容的定位和拉格朗日因子 η_{ij}^k 的更新,其中关键索引 ζ_{ij}^k 的计算和最大 ζ_{ij}^k 的选取(这一步骤所花费时间和空间的上限均为 $O(NK)$)、η_{ij}^k 的更新(这一步骤所花费时间和空间的上限也均为 $O(NK)$)、η_{ij}^k 的广播和从其他路由器处接收拉格朗日因子(这一步花费的时间和空间的上限分别为 $O(2NK(N-1))$ 和 $O(NK(N-1))$),这些一起总共花费的时间和空间的上限分别为 $O(2N^2K)$ 和 $O(NK(N+1))$。因此,在每个路由器处,DICC 所需的空间开销的上限是 $O(N+NK(N+2))$;在每一轮次中,时间开销的上限是 $O(K \lg K+(2N-1)K+2N^2K)$。

4.4　性能评估

本节通过仿真实验评估 DICC 缓存策略的性能。实验在两个实际 ISP(AS 209 和 AS 7018)PoP 级别的拓扑[60]上进行,基本信息如表 4.1 所示。实验将拓扑中两个路由器之间的时延作为它们之间数据内容访问的开销,并将任一路由器到数据内容服务器处获取内容所需的时延记为 D,均为 130 ms。PoP 级别的拓扑与实际路由器级别的拓扑有所区别,但它们仍然可以展示 DICC 缓存策略的有效性。仿真实验将底层拓扑中的 PoP 结点当作 NDN 网络中具有路由和缓存功能的路由器,PoP 结点使用 DICC 缓存策略决定数据内容的放置方案以及数据内容的定位。AS 209 和 AS 7018 中路由器用户访问的数据内容的集合的大小分别为 1 000 和 10 000。假设 AS 中的路由器缓存空间的大小一致,并且用户对数据内容访问的需求均遵从形状参数为 α 的 Zipf 分布,即在路由器 v_i 处,用户对第 k 热点的内容访问

的概率为 $r_i^k = k^{-\alpha} / \sum_{l=1}^{|O|} l^{-\alpha}$。

表 4.1　AS 209 和 AS 7018 两个拓扑的信息

AS 号	PoP 结点数	链路数	PoP 结点间的平均时延/ms
209	58	108	17.42
7018	115	148	11.69

通过比较 DICC 缓存策略下和路由器独自工作时(GL 策略)的平均访问时延和平均缓存命中率(即由域内路由器缓存内容响应的数据内容请求占所有用户请求的比例),仿真实验评估了路由器的缓存空间大小和 Zipf 形状参数 α 对 DICC 策略下缓存性能的影响。仿真实验结果如图 4.3 和图 4.4 所示。图 4.3 展示了路由器缓存空间大小和 Zipf 形状参数 α 对缓存性能的影响;由于空间的限制,这里仅展示 AS 7018 的实验结果,AS 209 的实验结果类似。图 4.4 显示了不同路由器缓存空间大小和 Zipf 形状参数的所有实验下两个 AS 的平均访问时延和平均缓存命中率。

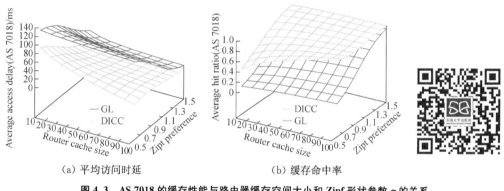

(a) 平均访问时延　　　　　　　　　　(b) 缓存命中率

图 4.3　AS 7018 的缓存性能与路由器缓存空间大小和 Zipf 形状参数 α 的关系

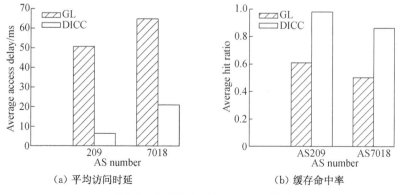

(a) 平均访问时延　　　　　　　　　　(b) 缓存命中率

图 4.4　AS 209 和 AS 7018 的缓存性能

图 4.3 显示 DICC 缓存策略在 Zipf 形状参数 α 比较小时性能更好。例如,当 $\alpha=0.7$ 时(Web 流量流行度分布的一个典型的 Zipf 形状参数[47])和路由器的缓存空间大小设置为 100 个数据内容时,DICC 缓存策略将平均访问时延从路由器独立缓存内容时的平均访问时延 103 ms 降低到 14 ms,并将平均缓存命中率从路由器独立缓存内容时的缓存命中率 0.21 提高到 0.94。但伴随 Zipf 形状参数 α 的增大,用户对数据内容的访问愈加重尾,因此 DICC 协作缓存所额外缓存的内容被域内用户请求的频率越来越小,使得 DICC 缓存策略的有效性越来越不明显。

从图 4.4 可以看到,在 AS 209 的拓扑仿真实验中,DICC 将平均访问时延从路由器独立缓存内容时的平均访问时延 51 ms 降低到 6 ms,大约是 88% 的减小量,并将平均缓存命中率从路由器独立缓存内容时的缓存命中率 0.61 提高到 0.98,大约是 60% 的改善;在 AS 7018 中,DICC 将平均访问时延从路由器独立缓存内容时的平均访问时延 65 ms 降低到 21 ms,大约是 68% 的减小量,并将平均缓存命中率从路由器独立缓存内容时的缓存命中率 0.50 提高到 0.86,大约是 72% 的改善。仿真实验结果表明,DICC 缓存策略确实能够帮助 NDN 域改善数据内容传输的性能,即更小的访问时延和更高的内容可用性,并减少上游带宽的使用。同时,由于 DICC 缓存策略能够提供更高的缓存命中率,更多的请求流量可以在 NDN 域内被响应,因此在主干网的流量和内容服务器的负载都减小了。

4.5　本章小结

为了提高稳态缓存内容的缓存性能,本章主张缓存结点之间对稳态缓存内容的存储进行协作。针对集中式的复杂协作缓存机制不适合于稳态缓存内容的网络协作缓存的问题,本章提出了一种分布式的网络协作缓存策略 DICC。在 DICC 中,稳态缓存内容的网络协作缓存问题被形式化为一个带约束条件的优化问题;然后拉格朗日松弛法和原始对偶分解法被用于将优化问题分解为一系列的数据内容放置决策子问题和数据内容定位的子问题,每个缓存内容放置决策子问题可以在各路由器处分布式地解决,NDN SYNC 实现的缓存可感知路由使得数据内容定位的子问题也可以在各路由器处分布式地解决,最终以缓存结点间少量的通信开销实现网络缓存器之间对稳态缓存内容的共享以及协作缓存。在两个 PoP 级别 AS 拓扑上的仿真实验结果表明,DICC 缓存策略提高了稳态缓存内容的命中率,降低了用户请求内容所需的时延。下一步是进行更大规模的实验来评估 DICC 缓存策略的有效性,并在 NDN 的网络环境中高效地实现 DICC 缓存策略。

5 自治缓存器间的网络协作缓存

本章将 AS 结点抽象为自治缓存器,提出了一种自治缓存器间的网络协作缓存机制 NSCC(Not So Cooperative Caching)。首先,本章对对等 AS 之间网络协作缓存的问题进行抽象和形式化的描述;然后,采用博弈论的方法——迭代最佳对策,寻找全局内容放置方案,满足所有自治结点理性参与网络协作缓存的限制条件,与此同时,对得到的内容放置方案的特点进行理论分析;最后给出了 NSCC 的仿真验证和性能分析。

5.1 问题分析

与 IP 网络类似,随着 NDN 网络规模的增长,网络中的链路和结点将自然地开始扮演不同的角色,如某些结点和链路用于提供转送服务,在同一组织管辖范围内的路由器将形成一个自治系统 AS(Autonomous System)或叫自治域。NDN 的 AS 都具有网络缓存的能力,Dibenedetto[83] 和 Rajahalme[84] 等人认为各个 AS 之间应该维护内容级别对等互联的商业关系,以促进它们之间缓存内容的共享和内容缓存方面的协作,减少数据内容访问的开销。但 AS 之间的协作缓存以及缓存内容的共享都应该遵从源于经济诱因的"无谷底"路由策略[85]。具体而言,AS 不应该和其供应者 AS(provider domain)协作缓存内容,因为无论是从供应者 AS 缓存器中访问内容还是提供缓存的内容给供应者 AS 都需要向供应者 AS 付费;AS 也不应该缓存客户 AS 的内容,因为这样会导致与之相关的流量偏离其转送链路(transit link)进而降低收益;AS 不应该将对等互联的 AS 所缓存的内容通告给供应者 AS 或其他对等互联的 AS,因为这样的通告要么导致向供应者 AS 付费,要么导致与缓存这些内容的对等互联的 AS 之间流量失衡。因此,应该只有对等互联的 AS 之间可以共享各自缓存的内容并进行协作缓存。

图 5.1 举例进一步说明了 AS 间在内容缓存时如何遵从源于经济诱因的策略。图中各个结点代表自治域,虚线和实线分别代表转送链路(transit link)和对等链路(peering link)。AS C 中某用户 X 发布了一份内容 Data,该内容被 AS A、B、E 中的某些用户请求。AS B 中用户对内容 Data 的首次请求由位于 AS C 中的 Data 的发布者响应,途经路径 C—F—B 返回,AS B 缓存该内容以响应后续收到的对该内容的请求。值得一提的是,在 Data 从内容发布者发送到自治域 B 的路径上的其他自治域 C 和 F 都没有动机缓存该内容,如果它们缓存该 Data,与之相关的

流量则不会在转送链路 XC 和 CF 上出现,降低了两个 AS 的流量收益。当 AS B
缓存 Data 后,它可能会选择和其他的 AS 共享该缓存的 Data。遵照经济诱因,AS
B 会乐意将该缓存的 Data 与其对等互联的 AS A 共享,因为该共享可以吸引更多
来自 AS A 的流量。当 A 到 B 的流量达到一定的量,AS B 可以变成 AS A 的供应
者 AS,则 B 的收益增加。B 也会乐意将该缓存的 Data 与其客户 AS 共享(图中未
显示 AS B 的客户 AS)以吸引流量进而增加收益。但是 AS B 不应该将缓存的
Data 与其任何供应者 AS(AS E 和 F)共享,因为该共享会使得 AS B 需要响应来
自其供应者 AS 对 Data 的请求,进而需要为此响应向其供应者 AS 付费。此外,
AS A 不应该将其从 AS B 接收到的关于缓存的 Data 的通告再通告给其供应者
AS D 或者其他对等互联的 AS(图中未显示 AS A 的除 B 外的其他对等互联的
AS),因为该共享不仅影响 AS A 与 AS B 之间的流量平衡,还会因为响应来自 AS
D 的对 Data 的请求而向 AS D 付费。

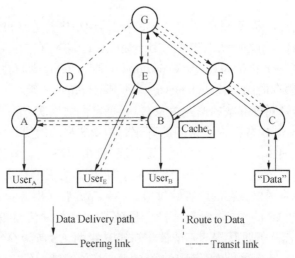

图 5.1　AS 间内容级别对等互联的商业关系

　　为了实现对等互联的 AS 之间缓存内容的共享和协作缓存,需要缓存可感知
的路由使得对等 AS 能够相互感知各自缓存的内容。考虑到对等 AS 间缓存可感
知的路由的开销,它们之间共享和协作缓存的应该是在各自网络中流行度高且在
缓存中能够稳定存储的内容,即稳态缓存内容。对于稳态缓存内容,对等 AS 之间
的协作缓存才比较有意义。

　　对等互联的 AS 之间的网络协作缓存与传统的协作缓存[86-89]的区别在于:由
于对等互联的 AS 分别由不同的组织机构管理,每个 AS 都是自治而自私的,任何
一个 AS 试图最小化的仅是其自身的数据内容访问开销而非多个对等 AS 整体上

的数据内容访问开销,而单个 AS 数据内容访问开销的最小化可能引起其他对等 AS 数据内容访问开销的增加。自治的 AS 结点作缓存决策时只考虑本地用户对不同数据内容的访问需求(当且仅当内容的缓存能够减少本地数据内容访问开销时,AS 才会缓存这样的内容),其他对等 AS 结点的用户对数据内容访问的需求并不在其考虑之列。但依据缓存可感知的路由,对等 AS 可以感知和共享它们各自缓存的数据内容,这就使得每个 AS 结点可以根据其他对等 AS 结点缓存内容的情况来决定在自身有限的缓存空间内应该缓存哪些内容才可以最小化本地用户数据内容访问的开销,进而进行协作缓存。作为理性且自私的实体,仅在数据内容访问的开销相比于独自缓存内容时(运用贪心 Greedy Local 策略,缓存本地最热点的内容集)减少的情况下,对等 AS 结点才会参与“协作缓存”——这也是 AS 结点理性参与协作缓存的限制条件。

图 5.2 给出了一个对等 AS 间协作缓存的实例。图中 A、B、C、D、E 是对等的 AS,结点附近的集合是它们当前缓存的内容集合。可以看到,$O_A \bigcap O_B = \{o_2, o_3, o_4, o_5\}$,也就是说 A 和 B 二者重复缓存了数据内容 o_2, o_3, o_4, o_5。如果它们协作缓存,各自仅缓存四个数据内容中的两个,则都可以空出缓存空间缓存其他数据内容。但是,AS 不会缓存任何不能减少自身数据内容访问开销的内容,无论这样的缓存是否能够减少其他对等 AS 数据内容访问的开销。如图 5.2 中,$O_B \bigcap O_C \bigcap O_D \bigcap O_E = \{o_1\}$,B、C、D、E 均缓存了数据内容 o_1,如果 A 缓存 o_1,B、C、D、E 均可以从 A 访问 o_1 且均可以用空出的空间缓存其他内容。但是 A 不会缓存 o_1,因为 o_1 不属于 A 的用户访问的内容集合,o_1 的缓存不会减少它数据内容访问的开销。

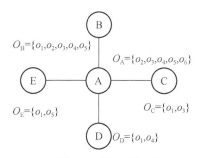

图 5.2　对等 AS 间待网络协作缓存实例

下文将对等 AS 之间网络协作缓存的问题抽象为自治缓存器间的网络协作缓存,考虑一个由自治缓存结点组成的网络,每个结点具有有限的缓存空间并趋于降低本地的数据内容访问开销。该模型假设结点从本地缓存访问数据的“价格”最低,而从其他缓存结点访问数据的“价格”比从提供数据的服务器处访问廉价,比如:从本地缓存或邻近缓存结点获取数据可以降低时延、上游链路的负载等。问题的挑战在于如何找到一个全局的内容放置方案(即每个结点各自缓存哪些内容)使得多个自私的缓存结点有动机加入"合作"——共享各自缓存的数据内容并在进行缓存内容放置决策时协作,满足各自治结点理性参与协作缓存的限制条件。本章将该方法称为 NSCC(Not So Cooperative Caching)。

　　Laoutaris 等人设计了一个满足自治结点理性参与协作缓存限制条件的 TSLS 策略[90]。TSLS 策略的一个重要假设条件是缓存结点之间访问数据内容的"价格"相同,而该假设不符合实际情况。5.4.2 节将举例说明在结点间的数据访问"价格"存在差异的某些情况下,由于忽略了结点间数据访问"价格"的差别,TSLS 可能导致某些结点的数据内容访问开销相比于不协作的情况还大,即结点理性参与协作缓存的限制条件没有达到。本章将自治结点间协作缓存的问题一般化为更实际的情况,即考虑结点之间数据访问"价格"的差异,因此即使是同一数据内容在不同结点缓存的副本,也会由于到达不同结点数据访问的"价格"不同而在结点作缓存决策时需要区别对待不同副本。考虑到 NSCC 结点既自私又理性,且结点之间是既冲突又协作的关系,本章使用博弈论的方法寻找全局内容放置方案,满足所有自治结点理性参与网络协作缓存的限制条件,使得这些自治的结点倾向于参与协作缓存——因为所有结点都希望能够花费相比于独立缓存时更小的开销来满足本地用户的数据访问需求。特别强调的是,在 NSCC 中,参与的各结点需要承诺会遵从最终确定的全局内容放置方案来缓存内容,而且在下一次博弈之前不可以偏离已经确定的内容放置方案。即 NSCC 结点中缓存的内容不能随时置换,内容的缓存相对稳定,缓存时间较长。实验结果表明,绝大部分情况下,NSCC 的性能优于TSLS,各结点的数据内容访问开销与其独立缓存时使用 GL 策略相比平均降低约47.32%以上,而且依据各结点到其他结点数据访问的平均"价格"决定其参与博弈的顺序可以使之得到更加公平的对待。

5.2　相关工作

　　Web 或文件系统[87-89]与多处理器系统的 L2 级缓存[91-92]之间的协作缓存均以寻求对整个系统有益的内容放置方案为目标,即改善整个系统的缓存命中率和平均的内容访问时延。该缓存均属于同一组织机构,彼此之间无本质的利益冲突,仅存在共同的利益,因而它们趋向于执行同一个对整体有益的内容放置方案。例如,在文献[91]中,一个 L2 级的缓存可以将置换的内容块放到另一个 L2 缓存中,以避免后续对该内容块出现芯片外的访问,而被放置内容的 L2 芯片会接受此种安排,即使在放置操作可能引起自身内容块被置换的情况下(而为避免出现置换风暴,后者被置换的内容块不可以再放到其他 L2 缓存)。与一个由相互友好的缓存结点组成的网络相比,一个由自治、自私缓存结点组成的网络难以共同执行一个对整体系统有益的内容放置方案,因为这些自治的结点仅追求自身缓存利益的最大化,而无视各自决定的缓存放置方案是否能使得整体系统缓存利益最大化——这是 NSCC 所面临的状况。

当前关于博弈论角度的协作缓存只有少数几项工作。文献[93]的内容是以博弈论作为切入点研究协作缓存的开创性工作,但该工作并未考虑缓存空间的限制。然而,缓存空间的限制是客观存在的问题,因此文献[90,94-95]的工作在文献[93]工作的基础上进一步考虑缓存空间限制的影响,它们遵从的模型是:系统内有一台服务器缓存所有的内容,并且结点之间互访内容的"价格"相同(该访问"价格"模型由文献[96]所提出,这里的"价格"并不只是经济学定义,也可以为如"时延"等的测度)。其中,文献[90]设计了自治缓存结点之间寻找纳什均衡的协作缓存策略 TSLS,但 5.4.2 节内容显示:TSLS 在缓存结点之间互访内容的"价格"存在较大差异时(也是现实中较为普遍的情况),某些结点的数据内容访问开销可能比它们独立工作时的还大,这违背了自治结点理性参与协作缓存的限制条件。文献[94-95]在文献[90]的基础上做了进一步的扩展,考虑结点的搅动,即由于某些结点的加入和离开可能引起的一些随机变动,研究这种情况下自治结点协作缓存的博弈论特性。Pollatos 等人[97]则扩展了文献[90]的工作,考虑系统中存在多个数据源,每个数据源各自维护用户访问数据集的一个子集且用户访问不同数据源的"价格"不同。Ropalakrishnan 等人[98]将自治结点数据内容访问的"价格"模型扩展到现实的情况,允许缓存结点之间互访的"价格"存在差异。文献[98]主要从理论上分析该"价格"模型下是否存在纳什均衡的内容放置方案性,并未设计算法去寻找可以促使自治缓存结点参与协作缓存的内容放置方案,而这正是本章内容的工作。

5.3　问题描述

NSCC 问题的形式化描述如下:如图 5.3 所示,考虑一个由 n 个具有有限缓存空间的自治结点组成的 NSCC 组,假设这些缓存结点的用户访问的内容集合大小为 m,内容的大小相同,结点 i 的用户内容访问的模式为 $r_i = \{r_{i1}, r_{i2}, \cdots, r_{ik}, \cdots, r_{im}\}$,其中 r_{ik} 是结点 i 的用户访问数据内容 k 的速率。

每个缓存结点致力于最小化自身用户数据内容访问的开销,结点 i 访问数据内容 j 的开销取决于内容 j 所在的位置。$d_{i,j}$ 表示结点

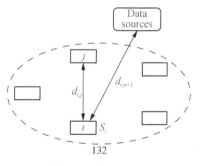

图 5.3　一个 NSCC 组

i 从结点 j 的缓存访问内容所需的开销,$d_{i,i}$ 表示结点 i 在本地缓存访问内容所需的开销,$d_{i,n+1}$ 表示结点 i 从原始内容服务器访问数据内容所需的开销。假设 $\forall i,j$,$d_{i,i}<d_{i,j}=d_{j,i}<d_{i,n+1}$,即当一个结点访问数据内容时首选本地缓存,次选 NSCC 组中其他结点的缓存,最后选择数据内容所在的服务器。该定义被称之为数据内容访问的"价格"模型。

一个结点数据访问所需的开销取决于内容的放置和用户数据内容访问的模式。由于缓存空间的限制,每个结点只能选择性地缓存部分内容。假设 S_i 表示结点 i 的缓存大小($S_i<m$),P_i 表示结点 i 处缓存内容的集合。类似地,所有其他的结点决定缓存哪些内容,则可以得到一个全局的内容放置方案 P。结点 i 的数据内容访问开销取决于全局内容放置方案 P,$C_i(P)$ 表示结点 i 在全局的内容放置 P 下的数据内容访问开销,其计算如式(5.1):

$$C_i(P) = \sum_{k \in P_i} r_{ik} d_{i,i} + \sum_{\substack{k \notin P_i \\ k \in Q_{-i}}} r_{ik} d_{i,l(i,k)} + \sum_{\substack{k \notin P_i \\ k \notin Q_{-i}}} r_{ik} d_{i,n+1} \qquad (5.1)$$

结点 i 的开销是其服务用户对所有内容请求所需的开销,结点 i 访问内容 k 的总开销是结点 i 的用户访问内容 k 的速率和结点获取内容 k 开销的乘积。而结点 i 访问内容 k 的开销取决于内容 k 所在的位置,k 被结点 i 在本地缓存,或在其他 NSCC 组成员中被缓存,抑或在提供内容 k 的服务器处。令 $Q_{-i}=P_1 \bigcup \cdots \bigcup P_{i-1} \bigcup P_{i+1} \bigcup \cdots \bigcup P_n$ 表示全局内容放置方案 $P=\{P_1,P_2,\cdots,P_n\}$ 之下结点 i 之外的其他组成员缓存内容的集合,$d_{i,l(i,k)}$ 表示结点 i 从最"廉价"的其他组成员处访问内容 k 所需的开销。具体而言,结点 i 响应用户对内容 k 的每个请求,如果内容 k 缓存在结点 i 处,访问开销则为 $d_{i,i}$,如果内容缓存在 NSCC 组内的其他某些成员中,结点 i 则会从这些缓存内容 k 的成员中访问开销最小的组成员 $l(i,k)$ 处以"价格" $d_{i,l(i,k)}$ 获取内容 k,否则,缓存结点 i 需要从内容服务器处以"价格" $d_{i,n+1}$ 获取内容 k。

相反,如果这些结点各自以 GL 策略运行,结点 i 会将用户访问的内容依据内容的请求概率按降序排列,然后缓存 S_i 个最热点的内容。之后结点 i 就从本地缓存或内容服务器处访问内容,结点 i 响应用户数据内容访问的请求所需的总开销如式(5.2):

$$C_i(GL) = \sum_{k \leqslant S_i} r_{ik} d_{i,i} + \sum_{k > S_i} r_{ik} d_{i,n+1} \qquad (5.2)$$

NSCC 的目的是寻找一个有保证的内容放置方案 P,使得 NSCC 组内的每个缓存结点数据内容访问的总开销比它们单独工作时使用 GL 策略的总开销小,该目标形式化后如式(5.3):

$$\forall i, C_i(P) < C_i(GL) \qquad (5.3)$$

这也是每个自私的缓存结点加入 NSCC 组的限制条件。

5.4　博弈论的解决方案

NSCC 结点是聪明而理性的决策者,它们之间是既冲突又协作的关系,它们之间相互交互以达到它们各自最小化数据内容访问开销的目标,这是一个典型的博弈。因此本章试图在博弈的上下文中解决这个问题,缓存结点则是博弈的参与者。每个博弈者在博弈中一次或多次地决定将哪些内容放置在其有限的缓存空间中,每个结点的最终目标都是在博弈结束时使其服务所有用户请求所需的总开销最小化,此过程被称为 NSCC 博弈。

定义 5.1:(**最佳对策**)给定结点 i 的一个剩余的内容放置 $P_{-i}=P-\{P_i\}$,结点 i 的最佳对策是 $P_i\in A_i$ 使得 $C_i(P_{-i}+\{P_i\})\leqslant C_i(P_i+\{P'_i\}),\forall P'_i\in A_i$,其中 A_i 是结点 i 处所有可能的内容放置方案。

结点 i 的最佳对策推导如下:$g_{ik}(P_{-i})$ 表示在剩余的内容放置 P_{-i} 下,结点 i 缓存内容 k 带来的额外收获,它的定义如式(5.4):

$$g_{ik}(P_{-i})=\begin{cases} r_{ik}(d_{i,n+1}-d_{i,i}) & \text{for } k\notin Q_{-i} \\ r_{ik}(d_{i,l(i,k)}-d_{i,i}) & \text{for } k\in Q_{-i} \end{cases} \tag{5.4}$$

结点 i 依据内容的 $g_{ik}(P_{-i})$ 将内容按降序排序,将前 S_i 个内容存储在缓存中,即结点 i 在剩余内容放置 P_{-i} 下的最佳对策。

定义 5.2:(**稳定的内容放置方案**)当且仅当一个全局的内容放置方案中每个结点的内容放置是最佳对策,该全局的内容放置方案达到稳态。

一个稳定的内容放置 P^* 是 NSCC 博弈的一个纳什平衡[99]的内容放置方案,任何缓存结点都不能通过单方面地偏离该方案受益。纳什均衡的内容放置方案满足了 NSCC 博弈中每个结点理性参与博弈的限制条件。5.4.1 节讨论了在何种情况下 NSCC 博弈才存在纳什均衡的内容置换方案。

定义 5.3:(**迭代的最佳对策 IBR(Iterative Best Response)**)从各缓存结点运用 GL 策略计算得到的内容放置组成的全局内容放置方案 $P^{(0)}$ 作为 NSCC 的初始内容放置方案,然后进行一个迭代过程。其中在任一个迭代轮次 l 中,任何结点 i 等待它的顺序,按照下文的步骤博弈一次且仅博弈一次。

步骤 1:结点 i 在结点 $i-1$ 之后和结点 $i+1$ 之前计算其在剩余内容放置方案 $P_{-i}^{(l,i-1)}$ 下的最佳对策 $P_i^{(l)}$;

步骤 2:结点 i 通知其他结点自身已完成该轮次 l 中的最佳对策计算,如果其最佳对策使得本地的内容放置发生了变化,则还需将变化通知组内的其他成员,使得所有结点均可以计算 $P^{(l,i)}=P_{-i}^{(l,i-1)}+\{P_i^{(l)}\}$。

$P^{(l,i-1)}$ 是迭代轮次 l 中在结点 $i-1$ 做出最佳对策后而在结点 $i+1$ 做出最佳对策前的全局内容放置；$P_{-i}^{(l,i-1)}$ 是关于结点 i 的相应的剩余内容放置。IBR 持续搜索直到在轮次 t 时 $P^{(t)} = P^{(t-1)}$，进而停止搜索并返回 $P = P^{(t)}$，即没有结点可以再通过改变它缓存中的内容来减少其内容访问的总开销。

定义 5.4：（缓存内容定位） IBR 中每个结点寻找最佳对策时，需要通过缓存可感知的路由感知其他结点的缓存内容放置方案，即感知和定位其他结点缓存哪些内容。本章缓存可感知路由的设计与 4.3.2 节介绍的类似，运用 NDN SYNC 协议，充分使用 NDN 组播的特性减少结点间的通信开销。区别在于，NSCC 结点间同步的数据内容信息只有结点的缓存决策。特别强调的是，同步的缓存决策信息不需要每次都列举本轮决定缓存的内容，可以增量式地仅列举本轮缓存决策的改动。

本章使用 IBR 来识别 NSCC 博弈中有保证的内容放置方案。如上所述，在 IBR 的各轮次中，这些自私的缓存结点以某种次序排列后按次序参与博弈。5.5 节会进一步讨论结点博弈的顺序对最终生成的全局内容放置方案中各结点内容访问总开销的影响，即自治结点的公平性问题。结点的博弈顺序在 IBR 搜索的各轮次中可以是相同的，可以依据结点的标识符或者平均的访问"价格"（性能评估部分使用这个规则）决定。结点的顺序在 IBR 的每个轮次也可以不同，如：在 IBR 的每轮中，每个结点在做出最佳对策后生成一个随机数，然后将该随机数与其最佳对策一起发送给其他结点。在收集到其他 $n-1$ 个结点生成的随机数后，每个结点可以基于本轮自身生成的随机数与其他结点生成的随机数中的排序来决定自己在下一轮博弈中的次序。特别强调的是，随机数的取值范围应该足够大，多个结点在同一轮中生成相同随机数的概率就会足够小。

5.4.1　得到的内容放置方案特点

以下，证明 IBR 的每轮计算得到的全局内容放置方案具有下述特性：

命题 5.1： $P_1^0 \bigcup \cdots \bigcup P_n^0$ 中的每个内容在 NSCC 组中至少会保留一份副本。

证明： $\forall i, k_e \in P_i^0, k_i \notin P_i^0$，则 $r_{ik_e} > r_{ik_i}$。当且仅当该条件成立，在 IBR 搜索的第一轮中结点 i 运用 GL 策略挑选内容缓存时才会存储 k_e 而不是 k_i。在之后 IBR 的某轮搜索中，如果内容 k_e 被内容 k_i 置换，则 $r_{ik_e}(d_{i,l(i,k_e)} - d_{i,i}) < r_{ik_i}(d_{i,l(i,k_i)} - d_{i,i})$。因为 $r_{ik_e} > r_{ik_i}$，所以 $d_{i,l(i,k_i)} > d_{i,l(i,k_e)}$。如果在被置换之前 k_e 是 NSCC 组中唯一的副本，那么在本次置换后 $d_{i,l(i,k_e)} = d_{i,n+1}$。而 $d_{i,l(i,k_i)} > d_{i,l(i,k_e)}$，则有 $d_{i,l(i,k_i)} > d_{i,l(i,k_e)} = d_{i,n+1}$，与假设 $\forall i, j, d_{i,j} < d_{i,n+1}$ 相矛盾。因此，只有 k_e 不是 NSCC 组中唯一的副本才可以被其他内容置换，即 $P_1^0 \bigcup \cdots \bigcup P_n^0$ 中的每个内容在 NSCC 组中至少会保留一份副本。

命题 5.2： 在 IBR 搜索的过程中，最多再有 $\min\left\{\sum_{i=1}^{n} S_i - \left| P_1^0 \bigcup \cdots \bigcup P_n^0 \right|, m - \right.$

$|P_1^0 \bigcup \cdots \bigcup P_n^0|$ 个内容可以插入 NSCC 组结点的缓存中。

证明：依命题 5.1 可知，$P_1^0 \bigcup \cdots \bigcup P_n^0$ 中的内容至少占据 $|P_1^0 \bigcup \cdots \bigcup P_n^0|$ 的存储空间，最多有 $\sum_{i=1}^n S_i - |P_1^0 \bigcup \cdots \bigcup P_n^0|$ 的存储空间可以存储其他的内容，即在 IBR 搜索的过程中最多再有 $\min\left\{\sum_{i=1}^n S_i - |P_1^0 \bigcup \cdots \bigcup P_n^0|, m - |P_1^0 \bigcup \cdots \bigcup P_n^0|\right\}$ 的内容可以缓存在 NSCC 组中。

关于 NSCC 博弈最终是否收敛到纳什均衡的内容放置，给出下述的声明：

命题 5.3：若访问"价格"模型形成一个亚超度量空间，一个纳什均衡的内容置换可以在多项式时间内找到；否则，是否存在一个纳什均衡的内容放置方案是一个 NP 完全问题。

证明过程参考 Gopalakrishnan 等人在文献[98]中的论述。

访问"价格"模型形成一个亚超度量空间，即 $\forall i,j,k, d_{i,k} \leqslant \max\{d_{i,j}, d_{j,k}\}$。更具体而言，在亚超度量空间中，相比于几跳之外的邻近结点，缓存结点更喜欢从直接相连的邻居结点获取内容。期望总能够找到纳什均衡的内容放置方案，因为其可以满足所有结点理性参与协作缓存的限制条件，同时提供额外的稳定性。实际上 5.5 节中所有的仿真实验（最多经过 9 轮之后）都找到了纳什均衡的内容放置方案。但实际上是数据内容访问开销的降低而不是稳定性促进这些自治结点之间的合作，即使纳什均衡的内容放置不存在，仍可以限制所有自私的缓存结点不偏离其承诺的内容放置方案；否则，缓存结点会被从 NSCC 组中剔除。缓存结点并没有动机偏离原有的内容放置方案，因为长久在组的状态可以获得比"偏离"更多的利益。接下来的 5.4.2 节中，一个 IBR 的例子表明依照该方法，有时候某些缓存结点的理性参与限制条件可能无法得到满足，但如果在 IBR 方法的基础上额外添加一些条件，就可以使得 NSCC 组内所有结点的限制条件都得到满足。

5.4.2 个体合理性

本节讨论在何种情况下，NSCC 组中所有结点理性参与协作的限制条件才能都得到满足。首先，使用一个各对结点间数据访问价格不同的例子，比较 TSLS 和 NSCC，发现由于忽略了结点间数据访问价格的差异，TSLS 策略下结点理性参与协作缓存的限制条件有时不一定能得到满足。

例 1：图 5.4 显示了标号为 1,2,3 的三个自私缓存结点组成的 NSCC 组，三个结点的缓存大小分别为 1,2,1。结点请求的内容集合为 $\{1,2,3,4\}$，请求内容的速率分别为 $r_1 = r_2 = r_3 = \{0.5, 0.25, 0.15, 0.10\}$。假设这些结点间互访对方缓存内容

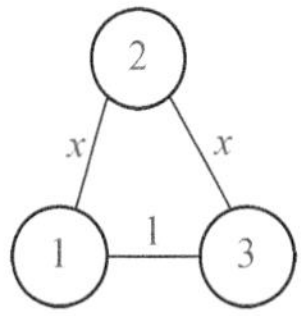

图 5.4 例 1 的拓扑

的"价格"为：$i=1,2,3,d_{i,i}=0,d_{i,4}=100,d_{1,3}=1,d_{1,2}=d_{2,3}=x$，其中 x 是一个在 $[1,60]$ 之间的变量。

如果三个结点采用 GL 策略作缓存决策，则有 $P_1=P_3=\{1\},P_2=\{1,2\}$。而如果三个结点采用 TSLS 策略（$t_l=0,t_r=1,t_s=100$）且按照结点编号的顺序作缓存决策，最终得到的内容放置方案为 $P_1=\{3\},P_2=\{2,4\},P_3=\{1\}$。但是，如果结点 2 从结点 1 或结点 3 访问数据内容的"价格" x 很大，则可能违背结点 2 理性参与协作缓存的限制条件。如图 5.5 所示，当 $38.46<x<60$，结点 2 在 TSLS 策略下的数据内容访问开销比 GL 策略下的大。相比之下，如果采用 NSCC 策略，虽然始终都有 $P_1=\{3\},P_3=\{1\}$，但当 $1\leqslant x<20,P_2=\{2,4\}$，当 $20<x<60,P_2=\{1,2\}$，结点 2 在 TSLS 策略下的数据内容访问开销始终都比 GL 策略下的小。

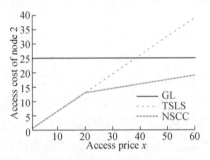

图 5.5　例 1 中结点 2 在不同策略下的访问内容的总开销与 x 的关系

以上示例显示，在结点间数据内容访问的"价格"存在差异的情况下，TSLS 路由策略可能不能满足某些结点理性参与协作缓存的限制条件，而 NSCC 策略却提供了另外的内容放置方案使得所有结点理性参与协作缓存的限制条件得到满足。

同样可以举出例子，在 IBR 搜索的某些轮次中，NSCC 策略下某些结点理性参与协作缓存的限制条件也未能满足。

例 2：编号为 1,2,3 的三个自治结点的缓存空间为 $S_1=S_2=S_3=3$，访问的内容集合为 $\{1,2,3,4,5\}$，三个结点的拓扑如图 5.6 所示，内容访问的"价格"为 $i=1,$ $2,3,d_{i,i}=1,d_{i,4}=12,d_{1,2}=5,d_{1,3}=10$。三个结点的访问模式为 $r_1=\{0.32,0.28,$ $0.22,0.11,0.07\},r_2=\{0.34,0.20,0.17,0.16,0.13\}$ 及 $r_3=\{0.33,0.27,0.20,$ $0.13,0.07\}$。

图 5.6　例 2 的拓扑

在 GL 策略下，每个结点选择最热点的内容缓存，所以 $P_1=P_2=P_3=\{1,2,$ $3\}$，三个缓存结点的内容访问开销分别为 2.98,4.19 和 3.20。相比之下，如果结点之间依据它们编号的顺序进行 IBR 搜索博弈，一轮之后，内容放置的方案为 $P_1=\{1,2,4\}$，$P_2=\{1,2,5\}$，$P_3=\{1,3,4\}$，每个结点的数据内容访问开销分别为 3.26，2.32 和 2.36。因为 3.26>2.98，结点 1 理性参与协作缓存的限制条件未得到满足，所以 IBR 也不能完全保证所有缓存结点理性参与协作缓存的限制条件都得到满足。

若在 IBR 搜索时添加额外的条件，所有结点理性参与协作缓存的限制条件都能得到保证。

定义 5.5：（一个内容被置换可能引起的最大损失）对于内容 $k \in P_i^0$，在第一轮时，基于剩余内容放置方案 $P_{-i}^{(1,i-1)}$，结点 i 计算内容 k 如果被置换可能引起的最大损失如式（5.5）：

$$pmel_{ik}^1(P_{-i}^{(1,i-1)})=\begin{cases} r_{ik}(d_{ik}^{\min}-d_{i,i}) & \text{if } k\in \bigcup_{j<i}P_j^1 \\ r_{ik}(d_{ik}^{\max}-d_{i,i}) & \text{elseif } k\in \bigcup_{j>i}P_j^0 \\ r_{ik}(d_{i,n+1}-d_{i,i}) & \text{otherwise} \end{cases} \quad (5.5)$$

其中，$d_{ik}^{\min}=\min\{d_{i,j}\,|\,j<i,k\in P_j^1\}$ 表示结点 i 从博弈顺序在它之前且已承诺缓存内容 k 的结点获取内容 k 的最低价格，而 $d_{ik}^{\max}=\max\{d_{i,j}\,|\,j>i,k\in P_j^0\}$ 表示结点 i 从博弈顺序在它之后的结点获取内容 k 的最低价格。内容 k 被置换可能引起的最大损失为结点 i 对内容 k 的访问速率和从访问"价格"可能最贵的结点和从本地缓存获取内容的价格之差的乘积。访问"价格"可能最贵的结点选择如下：

如果博弈顺序在其之前的某些结点已承诺缓存内容 k，即 $k\in \bigcup_{j<i}P_j^1$，则内容 k 访问"价格"最贵的结点为从这些承诺缓存内容 k 的结点中访问"价格"最廉价的结点；否则如果内容 k 缓存在博弈顺序在结点 i 之后的结点，即 $k\notin \bigcup_{j<i}P_j^1,k\in \bigcup_{j>i}P_j^0$，则内容 k 访问"价格"最贵的结点就是从这些结点中访问"价格"最贵的结点，因为博弈顺序在结点 i 之后的结点可能会置换内容 k，但命题 5.3 证明了 NSCC 组内至少会缓存内容 $k\in P_i^0$ 的一份副本。否则，访问"价格"可能最贵的结点就是内容 k 的内容服务器。

定义 5.6：（一个内容放入缓存可能带来的最小收益）对于内容 $k\notin P_i^0$，在轮次 l，结点 i 基于剩余内容放置方案 $P_{-i}^{(1,i-1)}$ 计算把内容 k 放入缓存可能带来的最大收益如式（5.6）：

$$pmig_{ik}^1(P_{-i}^{(1,i-1)})=r_{ik}(\min\{d_{ik}^{(i-1,\min)},d_{ik}^{(i+1,\min)}\}-d_{i,i}) \quad (5.6)$$

其中，$d_{ik}^{(i-1,\min)}=\min\{d_{i,j}\,|\,j<i,k\in P_j^1\}$ 表示结点 i 从博弈顺序在结点 i 之前而且承诺缓存内容 k 的结点处访问内容的最低"价格"，而 $d_{ik}^{(i+1,\min)}=\min\{d_{i,j}\,|\,j>i\}$ 表示结点 i 从博弈顺序在结点 i 之后并可能缓存内容 k 的结点获取内容 k 的最低"价格"。结点 i 将内容 k 放入缓存可能带来的最大收益是：结点 i 访问内容的速率和

结点 i 从访问"价格"最廉价的结点获取内容 k 的"价格"与从本地缓存获取内容"价格差价"的乘积。访问"价格"最廉价的结点是在已经承诺缓存内容 k 的结点和可能缓存内容 k 的结点中选择,而博弈顺序在结点 i 之后的结点都可能缓存内容 k。

定义 5.7:(保守对策)从 GL 策略下得到的内容放置方案开始进行一轮博弈,一个结点的保守对策是指:结点会将缓存中的内容置换掉,当且仅当放入缓存的内容可能带来的最小收益大于被置换的内容可能引起的最大损失。

命题 5.4:从 GL 策略下得到的内容放置方案开始进行一轮 NSCC 博弈,如果每个结点给出的均是保守对策,则每个结点理性参与博弈的限制条件都能得到满足。

证明:该命题可以由保守对策的定义得到证明,因为保守对策确保了每个缓存结点在做缓存对策时,内容置换均获得内容访问开销的降低。

5.4.3　结点再次博弈的收益

结点再次博弈的收益定义为:多轮 IBR 博弈后其数据内容访问开销降低的程度——这也是结点再次博弈的动机。当一个结点 i 缓存的内容 k 在后续博弈的其他结点中缓存,并且结点 i 到这些结点获取内容 k 的"价格"很低,如果结点 i 将内容 k 置换掉,则结点 i 将从该置换中收益;如果结点 i 刚刚置换一个内容 k,后续博弈的结点也置换了内容 k,而结点 i 原本是需要从这些结点中的某个访问"价格"廉价的结点获取内容 k,则结点 i 可以通过重新将内容 k 放入缓存来收益。与此同时,上述两种情况也是某些结点再次博弈后,结点的利益反而受损的原因,因为虽然每个结点依据当时的剩余内容放置方案做出了最佳对策,但是后续博弈的结点的置换行为可能导致先博弈的结点的对策不合理。

5.5 节的实验结果显示,只有部分结点在首次博弈之后能从再次博弈中收益,且与数据内容访问的总开销相比,收益的程度很小,即结点在首次博弈之后,几乎没有动机再次博弈。

5.4.4　算法复杂性分析

在 NSCC 博弈中,每个缓存结点都参与决策过程,这也使得结点对博弈"信服"。本节分析了 NSCC 博弈的时间和空间复杂度。

首先,每个结点决定初始的内容放置方案时需要将内容依据它们的请求概率进行排序,耗时为 $O(m\lg m)$。该初始决策过程不依赖于其他结点的任何信息,因此多个结点可以同时进行决策。

然后,在 IBR 搜索的每轮中,任何结点 i 需要计算每个内容放入缓存可能带来的收益,进而将这些内容依据收益降序排列,共耗时为 $O(m+m\lg m)$。如果结点 i

处的内容放置发生了变化,结点 i 通过缓存可感知的路由将该变化通知给其他结点。因为由 NDN SYNC 协议实现的缓存可感知路由充分使用了 NDN 组播的特性,结点 i 可能不需要向每个组成员发送该变化,耗时上限为 $O((n-1)S_i)$。在每轮中,结点 i 花费的时间的上限为 $O(m+m\lg m+(n-1)S_i)=O(nm+m\lg m)$。因为结点逐个博弈,一轮博弈的总耗时为 $O(n(nm+m\lg m))=O(n^2m+nm\lg m)$。所以,整个博弈的时间复杂度为 $O(m\lg m+N(n^2m+nm\lg m))$,其中 N 是 NSCC 博弈所需的 IBR 轮次。在 5.5 节中的性能评估中,算法最多在 9 轮之后停止博弈。如 5.4.3 节所述,自治结点在首轮博弈后几乎没有动机再次博弈,所以 NSCC 博弈实际上可能只耗时 $O(m\lg m+n^2m+nm\lg m)$。

任何结点 i 的空间开销由三部分组成:存储从结点 i 到其他结点的访问"价格" $d_{i,j}$,全局的内容放置方案 P 和内容存储可能带来的收益 $g_{ik}(P_{-i})$,所需的空间分别为 $n-1$,$\sum_{i=1}^{n}S_i$ 和 m。因此,NSCC 博弈中每个结点所需空间的上限为 $O(n-1+nm+m)$。

5.5 性能评估

本节实验讨论 NSCC 博弈对自治结点访问开销的影响,主要考虑自治结点有相似数据访问模式以相互受益的情况。众多研究表明,用户数据的访问模式服从 Zipf 分布,即第 k 热点的内容的请求概率为 $1/k^s$,其中 s 是 Zipf 指数。研究工作从江苏省教育网 JSERNET 边界收集了 2012 年 3 月 27 日的 Web 流量,流量的请求率分布如图 5.7 所示。Fayazbakhsh 等人[100]从三个 CDN 有利位置收集的请求日志进一步证明流量请求率服从 Zipf 分布假设的合理性。因此,本章的研究工作也假设任何结点 i 的内容请求率分布服从 Zipf 分布(Zipf 指数为 s)并假设实验中所有缓存结点具有相同大小的存储空间。

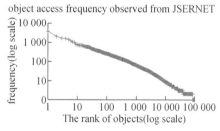

图 5.7 JSERNET 采集的 Web 流量的请求率分布

5.5.1 节和 5.5.2 节的实验基于 AS 209 的 PoP 级别拓扑[60]进行,拓扑中共有 58 个结点 108 条链路。将 PoP 结点当作具有缓存功能的自治结点,链路上的时延作为 PoP 结点之间内容访问的"价格"。图 5.8 显示了 AS 209 的 PoP 结点间内容互访时延的累积概率分布函数,90% 的结点间互访的时延小于 50 ms,99.8% 的小于 90 ms。假设该拓扑中任何结点 $i=1,2,\cdots,58$ 到内容服务器的访问时延,即 $d_{i,59}$ 均为 130 ms。将 NSCC 下结点的内容访问开销与 GL 策略和 TSLS 策略进行比较:在 TSLS 策略下, t_s 设置为所有结点间内容互访时延的均值。为了研究 NSCC 博弈多轮的收益,实验展示了 NSCC 博弈一次和 NSCC 博弈多次的结果。

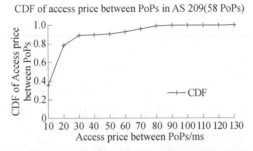

图 5.8　AS 209 的 PoP 结点间内容互访的时延的累积概率分布函数

5.5.1　结点数据访问模式对缓存性能的影响

考虑以下三种类型的用户数据内容访问模式对 NSCC 博弈性能的影响:

● 第一种:所有结点的数据内容访问模式均服从指数为 s 的 Zipf 分布,且内容的流行度排名在各结点都相同;

● 第二种:内容的流行度排名在各结点都相同,但各结点处 Zipf 分布的指数不同。随着结点编号的增加,结点的请求越来越集中在最热点的内容;

● 第三种:所有结点的数据内容访问模式均服从指数为 s 的 Zipf 分布,但同一内容在不同结点的流行度排名不同。

以上三种访问模式中,结点可能访问的数据内容集合均为 1000 个单元大小的内容,每个结点最多可以缓存 10 个单元大小的内容。下文中的实验结果都是多次实验后的均值,每次实验中结点的博弈顺序是结点编号的随机排列得到的。

1) 第一种数据内容访问模式

考虑指数 s 范围在 $[0.6,1.5]$ 的 Zipf 分布[47,58]。图 5.9(a)显示了第一种数据内容访问模式下采用各内容放置策略得到的结点平均内容访问开销,即内容访问的平均时延。在不同情况下,与 GL 策略相比,TSLS 和 NSCC 都能降低结点平均的数据内容访问时延,平均降低 39.91% 和 67.67%,NSCC 在 TSLS 的基础上又进一步平均降低了 27.76%。因此,与 TSLS 相比,在结点间数据内容访问"价格"存在差异且用户内容访问模式相同的情况下,NSCC 更适合自私缓存结点间的协作缓存。这是因为运用 TSLS 的结点在做缓存决策时没有意识到部分热点内容缓存在比较远的结点,应该将其缓存在本地的缓存中。

另外,随着 Zipf 指数 s 越来越大,即使整个缓存组的缓存空间没有变化,不同的内容放置策略下结点的平均访问时延均减小且平均访问时延减小的速率在降低。这是因为数据内容访问模式呈现愈发重尾的分布,NSCC 优化内容放置方案后额外放入缓存组的内容的访问概率越来越小,这样优化的效果越来越不明显。

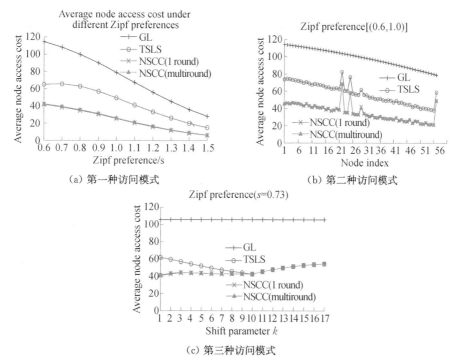

图 5.9　不同内容放置策略在不同数据内容访问模式下结点平均的内容访问开销

2）第二种数据内容访问模式

各结点对内容 $k=1,2,\cdots,m$ 的请求率服从指数 s 在 $[0.6,1.0]$ 的 Zipf 分布。具体而言,结点 1 的数据内容访问模式服从指数 $s=0.6$ 的 Zipf 分布,$i=2,3,\cdots,$ n,结点 Zipf 分布的指数 s 逐个增加 $p(i-1)$,其中 $p=(1.0-0.6)/(n-1)$。每个结点的平均访问时延如图 5.9(b)所示,TSLS 策略和 NSCC 策略下得到的平均访问时延均小于 GL 策略(平均降低了 41.72% 和 64.35%),且 NSCC 策略下的平均访问时延小于 TSLS 策略。随着结点编号的增加和 Zipf 分布指数的增加,结点平均的数据内容访问时延呈现递减趋势,这是因为结点数据访问模式的 Zipf 分布愈发重尾,更多的请求可以被结点本地的缓存响应。但在结点 23,26,30 和 58 处,TSLS 和 NSCC 的平均访问时延出现尖峰。通过对拓扑数据的分析,从结点 58,23,26,30 到其他结点的平均访问时延是所有结点中最大的 4 个,是其他结点的数倍(可达 2.5 到 6 倍),即这 4 个结点到其他结点的高访问时延导致了平均访问时延偏大。

3）第三种数据内容访问模式

所有结点的数据内容访问模式服从指数为 $s=0.73$ 的 Zipf 分布。为了体现各结点数据内容访问的差别,内容在结点 1 的流行度排名为$[1,2,\cdots,m]$($m=$ 1 000),内容在其他结点的流行度排名逐个结点向左移动,即结点 $i=2,\cdots,n$($n=$ 58)处内容流行度排名向左移动 $k(i-1)$个位置,其中 k 是向左移动的参数。例如,当 $k=1$ 时,结点 2 处内容的流行度排名为$[2,3,\cdots,m,1]$,结点 3 处内容的流行度排名为$[3,4,\cdots,m,1,2]$等。研究工作设定了不同的左移参数 k 并评估了配置不同 k($k(n-1)<m$,即 $k=1,2,\cdots,17$)时,各策略下结点平均的数据内容访问时延。

如图 5.9(c)所示,TSLS 策略和 NSCC 策略下结点平均的数据内容访问时延均小于 GL 策略(平均小 51.59%和 56.31%)。在 NSCC 策略下,随着向左参数 k 的递增,当 $k\leqslant10$ 时,结点平均的数据内容访问时延变化很小;当时,TSLS 策略下和 NSCC 策略下结点平均的数据内容访问时延呈现增长的趋势,且 TSLS 策略下结点平均的数据内容访问时延愈发接近于 NSCC 策略,最终两者重合。这是因为随着各结点内容的流行度排名之间差异越来越大时,NSCC 策略下各结点的数据内容访问模式而非各结点间内容互访的"价格"差异对结点的缓存决策起关键性作用,因而 NSCC 策略下各结点的缓存决策和 TSLS 策略下的越来越相似。

5.5.2 缓存空间的影响

本节继续在 AS 209 的 PoP 级别拓扑上进行仿真实验。假设用户访问的内容集合是 1 000 个单元大小的内容,在各结点的数据内容访问模式均遵从指数 $s=0.73$ 的 Zipf 分布,内容在所有结点的流行度排名相同。在不同的仿真实验中,结点的缓存空间大小在 20 到 100 个单元内容之间变化。图 5.10 显示了结点缓存空间大小对不同策略下结点平均的数据内容访问时延的影响,下文中的实验结果均是多次实验后的均值,每次实验中结点的博弈顺序由结点编号的随机排列得到。

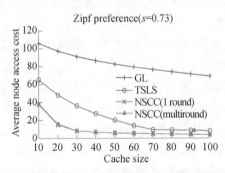

图 5.10　结点缓存空间大小对不同策略下结点平均的数据内容 访问时延的影响,缓存大小的单位是数据内容的个数

如图 5.10 所示,在每个仿真实验中,NSCC 策略是三种策略中缓存性能最优的,NSCC 策略下结点平均的数据内容访问时延与 GL 策略下的相比平均降低

88.18％,TSLS 策略下结点平均的数据内容访问时延与 GL 策略下的相比平均降低 70.46％,这将足以吸引结点参与 NSCC 博弈组。并且,随着缓存空间的增加,在不同策略下平均的数据内容访问时延逐渐降低,平均时延降低的速率也在降低。这是因为越来越多的内容可以缓存在 NSCC 组内,但这些额外缓存的内容被访问的频率越来越低。在 NSCC 策略下,当结点的缓存空间大于 30 时(整个 NSCC 组的缓存空间有 30×58＝1 740＞1 000),结点平均的数据内容访问时延几乎不再降低,因为所有请求的内容都已经在 NSCC 组内,更多的存储空间对结点平均的数据内容访问时延的影响不大。

5.5.3　结点博弈顺序的影响

本小节讨论结点博弈的顺序对各结点平均的数据内容访问时延的影响。图 5.11 显示了由五个自私缓存结点组成的 NSCC 组的拓扑,拓扑中链路上的数字表示结点之间直接访问内容的时延($\forall i=1,2,\cdots,$ $5,d_{i,6}=100$),实验中选择结点间内容互访时延最小的路径。系统中有 50 个内容,每个结点的缓存大小为 10 个单元大小的内

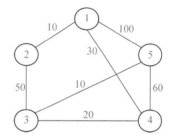

图 5.11　由五个自私缓存结点组成的 NSCC 组

容。实验假设所有结点内容访问的模式遵从指数 $s=0.73$ 的 Zipf 分布,所有结点内容的流行度排名相同。

不同策略和不同结点博弈顺序下各结点的平均访问时延如图 5.12 所示(在 TSLS 策略下,t_s 设置为所有结点平均的数据内容访问时延)。对于每个结点 i,计算结点 i 从其他结点平均的数据内容访问时延 $avg\_D_i = \dfrac{1}{N-1}\sum_{j\neq i} d(i,j)$,结点博弈的顺序包括:① 随机顺序(RANDOM);② 结点平均的数据内容访问时延越小的越优先博弈(LPF);③ 结点平均的数据内容访问时延越大的越优先博弈(MPF)。每轮 IBR 博弈的顺序都相同。

在不同的博弈顺序下,TSLS 策略和 NSCC 策略下结点平均的数据内容访问时延均比 GL 策略小(这两种策略下结点平均的数据内容访问时延平均降低了 35.77％和 47.32％),结点理性参与协作缓存的限制条件都可以得到满足,并且 NSCC 策略始终优于 TSLS 策略。通过计算可以发现,多轮博弈之后在随机博弈顺序、LPF 和 MPF 三种情况下结点平均的数据内容访问时延分别为 26.21,25.31 和 27.12,结点中最大的平均数据内容访问时延分别为 27.98,27.07 和 29.15,以及各结点平均的数据内容访问时延的方差为 6.31,5.72 和 19.23。统计结果表明,三种博弈顺序中,NSCC 博弈在 LPF 博弈顺序下的缓存性能最优,这是因为在

LPF博弈顺序下结点均趋向于用最小的开销响应用户的请求,且结点中最大的平均数据内容访问时延也是这三种博弈顺序中最小的。也就是说在仿真实验中,LPF博弈顺序下结点被以最公平的方式对待,因为在LPF的博弈顺序下,NSCC博弈的结果是:请求率最高的内容被缓存在到其他结点互访内容平均访问时延大的结点中,以便这些结点的平均数据内容访问时延能降低。与此同时,紧随热点之后的内容依次缓存在到其他结点互访内容平均访问时延从小到大的结点中,此类结点能够以较低的时延访问这些热点的内容。相比之下,在MPF的博弈顺序下,最热点的内容被缓存在到其他结点平均访问时延最小的结点,紧随热点之后的内容依次被缓存在到其他结点互访内容平均访问时延从大到小的结点。

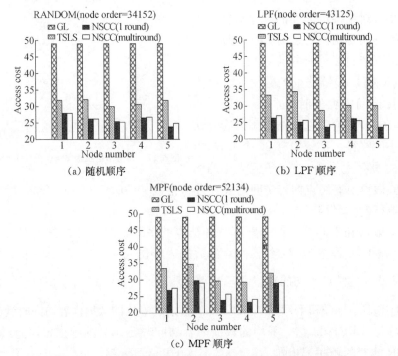

图5.12　不同策略和不同结点博弈顺序下各结点的平均访问时延

　　根据图5.9、图5.10和图5.12所示,结点博弈多次的收益微乎其微。从图5.12可以看到,部分结点多次博弈可以降低平均的数据内容访问时延,但却引起其他一些结点平均数据内容访问时延的增加。图5.12中在不同博弈顺序下,NSCC中各结点多次博弈的收益如表5.1所示。在这三种博弈顺序下,只有先博弈的结点(分别是结点4、2和3)受益,而且收益相当小甚至不能抵消它们再次博弈的开销,因此结点没有动机进行再次博弈。

表 5.1 NSCC 组内结点在首轮博弈后再次博弈的收益

结点	1	2	3	4	5
LPF	0	0	0	0.67	0
MPF	0	0.73	0	0	0
随机顺序	0	0	0.25	0	0

5.6 本章小结

本章将对等 AS 间网络协作缓存的问题抽象为自治缓存器间网络协作缓存的问题,提出了一种自治缓存器间的网络协作缓存机制(NSCC)。NSCC 考虑了一个由自治结点组成的网络,每个结点具有有限的缓存空间并致力于用本地缓存或邻近结点缓存的内容最小化自身数据内容访问的平均开销。通过使用博弈的方法——迭代的最佳对策 IBR(Iterative Best Response),并考虑结点间数据内容互访"价格"的差异,NSCC 博弈可以寻找一个全局内容放置方案,使各结点的平均数据内容访问开销相比于结点独自工作时较小以促进自治结点之间的协作。在分布式算法 IBR 中,基于本地用户对数据内容的请求率、到其他结点访问内容的"价格"以及其他结点的缓存决策,每个结点独自决定本地应该缓存哪些内容。本章分别从理论和实验两个方面分析了 NSCC 博弈的缓存性能。虽然每个结点理性参与协作缓存的限制条件不一定能得到保证,但通过"保守对策",各结点理性参与协作缓存的限制条件都能得到满足。实验表明:几乎在每种情况下,相对于结点独自工作时的 GL 策略以及之前不考虑结点间数据内容互访"价格"差异的 TSLS 策略,NSCC 策略下各结点的缓存性能都得到改善;NSCC 策略在各结点的数据内容访问模式相似的情况下性能更好,特别是在结点的数据内容访问模式重尾现象不明显的情况下的有效性更佳;依据各结点到其他结点互访内容的平均"价格"决定 NSCC 博弈的顺序,结点可以得到更公平的对待。本章的下一步工作一方面是将当前的工作扩展到 NSCC 组内结点存在一定失效概率的情况,此种情况在网络中较为普遍,更贴近于实际网络;另一方面是将 NSCC 机制在 ICN 方案如 NDN 中"结点失效"的情况下实现。

6 NSCC 的实现模型

本章提供了 NSCC 在 NDN 中的实现模型。首先,本章阐述了实现 NSCC 理论模型所需的请求率信息收集、结点间信息同步、缓存决策、内容缓存和错误事件检测五个功能设计。然后,在实现 NDN 体系结构的 CCNx 库之上验证了该功能设计的正确性。

6.1 引言

本章提供了 NSCC 在 NDN 中的实现模型。NSCC 的理论模型在决定全局内容放置方案时可能需要结点进行多轮博弈,在每轮博弈中结点依次序进行,每个结点在进行一次博弈时需要本地的请求率信息以及其他所有结点的缓存状态信息,包括上一个顺序的结点完成缓存决策后的结果。关于 NSCC 理论模型的实现,可以让每个结点等待上一顺序结点博弈完毕并将博弈结果同步到 NSCC 组内后运行自己博弈的部分;也可以让所有结点先交换(同步)请求率信息,然后每个结点模拟所有结点的博弈过程,通过这种方式,每个结点的博弈无须等待其他结点。本章采用了后一种方式,因此 NSCC 的实现模型需要提供 NSCC 结点之间请求率信息同步(Request Rate Synchronization)的功能以使得每个结点可以模拟所有结点的博弈过程。

NSCC 的理论模型假设用户数据内容访问的模式是已知的,但在实际运行过程中需要在响应用户的请求时去捕捉该信息。因此 NSCC 的实现模型需要提供响应用户请求并捕捉请求率信息的功能(Interest/Data Processor)。

在有了本地的请求率信息以及与其他结点同步的请求率信息后,每个结点模拟所有结点的博弈过程。相应地,NSCC 的实现模型提供缓存决策的功能(Compute Cache)。

在缓存决策功能计算出本地应该缓存哪些内容后,需要到数据内容服务器获取相应内容并在本地进行缓存和维护。相应地,NSCC 的实现模型提供内容缓存的功能(Local Cache)。

此外,考虑到在实际情况下,结点可能因为硬件或软件的问题引发失效,或者自私的 NSCC 结点可能故意不响应其他结点发送的请求它所缓存内容的 Interest 报文,以降低响应其他结点所发送请求的开销。发生此类错误事件时,若其他 NSCC 组成员在不知情的情况下转发 Interest 报文请求仅在发生错误事件的结点处缓存的内容,这些 Interest 报文将超时,最终需要从数据内容服务器处获取相应内容。这为其他结点的数据内容访问带来了额外的开销,进而侵犯了其他结点的利益。因此,错误事件应该被及时检测到并将发生错误事件的结点"驱逐"出 NSCC 组而后重新进行缓存协商。相应地,NSCC 的实现模型提供错误事件检测的功能(Error Checker)。

本章接下来首先阐述实现 NSCC 理论模型所需的五个功能设计,然后在实现 NDN 体系结构的 CCNx 库之上验证该功能设计的正确性。

6.2 系统设计

本节给出了 NSCC 实现模型的五个功能设计。

6.2.1 Interest/Data Processor

Interest/Data Processor 负责处理接收到的 Interest 报文,追踪本地用户对数据内容的访问模式,记录用户数据内容访问的体验(即数据内容是否从 NSCC 组内成功获取)。图 6.1 显示了一个 NSCC 结点的 Interest/Data Processor 工作的情景,其中网关负责转发发送到其他 NSCC 组成员或者数据内容服务器的 Interest 报文。Interest/Data Processor 需要完成以下几项任务:

(1)追踪本地用户对数据内容的访问模式:Interest/Data Processor 监听本地用户发送的 Interest 报文,计算本地用户对各内容的请求率信息。响应本地用户对数据内容的请求:如果从本地用户收到一个请求数据内容的 Interest 报文,Interest/Data Processor 或者从本地缓存中返回内容给用户,或者发送请求从其他 NSCC 组成员获取内容,抑或从原本的数据内容服务器获取内容返回给用户。

(2)响应非本地用户发送的 Interest 报文:除了从本地用户到来的 Interest 报文,Interest/Data Processor 还会收到其他 NSCC 组成员发来的请求数据内容的 Interest 报文以及 Request Rate Synchronizer 发送的 Interest 报文。

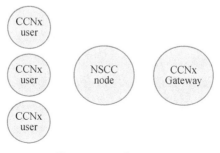

图 6.1　NSCC 情景示例

（3）记录本地用户数据内容访问的体验：因为 NSCC 组成员可能因为物理连接等问题出现结点的失效或离开，或者结点还可能有意拒绝响应其他组成员发送的请求数据内容的 Interest 报文，进而导致应该被 NSCC 组成功响应的 Interest 报文出现超时，使得结点本次的数据内容访问失效。Interest/Data Processor 要记录出现超时的 Interest 报文以及超时的概率。

为了追踪本地用户对数据内容的访问模式，NSCC 结点被部署在从用户到因特网的默认路径上。另外，Interest/Data Processor 安装了一个根前缀的路由，该路由指向本地的 NSCC 应用，使得所有的 Interest 报文都会先到达 NSCC 的应用程序。Interest 报文可能从本地用户到达，也可能来自 Request Rate Synchronizer 发送的 Interest 报文，或者来自其他 NSCC 组成员发来的请求数据内容的 Interest 报文。Interest/Data Processor 只需要追踪本地用户发送的 Interest 报文以了解本地用户中各数据内容的流行度。至于从 Request Rate Synchronizer 发送的 Interest 报文以及从其他 NSCC 组成员发来的请求数据内容的 Interest 报文，它们各自拥有不同的名字前缀，使得 Interest/Data Processor 可以识别是否是从本地用户发送而来。

对于响应本地用户请求数据内容的 Interest 报文，分为以下三种情况：

（1）Interest/Data Processor 查看本地 Local Cache 中是否有请求的内容。如果有，Interest/Data Processor 取得内容并将内容返回给请求者，并且该请求不应转发到任何其他地方以减少不必要的流量和处理开销。为了确保这样的 Interest 报文只会发送到 NSCC 应用，本地网关为这样的 Interest 的名字安装的路由应该仅指向本地 NSCC 应用。

（2）否则，如果用户请求的内容缓存在其他 NSCC 组成员中，Interest/Data Processor 需要将 Interest 发送给这些组成员而不是其他任何地方以获取内容，并将该内容返回给请求者。从其他组成员获取内容需要将本地用户发送的 Interest 的名字添加一个公共的名字前缀进而得到一个新的 Interest 报文，并为这个新的名字安装一个路由表项并指向本地默认网关，使得这个新的 Interest 报文会被先发送到本地网关；另外，所有 NSCC 结点的 Interest/Data Processor 始终为这个公共的名字前缀安装一个路由，该路由指向 NSCC 应用本身，每个 NSCC 结点就可以接收其他 NSCC 结点发送来的请求本地缓存内容的 Interest 报文。通过这种方式，该 Interest 报文最终会被发送到 NSCC 组内的其他成员。

（3）如果本地用户请求的内容没有缓存在 NSCC 组内，则该内容应该从因特网上获取。Interest/Data Processor 为此类 Interest 的名字安装路由并指向默认网关，使得 Interest 会被发送到默认网关，进而网关再将这些 Interest 向所请求内容的服务器转发。将 Data 报文返回时，Interest/Data Processor 将其返回给用户。

　　为了处理非本地用户发送的 Interest 报文,Interest/Data Processor 监听从其他组成员发送来的 Interest 报文或者从 Request Rate Synchronizer 发出的 Interest 报文。从其他组成员发送来的 Interest 报文具有公共的名字前缀,请求的内容可能缓存在 Local Cache 中。Interest/Data Processor 首先将 Interest 报文的名字,如/NSCC _prefix/original name 的公共名字前缀去除,得到用户所请求内容的原始名字,然后使用该名字搜索 Local Cache。如果请求的内容就在 Local Cache 中,Interest/Data Processor 将名字为/NSCC_prefix/original name 的 Data 报文返回;如果请求的内容当前不在 Local Cache 中或者该 Interest 由 Request Rate Synchronizer 发送,则忽略之。

6.2.2　Request Rate Synchronizer

　　Request Rate Synchronizer 周期性地从 Interest/Data Processor 获取本地用户数据内容的请求率信息,然后负责周期性地与其他 NSCC 结点同步各 NSCC 结点对数据内容的请求率信息。也就是说,Request Rate Synchronizer 将本地用户数据内容的请求率信息通知其他 NSCC 组成员,同时也获取其他 NSCC 结点处数据内容的请求率信息。具体而言,Request Rate Synchronizer 需要完成以下几项任务:

　　(1) 从 Interest/Data Processor 获取本地用户数据内容的请求率信息:Request Rate Synchronizer 通过与 Interest/Data Processor 交互的接口获取本地用户数据内容的请求率信息。

　　(2) 请求率信息同步:所有 NSCC 组成员对整个系统的请求率信息应该有一致的视图,请求率信息的任何变化都需要通知本地的 Compute Cache,以便 Compute Cache 可以将本地的内容缓存及时适应请求率信息的变化。

　　(3) 组成员管理:Request Rate Synchronizer 维护 NSCC 组成员的名单,任何结点的加入或离开需要通知所有组内的成员,以便组内的成员可以做出正确的缓存决策。

　　为了获取本地用户数据内容的请求率信息,Request Rate Synchronizer 调用应用程序接口从 Interest/Data Processor 读取信息。请求率信息的同步和组成员的维护对整个系统十分重要,请求率信息是 Compute Cache 计算各结点缓存决策的输入,这将会在 6.2.3 节进行讨论。Request Rate Synchronizer 需从所有其他组成员处获取请求率信息,该信息需与其他结点处的信息保持一致。如果任何 NSCC 结点处维护的成员表有误或者对其他结点处的请求率信息有误,则可能导致 Compute Cache 计算的缓存决策与其他结点处 Compute Cache 计算的不一致,这将导致后续 Interest/Data Processor 数据内容访问出现问题。

　　请求率信息同步和组成员管理与传统的多人会议和多用户聊天类似,这些传统的应用都基于中心服务器式的实现,每个参与者都与中心服务器同步他们的信息。但此类设计会导致所有参与者的同步流量都集中到中心服务器处,使得中心服务器成为整个系统的单点故障。Zhu 等人[101,102]演化了一种分布式的数据同步算法,该算法基于 NDN 的 SYNC 协议设计了 NDN 中一个没有中心服务器的多用户聊天应用。NDN SYNC 协议提供了可靠的数据同步,充分利用了 NDN 中内容可自我识别的特性及 NDN 对组播的支持,因此 NSCC 的实现模型中 Request Rate Synchronizer 中请求率信息的同步基于 NDN 的 SYNC 协议实现。

　　图 6.2 显示了每个 NSCC 结点处 Request Rate Synchronizer 的设计,它包含两部分:数据存储区(SYNC Slice)和数据集状态存储区。如图 6.3 所示,数据集状态存储区以摘要树的形式记录 NSCC 结点当前已知的数据集信息集合,同时以摘要日志的形式记录数据集变化的历史。摘要日志是一系列的关键字和值对,关键字是指以前某一时刻的根摘要(root digest),值是引起从该根摘要变化到下一个根摘要的新数据信息的名字。Request Rate Synchronizer 之间通过两种类型的 Interest/Data 信息来交互信息:sync Interest 和获取请求率数据的 Interest。一个 sync Interest 报文的发送者以摘要的形式告诉其他组成员它当前已知的请求率信息集合的状态。各个 NSCC 结点周期性地发送本地生成的 sync Interest 到同步者所在的广播命名空间/ndn/broadcast/NSCC/group,NSCC 组内的其他同步者则都能收到这个 sync Interest。任意一个接收到该 sync Interest 的同步者会核实其中的摘要与本地 sync Interest 中摘要的区别;如果接收者的 Request Rate Synchronizer 发现

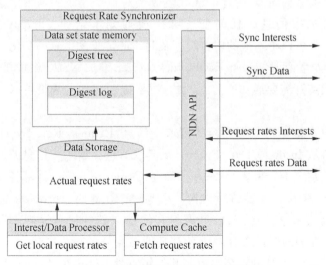

图 6.2　Request Rate Synchronizer 设计

本地 sync Interest 记录的摘要信息比接收到的多，Request Rate Synchronizer 会查看摘要日志，找到本地数据集中多出的请求率信息，进而使用一个 Data 报文响应这个 sync Interest。Data 报文中给出了本地数据集中多出的请求率信息的名字（名字的前缀为/ndn/nodename/NSCC/group/），sync Interest 的发送者一旦收到该响应信息，立即发送相应的获取请求率数据的 Interest 报文以获取新的请求率信息。通过这种方式，NSCC 结点之间始终保持它们对请求率信息的统一视图，即维护着统一的根摘要。当某个结点最新的请求率信息发布时，其他结点几乎同时去请求这个信息以获取同步。此时，NDN 组播的特性将加速同步的过程并降低同步的开销。

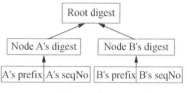

图 6.3　摘要树

关于组成员的管理，每个 NSCC 结点加入 NSCC 组时会发送特定的表示加入 NSCC 组的"出现 Interest 报文（presence message）"到 NSCC 组内，NSCC 现有组成员会将新加入的结点加入成员列表中。NSCC 组成员周期性地发送"心跳" Interest 报文（heartbeat message）到 NSCC 组以保持它们在组内的活跃状态。如果一段时间内其他结点都没有收到某个结点的"心跳"Interest 报文，其他结点则认为该结点不再是 NSCC 组成员。

6.2.3　Compute Cache

Request Rate Synchronizer 为 Compute Cache 提供了所有 NSCC 组成员处的请求率信息。有了这些信息后，每个 NSCC 组成员的 Compute Cache 启动新一轮 NSCC 缓存决策的过程，决定所有 NSCC 组成员在新一轮中各自应该缓存哪些内容。Compute Cache 进行 NSCC 缓存决策的算法采用 IBR 方法，由于所有 NSCC 结点处拥有 Request Rate Synchronizer 同步后的相同请求率信息集合，且它们 Compute Cache 使用相同的自治缓存之间的协作算法，则所有结点可以得到一致的 NSCC 缓存决策结果，即全局的缓存内容放置方案。依据最终的缓存决策，每个 NSCC 结点了解本地应该如何更新缓存 Local Cache，同时也了解当前周期中其他 NSCC 结点缓存了哪些它可以共享的内容。

6.2.4　Local Cache

Compute Cache 将计算出的全局内容放置方案通知 Local Cache，使之了解应该缓存哪些内容。接下来 Local Cache 需要从因特网获取相应的内容，然后将这些内容缓存在本地的缓存中。

如 6.2.1 节所描述的，NSCC 成员访问其他组成员缓存的内容是通过在所请求内容的名字前添加 NSCC 组的公共前缀，形成新的 Interest 报文发送给其他组成员。例如：为了从其他组成员获取名字为/CSU/cs/hu/note.txt 的 Data 报文，NSCC 结点发送的 Interest 报文的名字应为/NSCC/group/CSU/cs/hu/note.txt。而为了响应名字为/NSCC/group/CSU/cs/hu/note.txt 的 Interest 报文，Local Cache 则需要生成一个名字为/NSCC/group/CSU/cs/hu/note.txt 的新 Data 报文，其中新 Data 报文的数据载荷是原始/CSU/cs/hu/note.txt 的 Data 报文，其签名是由缓存该 Data 报文的 NSCC 结点所提供，如图 6.4 所示。Local Cache 为所有需要缓存在本地的内容预先生成相应名字添加 NSCC 公共前缀的新 Data 报文，在响应其他组成员的请求时则无须重复地生成新的 Data 报文，即避免了重复生成新 Data 报文所需的加密和签名过程，也降低了响应其他组成员请求的时延。特别强调的是，NSCC 结点将本地用户请求的内容返回给用户前需要将实际的 Data 报文从其他组成员发来的 Data 报文中取出来，该操作由 NSCC 结点的 Interest/Data Processor 完成。

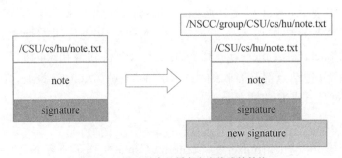

图 6.4　NSCC 结点处缓存内容格式的转换

在 NDN 中，一个 Interest 报文可以用名字比其名字更具体的 Data 报文来响应。比如，名字为/CSU/cs/hu/note.txt 的 Data 报文可以响应名字为/CSU/cs/hu 或/CSU/cs/hu/note.txt 的 Interest 报文。因此，为了方便 Data 报文的搜索工作，Local Cache 将缓存内容的索引（名字）如图 6.5 所示的方式组织起来。即将具有公共前缀的名字链接起来（如/CSU/cs/hu 和/CSU/cs/hu/note.txt 的公共前缀为/CSU/cs/hu），将这些名字的公共前缀作为搜索时的关键字。Interest/Data Processor 在搜索 Local Cache 时，从最具体的名字开始搜索，然后依次减少名字的层次进行搜索。如收到请求/CSU/cs/hu 的 Interest 报文，则用/CSU/cs/hu 查找 Local Cache 处缓存内容的索引，可以找到/CSU/cs/hu/note.txt 来响应这个 Interest 报文。

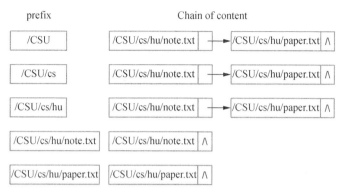

图 6.5　缓存内容索引的组织方式

6.2.5　Error Checker

在现实场景中,NSCC 结点可能因为软、硬件的问题出现失效,也可能未能及时通知其他组成员就离开了 NSCC 组,抑或故意不响应其他组成员发来的数据内容请求(但这样的结点却共享着缓存在其他组成员中的内容以受益,这是由于 NSCC 结点自私、自治的特性所导致的,是一种欺骗行为)。本章将这三种异常事件统称为错误事件(error event),这三种事件导致的最终结果是若其他 NSCC 组成员在不知情的情况下转发 Interest 报文请求仅在发生错误事件的结点处缓存的内容,这些 Interest 报文将超时,最终需要从数据内容服务器处获取相应内容。Error Checker 的任务是及时发现 NSCC 组内存在的错误事件,然后通知 Request Rate Synchronizer,将导致错误事件的 NSCC 结点驱逐出 NSCC 组,NSCC 现有组成员同步请求率信息,最后重新计算全局的内容放置方案。

Error Checker 配置因为正常的网络不稳定而导致的 Interest 报文超时的频率(95％的置信区间,可以通过数据内容访问历史计算得出,也可以由 NSCC 结点的管理者手工配置),周期性地访问 Interest/Data Processor 处维护的数据内容访问超时记录。当实际的数据内容访问超时频率不在配置的超时频率的置信区间时,Error Checker 开始检查原因。从 Compute Cache 得到的全局内容放置方案可以获知超时的 Interest 报文请求的内容应该由哪些结点响应,进而得到可疑结点。对于可疑结点,Error Checker 先查看 Request Rate Synchronizer 维护的成员表中此结点是否还是 NSCC 的组成员。如果不是,说明该结点已经离开了 NSCC 组;否则 Error Checker 发送背景 Interest 流量(Interest 报文请求的是仅由可疑结点缓存的内容)来核实可疑结点的行为是否在正常范围之内,即背景流量的 Interest 报文是否能得到可疑结点的响应,超时的频率是否在正常范围之内。如果得到的答案是否定的,Error Checker 认定该可疑结点为异常结点并通知其他结点共同将该异常结点驱逐出 NSCC 组。在这种情况下,即使自私的 NSCC 结点致力于最小化本地数据内容访问的开销,也可以基于以下几个原因认为其他 NSCC 结点会一致同意将认定异常的结点驱逐出 NSCC 组:

(1) NSCC 组内的任何结点首先没有动机撒谎表示其他结点是异常结点,因为这样会导致自身可共享的缓存内容变少;

(2) 因为 Interest 报文不携带任何请求者结点的信息,发生异常的结点不可以选择性地只拒绝响应某些结点的 Interest 报文。因此,即使其他结点现在没有检测到该结点异常,也并不意味着它们接下来到该结点的数据内容访问不会出现异常;

(3) 如果其他结点不同意将检测到的异常结点驱逐出 NSCC 组,它们则纵容了这样的不正当行为,这对整个 NSCC 组的发展不利。此外,检测到异常的结点也不乐意这样的纵容行为,因为该异常结点仍然从它那里共享缓存的内容,但却不响应它的数据内容请求。最后,将异常的结点驱逐出 NSCC 组,异常结点就不再能访问 NSCC 组成员缓存的内容。这也打击了自私缓存结点进行类似于欺骗的行为,从长远来看,其被驱逐出 NSCC 组的损失更大。

6.3　实验评估

本节在实现 NDN 体系结构的 CCNx 库之上验证了上述五大功能设计的正确性。

6.3.1　实验设置

NSCC 被部署在 PlanetLab[103] 之上,图 6.6 显示了部署的 NSCC 组的拓扑。在七个 PlanetLab 结点上安装了 CCNx 库,其中三个结点运行 NSCC 应用程序,并

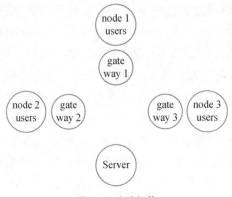

图 6.6　实验拓扑

同时运行了 **NDN** 流量生成器模拟本地用户发送的 Interest 流量。另外有三个结点是网关结点,负责在必要时向其他网关结点或内容服务器转发 Interest 流量(因为每个网关结点处用 ccndc[104] 工具配置了指向其他网关结点和内容服务器的路由)。最后一个结点是内容服务器,代表剩余因特网,负责托管所有的数据内容。当用户访问不在 NSCC 结点中的内容时,内容服务器负责提供相应内容。

　　本节的实验假设 NSCC 组用户请求的内容为 1 000 个单元大小的不同数据内容。每个结点处对于这些数据内容的访问模式遵从形状参数为 s 的 Zipf 分布。三个 NSCC 结点的缓存均可以容纳 100 个数据内容报文。

6.3.2　NSCC 算法运行频率对通信开销和缓存性能的影响

　　由于用户数据内容访问的模式可能是动态改变的,NSCC 组成员处的 Request Rate Synchronizer 周期性地同步它们的请求率信息。每当各结点处的请求率信息更新时,Compute Cache 需要重新运行 NSCC 缓存决策算法,使得 NSCC 组内的缓存适应用户动态的访问模式。一般来说,较频繁地运行 NSCC 缓存决策过程可以使得 NSCC 组内的缓存更快地适应用户需求的变化,进而优化缓存性能;但这也意味着 Request Rate Synchronizer 需要较频繁地更新请求率信息,进而耗费更多的通信开销。如何在缓存性能的优化和 Request Rate Synchronizer 的通信开销之间权衡是个值得探索的问题。因此,本小节首先评估 NSCC 缓存决策算法运行的频率,也即请求率信息更新的频率对 Request Rate Synchronizer 开销的影响,然后评估 NSCC 缓存决策算法运行的频率和用户访问模式的动态性对 NSCC 系统缓存性能的影响。

　　Request Rate Synchronizer 的通信开销包括组成员的维护和请求率信息的同步。前者的开销相对稳定,而后者的开销与请求率信息更新的频率相关。为了评估请求率信息更新频率对 Request Rate Synchronizer 通信开销的影响,尝试进行一个时长为五分钟的实验,设置了不同的请求率信息更新频率(从一分钟更新一次的频率到四分钟更新一次的频率),测量实验期间发送的信息数量和发送的信息字节数。

　　图 6.7 显示了多轮实验的平均结果。从图中可以看到,随着请求率信息更新周期的增加即请求率信息更新的频率降低,每个结点发送的平均的

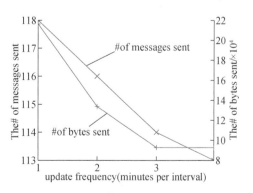

图 6.7　NSCC 算法运行频率与 Request Rate Synchronizer 通信开销的关系

报文数或字节数降低。但当请求率信息的更新周期从 3 min 增加到 4 min 后,每个结点平均发送的字节数的变化甚微。这是因为在时长为 5 min 的实验中,无论使用 3 min 或 4 min 作为请求率信息的更新周期,请求率信息都只能同步一次,而剩余信息为组成员管理发送的心跳信息,在这两个实验中差别很小。

而后实验进一步评估了 NSCC 算法运行的频率和用户的数据内容访问模式对缓存性能的影响,使用缓存命中率作为评估缓存性能的指标。关于用户数据内容访问的模式,考虑以下三种情况:

• 静态访问模式:在时长为 5 min 的实验中,用户的数据访问模式始终遵从形状参数为 0.73 的 Zipf 分布,而且数据内容的流行度排序也始终保持不变。

• 动态访问模式 1:在时长为 5 min 的实验中,用户的数据访问模式始终遵从形状参数为 0.73 的 Zipf 分布。但是每过 1 min,数据内容的流行度排序循环向右移动 10,例如从 $0, 1, 2, \cdots, n-1$ 的排序变为 $n-10, n-9, \cdots, n-2, n-1, 0, 1, \cdots, n-11$。

• 动态访问模式 2:在时长为 5 min 的实验中,用户的数据访问模式始终遵从形状参数为 0.73 的 Zipf 分布,但是每过 1 min,数据内容的流行度排序循环向右移动 20。

图 6.8 显示了在三种用户数据访问模式下 NSCC 算法运行的频率对缓存命中率的影响,并与各 NSCC 结点在独立工作时的缓存命中率(图中用 GL 标识的结果)进行比较。从图 6.8 可以看到,在考虑的三种用户数据访问模式下 NSCC 算法以不同频率运行时,相比于三个结点独立工作时,NSCC 组中各结点处用户请求的缓存命中率有不同程度的改善。从图 6.8(a)可以看到,在静态数据访问模式下,NSCC 算法运行频率的变化对 NSCC 组缓存命中率的影响甚微。随着 NSCC 算法运行频率的降低,缓存命中率出现极小的降低趋势。这是因为即使是静态数据访问模式,NSCC 结点经过多次统计的请求率信息才更接近于现实的情况,进而使用更接近于现实的请求率信息做出的内容放置方案能使缓存命中率相应提高,但改善量不到 0.005。所以,如果 NSCC 的管理员确信用户的数据访问模式接近于静态,则可以将 NSCC 算法运行的周期设置为较大的数值,甚至可以不重新运行 NSCC 算法。

图 6.8(b)和图 6.8(c)分别展示了在两种动态访问模式下的结果。与期望相符,在两种动态数据访问模式下,NSCC 算法越频繁地运行,缓存的命中率越大,因为 NSCC 结点处的缓存更快地适应动态的数据内容访问模式。将图 6.8(b)和图 6.8(c)的结果进行比较后发现,即使拥有相同的 NSCC 算法运行频率,动态数据访问模式 1 下的缓存命中率较动态数据访问模式 2 下的缓存命中率高。这是因为动态数据访问模式 2 下用户数据访问模式的变化更快,需要 NSCC 算法更频繁地运

行以使整个系统的缓存更快地适应这种动态的变化。但是,如图 6.7 所示,NSCC 算法运行越频繁,Request Rate Synchronizer 可能需要更多的通信开销,因此需要在缓存性能的改善和 Request Rate Synchronizer 耗费的通信开销之间做出权衡。如综合图 6.7 和图 6.8(b)、图 6.8(c)的结果,在时长为 5 min 的实验中,将 3 min 作为 NSCC 算法运行的周期较为合适,因为再增加 NSCC 算法运行的周期也不会减少每个 NSCC 结点的 Request Rate Synchronizer 发送的信息数和字节数,但却会减少用户数据内容访问的缓存命中率。

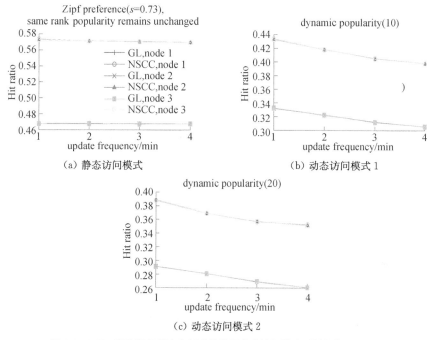

图 6.8 NSCC 算法运行频率和用户的数据内容访问模式对缓存性能的影响

6.3.3 错误事件对缓存性能的影响

如 6.1 节所述,NSCC 结点失效、离开 NSCC 组或者欺骗导致的最终结果都是请求那些仅缓存在失效的、离开的或者欺骗的结点处内容的 Interest 报文最终都会超时。出于此种考虑,同时也为了简化评估,本小节将结点失效作为错误事件的代表,评估错误事件发生时 NSCC 的缓存性能。具体而言,本小节测量一个正常的 NSCC 结点需要花费多长时间才能检测到另一结点的失效,以及结点的失效如何影响系统中内容的缓存和 NSCC 系统的缓存性能。

本小节以下列方式反复模拟了 20 次的结点失效事件:在时长为 5 min 的实验中,用户的数据访问模式是静态的且遵从形状参数为 0.73 的 Zipf 分布。在第二和第三分钟之间随机选择一个结点在没有通知其他结点的情况下失效。剩余两个结点可能仍然向该失效的结点请求它缓存的数据内容,直到这两个结点的 Error Checker 检测到了另一结点的失效。图 6.9 显示了这两个结点检测到另一结点失效所需时长。从图 6.9 可以看到,两个结点检测另一结点失效所需时间基本都在60～100 s,不超过 120 s,而且两个结点检测到失效所需时间区别很小。每个NSCC 结点的 Error Checker 每隔 45～60 s(该时间可手动配置)之间的一个时间便从其 Interest/Data Processor 中查询数据访问失效的记录,而且测试可疑结点的背景流量持续 60 s(该时间可手动配置),所以失效事件的检测应该小于 120 s。而且 NSCC 结点的 Error Checker 在检测到失效事件后会通知组内的其他结点,因此这两个结点检测失效事件所需时间区别很小。

当检测到失效事件后,由于在失效结点处缓存的内容已不再可用,NSCC 组内的剩余结点需要更新组内的缓存以适应当前的改变。具体而言,在检测到结点失效后,NSCC 结点同步各结点处的请求率信息,开始新一轮的缓存决策。图 6.10显示了新的缓存决策与出现结点失效事件之前这两个结点处内容缓存的区别。从图 6.10 可以看到,出现结点失效事件后新的缓存决策缓存的内容集合与之前的相比,缓存的不同内容在 24～36 个。即在结点的缓存大小为 100 个数据内容时,结点失效事件的发生导致各结点处有 12～18 个缓存的内容需要重新更新。

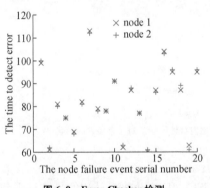

图 6.9　Error Checker 检测
结点失效事件所需时长

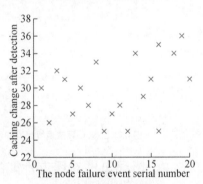

图 6.10　失效事件发生前后
两个正常结点处内容缓存的差别

另外,实验还测量了结点失效事件发生之前、检测到之前和检测到之后这两个正常结点处数据内容访问的平均缓存命中率和平均时延,如图 6.11 所示。可以看到,在结点失效事件发生之前,两个结点处数据内容访问的平均缓存命中率最大(大于 0.54),而在检测到失效事件之前的缓存命中率最小。在发生结点失效事件后,无论是在检测到失效事件之前还是之后,都只有两个正常结点缓存的内容可以用,但是在检测到失效事件之后,这两个正常结点处的内容缓存更好地适应了当前用户数据内容访问的模式。图 6.11(b) 显示的结点失效事件发生之前、检测到之前和检测到之后这两个正常结点处平均的数据内容访问时延的结果与图 6.11(a) 的类似,在结点失效事件发生之前最小,而在检测到失效事件之前最大,原因与图 6.11(a) 中的现象类似。需额外说明的是,在检测到结点失效事件之前,发送到失效结点处的 Interest 报文要在超时后才会再发送到内容服务器处请求数据,所以在检测到结点失效事件之前平均的数据内容访问时延相比其他时候的要大许多。图 6.11 的结果表明,在检测到结点失效事件之前,用户数据内容访问所感知的服务质量较低,因此正常结点需尽早检测到失效事件。

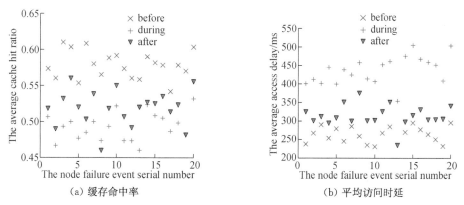

(a) 缓存命中率   (b) 平均访问时延

图 6.11   结点失效事件发生之前、检测到之前和检测到之后
两个正常结点处数据内容访问的平均缓存命中率和平均时延

6.4   本章小结

本章提供了 NSCC 在 NDN 中的实现模型。首先,本章阐述了实现 NSCC 理论模型所需的请求率信息收集(Interest/Data Processor)、结点间信息同步(Request Rate Synchronizer)、缓存决策(Compute Cache)、内容缓存(Local Cache)和错误事件检测(Error Checker)五个功能设计。其中 Request Rate Synchronizer 用 NDN SYNC 协议实现 NSCC 组成员的管理(结点的加入和删除),并确保所有 NSCC 结点对各结点处请求率信息始终拥有相同的视图,进而使得各 NSCC 结点的 Compute Cache 计算出的全局缓存内容放置方案一致。Compute Cache 采用 IBR 计算本地以及其他结点应该缓存哪些内容才能使每个 NSCC 结点均受益。Local Cache 缓存和维护 Compute Cache 指定的本地应该缓存的数据内容,采用内容名字链的方式组织缓存内容的索引以加速缓存内容查询。Interest/ Data Processor 追踪本地用户数据内容访问的模式并处理本地用户和其他 NSCC 结点发送来 Interest 报文。Error Checker 基于数据内容访问超时记录检测 NSCC

系统中可能出现的错误事件,包括结点的失效、离开和不正当行为。然后,在实现 NDN 体系结构的 CCNx 库之上验证该功能设计的正确性。通过部署在 PlanetLab 的相关实验,评估了 NSCC 的缓存性能及 Request Rate Synchronizer 的通信开销,并评估了错误事件对整个系统缓存性能的影响。

7 缓存可感知的路由机制研究总结与展望

本章对第一部分研究成果进行总结,对下一步研究工作进行展望。

7.1 结论

作为 ICN 的特色之一,网络缓存在彰显 ICN 的优势方面扮演着重要的角色。缓存从 IP 网络中的一个中间件优化机制变成 ICN 网络中用于实现高效内容分发的基本体系结构功能,优化网络缓存的性能对整个系统的性能至关重要。ICN 网络缓存的透明性、普遍性以及精细化的特征对缓存技术不仅提出了新的挑战,同时也为它的发展提供了新的机遇。现有的网络缓存方面的研究工作几乎都是独立讨论缓存内容的放置,没有将缓存内容的放置与缓存内容的定位相互结合。缓存内容的定位可以提高 off-path 缓存内容的使用率,可以避免缓存内容的放置形成冗余的缓存,可以提高网络缓存器之间协作缓存的程度。缓存内容的定位依赖于缓存可感知的路由机制将缓存内容的可达性在网络中传播,网络中缓存的内容增加了路由信息进入了路由的选择和建立。路由和网络缓存管理是相辅相成的关系,两者必须结合起来统一考虑,互相协作,共同实现网络缓存性能的优化和提升。本部分的工作将缓存内容的可达性适度引入路由,设计简单而有效的网络缓存管理机制以减少缓存冗余,提高缓存内容的使用率和缓存空间的利用率,并减少用户请求数据内容所需的开销(如路由跳数),进而充分展示 ICN 网络的性能优势。本部分基于理论分析和实验验证提出的优化机制和方法,可以为 ICN 的路由和网络缓存管理提供可行的优化策略,研究成果对于后续 ICN 的研究发展也具有积极的指导意义。

7.2 研究工作主要创新点

1) 机会型的 on-path 网络缓存机制(OPPORTUNISTIC)

针对沿途缓存内容放置策略 CEE 导致沿途路由器中存在大量冗余的缓存,并引起频繁的缓存置换的情况,提供了一种机会型的 on-path 网络缓存机制。即使不能感知其他结点中的缓存状况,该机制使路由器基于数据内容的流行度和数据源的远近概率性地缓存数据内容,实现数据内容的差异化缓存进而减少不必要的缓存置换和缓存冗余,并减少用户请求所需经过的路由跳数。同时,各路由器不同的位置及对数据内容流行度分布的不同视图使得不同路由器偏向于缓存不同的数据内容,减少冗余缓存。

2) 将内容放置、置换和定位相结合的网络缓存机制(PRL)

只有能够感知 off-path 就近暂态缓存的内容,路由器才能使用这些缓存的内容响应用户的请求并避免重复缓存它们。基于该思想,提出了一种将内容放置、置换和定位相结合的网络缓存机制。该机制支持缓存可感知的路由,使得路由器可以感知和定位邻近路由器暂态缓存的内容,进而在内容放置、置换和使用缓存时可以考虑邻近结点内的暂态缓存,减少网络中缓存内容的冗余度以及不必要的缓存置换;此外,缓存内容的放置综合考虑了数据内容的流行度分布、路由器离数据源的远近和路由器处缓存空间的竞争以及缓存置换带来的"罚金",进而将数据内容放置(即缓存)在用户需求大的、离数据源比较远的而且缓存空间竞争小的路由器处。该机制无须路由器之间进行信令信息的交互。仿真实验表明该机制进一步减少了不必要的缓存置换操作,提高了缓存的命中率,减少了用户请求所需的路由跳数,有效地利用了网络缓存器的缓存资源,改善了网络传输数据内容的性能。

3) 分布式的协作缓存机制(DICC)

网络缓存的精细化缓存所涉及的数据内容数量庞大,网络缓存器的数量众多且组成的是任意结构的拓扑;另外,网络缓存的存储和搜索需线速操作。这些使得传统集中式的复杂协作缓存优化技术难以应用。针对这个问题,提出了一种分布式的协作缓存机制。该机制将网络协作缓存的问题形式化为一个带约束条件的优化问题,然后用拉格朗日松弛法和原始对偶分解法将优化问题分解为一系列的缓存内容放置决策子问题和数据内容定位的子问题,使得每个子问题可以在各路由器分布式地解决,最终实现网络缓存器之间对缓存内容的共享以及协作缓存,提高缓存的利用率和缓存的效率。

4) 自治缓存器间的网络协作缓存机制(NSCC)

针对自治缓存器试图最小化的只是自身的数据内容访问开销而非整体的数据内容访问开销的情况,提出一种自治缓存器间的网络协作缓存机制。该机制采用博弈论的方法——迭代最佳对策,自治的缓存结点在每轮中依次基于本地用户对数据内容的请求率、到其他结点访问内容的"价格"以及其他结点的缓存决策独自决定本地应该缓存哪些内容才是最佳对策,这样,最终找到满足所有自治结点理性参与协作缓存限制条件的全局内容放置方案,使得这些自治的结点愿意参与协作缓存。仿真实验表明,相比于结点独立工作时,NSCC 策略下各结点的缓存性能都得到改善;NSCC 策略在各结点的数据内容访问模式相似的情况下性能更好,特别是在结点的数据内容访问模式重尾现象不明显的情况下有效性更佳；依据各结点到其他结点互访内容的平均"价格"决定 NSCC 博弈的顺序,结点可以得到更公平的对待。

5) NSCC 的实现模型

提供了 NSCC 在 NDN 中的实现模型。该模型给出了实现 NSCC 理论模型所需的请求率信息收集、结点间信息同步、缓存决策、内容缓存和错误事件检测五个功能设计。该功能设计的正确性在实现 NDN 体系结构的 CCNx 库之上得到了验证。

7.3 下一步研究工作展望

由于时间有限,对于路由和网络缓存管理优化问题的研究仍不够完善,本部分研究的不足之处及对未来研究工作的展望总结如下:

(1) 信息中心网络 ICN,其中包括命名数据网络 NDN,它们尚在发展的初期阶段,更多的是基于理论模型,还未有成熟的可以供广大用户使用的网络,进而缺乏工程实践如网络缓存器的部署,更没有确定的流量模型,而且网络缓存从传统的文件级别的缓存转变为数据块级别的缓存,从传统为特定应用设计的缓存转变为所有应用设计的缓存,用户的数据内容访问模式是个尚不明确的问题。而针对实际的缓存空间分布和用户数据内容访问模式设计网络缓存机制才能够更合理地优化网络缓存性能。下一步将对 ICN 网络缓存空间的分布和用户数据内容访问的模式从理论模型和实证两方面展开研究。

(2) 本部分工作的性能评估环节绝大部分通过仿真平台如 ndnSIM 进行,缺乏在实际信息中心网络平台上的应用和验证,下一步需要在 NDN 的测试床上对本部分提出的网络缓存机制作进一步的评估和完善。

(3) 鉴于 NDN 在内容分发方面的优势,如自然地支持组播、多路径转发、移动以及网络缓存,下一步研究如何使用 NDN 的方法高效传输网络视频流量。

(4) 随着 NDN 网络的逐渐成熟和部署,网络的服务质量以及相应的安全机制将成为关注的重点,这也是下一步的研究重点。

参考文献

［1］ Cisco. Cisco visual networking index: forecast and methodology: 2013—2018 ［R］. June 10,2014.

［2］ Gritter M and Cheriton D R. An architecture for content routing support in the internet［C］// USITS. 2001:27 - 48.

［3］ Cheriton D R,Gritter M. TRIAD:A new next-generation Internet architecture［EB/OL］. 2000

［4］ IETF. Data-oriented networking, internet draft. http://tools. ietf. org/html/draft-baccala-data-networking-00,2013.

［5］ Koponen T,Chawla M,Chun B G,et al. A data-oriented (and beyond) network architecture ［J］. ACM SIGCOMM Computer Communication Review,2007,37(4):181 - 192.

［6］ Jacobson V,Smetters D K,Thornton J D,et al. Networking named content［C］//2009:1 - 12.

［7］ Final architectural framework. http://www. 4ward-project. eu/,2013.

［8］ FP7 PSIRP project. http://www. psirp. org/.

［9］ FP7 PURSUIT project. http://www. fp7-pursuit. eu/PursuitWeb/.

［10］ Scalable and adaptive internet solutions (sail). http://www. sailproject. eu/,2013.

［11］ Content mediator architecture for content-aware networks (comet). http://www. comet-project. org/,2013.

［12］ Zhang L X, Afanasyev A, Burke J, et al. Named data networking［J］. ACM SIGCOMM Computer Communication Review,2014,44(3):66 - 73.

［13］ Named data networking. http://named-data. net/,2014.

［14］ Ghodsi A,Shenker S,Koponen T,et al. Information-centric networking:Seeing the forest for the trees［C］//Proceedings of the 10th ACM Workshop on Hot Topics in Networks-HotNets '11, November 14 - 15, 2011. Cambridge, Massachusetts. New York, USA:ACM Press,2014:1 - 6.

［15］ Smetters D,Jacobson V. Securing network content［J］. Palo Alto Research Center (PARC), 2009:1 - 7.

［16］ Ahlgren B,Dannewitz C,Imbrenda C,et al. A survey of information-centric networking［J］. IEEE Communications Magazine,2012,50(7):26 - 36.

［17］ Choi J,Han J,Cho E,et al. A Survey on content-oriented networking for efficient content delivery［J］. IEEE Communications Magazine,2011,49(3):121 - 127.

［18］ Xylomenos G,Ververidis C N,Siris V A,et al. A survey of information-centric networking research［J］. IEEE Communications Surveys & Tutorials,2014,16(2):1024 - 1049.

[19] Pan J L,Paul S,Jain R. A survey of the research on future Internet architectures[J]. IEEE Communications Magazine,2011,49(7):26 - 36.

[20] PARC,A Xerox Company. http://www. parc. com/.

[21] Yi C,Afanasyev A,Wang L,et al. Adaptive forwarding in named data networking[J]. ACM SIGCOMM Computer Communication Review,2012,42(3):62 - 67.

[22] Yi C,Afanasyev A,Moiseenko I,et al. A case for stateful forwarding plane[J]. Computer Communications,2013,36(7):779 - 791.

[23] Yi C,Abraham J,Afanasyev A,et al. On the role of routing in named data networking[C]// Proceedings of the 1st International Conference on Information-Centric Networking-INC '14, September 24 - 26,2014. Paris,France. New York,USA:ACM Press,2014:27 - 36.

[24] Dai H,Lu J,Wang Y,et al. A two-layer intra-domain routing scheme for named data networking[C]//GLOBECOM. IEEE,2013.

[25] Hoque A K M M,Amin S O,Alyyan A,et al. NISR:named-data link state routing protocol [C]//Proceedings of the 3rd ACM SIGCOMM Workshop on Information-Centric Networking-ICN '13,August 12, 2013. Hong Kong,China. New York,USA: ACM Press, 2013:15 - 20.

[26] Trossen D,Parisis G. Designing and realizing an information-centric Internet[J]. IEEE Communications Magazine,2012,50(7):60 - 67.

[27] Zhang G Q,Li Y,Lin T. Caching in information centric networking:A survey[J]. Computer Networks,2013,57(16):3128 - 3141.

[28] DECADE working group. "Decoupled Application Data Enroute (decade)", [EB/OL]. https://datatracker. ietf. org/wg/decade/documents/,2010.

[29] Song H,Zong N,Yang Y,et al. DECoupled application data enroute (DECADE) problem statement[R]. RFC Editor,2012. DOI:10. 17487/rfc6646[

[30] Perino D,Varvello M. A reality check for content centric networking[C]//2011:44 - 49.

[31] Psaras I,Chai W K,Pavlou G. Probabilistic in-network caching for information-centric[EB/ OL]. 2012.

[32] Fricker C,Robert P,Roberts J,et al. Impact of traffic mix on caching performance in a content-centric network[C]//INFOCOM Workshop. 2012:310 - 315.

[33] Hefeeda M,Saleh O. Traffic modeling and proportional partial caching for peer-to-peer systems[J]. ACM Transactions on Networking,2008,16(6):1447 - 1460.

[34] Saleh O,Hefeeda M. Modeling and caching of peer-to-peer traffic [C]//International Conference on Network Protocols. IEEE,2006:249 - 258.

[35] 胡晓艳,龚俭. 信息中心网络中网络缓存的角色探索[J]. 电信科学,2014,30(3):67 - 71.

[36] Farrell S,Cahill V. Delay-and disruption-tolerant networking[M]. Artech House,Inc. 2006.

[37] Chen X,Heidemann J. Flash crowd mitigation via adaptive admission control based on application-level observations[J]. ACM Transactions on Internet Technology,2005,5(3):

532 - 569.

[38] Mirkovic J, Reiher P. A taxonomy of DDoS attack and DDoS defense mechanisms[J]. ACM SIGCOMM Computer Communication Review, 2004, 34(2): 39 - 53.

[39] Gasti P, Tsudik G, Uzun E, et al. DoS and DDoS in named data networking[J]. CoRR, 2012, abs/1112. 2205.

[40] Nygren E, Sitaraman R K, Sun J. The Akamai network: A platform for high-performance Internet applications[J]. ACM SIGOPS Operating Systems Review, 2010, 44: 2 - 19.

[41] Agyapong P, Sirbu M. Economic incentives in information-centric networking: Implications for protocol design and public policy[J]. IEEE Communications Magazine, 2012, 50 (12): 18 - 26.

[42] Chai W K, He D L, Psaras I, et al. Cache "less for more" in information-centric networks [M]//NETWORKING 2012. Berlin, Heidelberg: Springer Berlin Heidelberg, 2012: 27 - 40.

[43] Wang Y, Xu M W, Feng Z. Hop-based probabilistic caching for information-centric networks [C]//2013: 2102 - 2107.

[44] Cho K, Lee M, Park K, et al. WAVE: Popularity-based and collaborative in-network caching for content-oriented networks[J]. Proceedings-IEEE INFOCOM Workshops, 2012: 316 - 321.

[45] Li Y, Xu Y, Lin T, et al. Self assembly caching with dynamic request routing for Information-Centric Networking[C]//GLOBECOM. IEEE, 2013: 2158 - 2163.

[46] Li J, Wu H, Liu B, et al. Popularity-driven coordinated caching in named data networking [C]//ANCS. ACM, 2012: 15 - 26.

[47] Breslau L, Cao P, Fan L, et al. Web caching and zipf-like distributions: evidence and implications[J]. Proceedings-IEEE INFOCOM, 1999(1): 126 - 134.

[48] Ni J, Tsang D H K. Large-scale cooperative caching and application-level multicast in multimedia content delivery networks[J]. IEEE Communications Magazine, 2005, 43 (5): 98 - 105.

[49] Sarkar P, Hartman J H. Hint-based cooperative caching [J]. ACM Transactions on Computer Systems, 2000, 18(4): 387-419.

[50] Che H, Wang Z, Tung Y. Analysis and design of hierarchical Web caching systems[J]. Proceedings-IEEE INFOCOM, 2001(3): 1416 - 1424

[51] Saino L, Psaras I, Pavlou G. Hash-routing schemes for information centric networking[C]// Proceedings of the 3rd ACM SIGCOMM Workshop on Information-Centric Networking-ICN '13, August 12, 2013. Hong Kong, China. New York, USA: ACM Press, 2013: 1 - 6.

[52] Li Z, Simon G. Time-shifted TV in content centric networks: The case for cooperative in-network caching[C]//2011: 1 - 6.

[53] Bernardini C, Silverston T, Olivier F. Towards popularity-based caching in content centric networks[EB/OL]. 2012: 1 - 2.

[54] Williamson C. On filter effects in web caching hierarchies[J]. ACM Transactions on Internet Technology,2002,2(1):47 - 77.

[55] Famaey J, Wauters T, Turck F D. On the merits of popularity prediction in multimedia content caching[C]//2011:17 - 24.

[56] Afanasyev A,Moiseenko I,Zhang L X. ndnSIM:ndn simulator for NS-3[EB/OL]. 2012.

[57] Rossi D, Rossini G. On sizing CCN content stores by exploiting topological information [C]//2012:280 - 285.

[58] Gomaa H,Messier G G,Davies R J,et al. Media caching support for mobile transit clients [C]//IEEE International Conference on Wireless & Mobile Computing. IEEE,2009:79 - 84.

[59] Ircache home[OL]. http://ita. ee. lbl. gov/html/trace. html.

[60] Spring N, Mahajan R, Wetherall D. Measuring ISP topologies with rocketfuel[J]. ACM SIGCOMM Computer Communication Review,2002,32(4):133 - 145.

[61] Xie M J,Widjaja I,Wang H N. Enhancing cache robustness for content-centric networking [C]//2012:2426 - 2434.

[62] 吴桦,龚俭,杨望. 一种基于双重 Counter Bloom Filter 的长流识别算法[J]. 软件学报, 2010,21(5):1115 - 1126.

[63] Rodriguez P,Spanner C,Biersack E W. Analysis of Web caching architectures:Hierarchical and distributed caching[J]. ACM Transactions on Networking,2001,9(4):404 - 418.

[64] Ren J,Qi W,Westphal C,et al. Magic:A distributed max-Gain in-network caching strategy in information-centric networks [C]//IEEE Conference on Computer Communications Workshops. IEEE,2014:470 - 475.

[65] Hu X Y, Gong J. Opportunistic on-path caching for named data networking[J]. IEICE Transactions on Communications,2014,E97. B(11):2360 - 2367.

[66] Lee S W, Kim D, Ko Y B, et al. Cache capacity-aware CCN:Selective caching and cache-aware routing[C]//GLOBECOM. IEEE,2013:2114 - 2119.

[67] Wang S,Bi J,Wu J. On performance of cache policy in information-centric networking[C]// ICCCN. IEEE,2012:1 - 7.

[68] Wang Y,Lee K, Venkataraman B, et al. Advertising cached contents in the control plane: Necessity and feasibility[C]//INFOCOM Workshop. 2012:286 - 291.

[69] Wong W,Wang L,Kangasharju J. Neighborhood search and admission control in cooperative caching networks[C]//GLOBECOM. IEEE,2012:2852 - 2858.

[70] Rosensweig E J, Kurose J. Breadcrumbs:efficient, best-effort content location in cache networks[J]. Proceedings-IEEE INFOCOM,2009:2631 - 2635.

[71] Bhattacharjee S,Calvert K L,Zegura E W. Self-organizing wide-area network caches[J]. Proceedings-IEEE INFOCOM,1998(2):600 - 608.

[72] Rodriguez P, Sibal S. SPREAD:Scalable platform for reliable and efficient automated

distribution[J]. Computer Networks,2000,33(1/2/3/4/5/6):33 - 49.

[73] Tang X Y, Chanson S T. Coordinated en-route Web caching[J]. IEEE Transactions on Computers,2002,51(6):595 - 607.

[74] Wang S, Bi J, Wu J P, et al. Could in-network caching benefit information-centric networking? [C]//Proceedings of the 7th Asian Internet Engineering Conference on-AINTEC'11, November 9 - 11, 2011. Bangkok, Thailand. New York, USA: ACM Press, 2011:112 - 115.

[75] Palomar D P, Chiang M. A tutorial on decomposition methods for network utility maximization[J]. IEEE Journal on Selected Areas in Communications,2006,24(8):1439 - 1451.

[76] DP B, Nedic A, AE O. Convex analysis and optimization[EB/OL]. 2003.

[77] NDNx Project Team. NDNx Synchronization protocol[OL]. http://named-data. net/doc/0. 1/technical/SynchronizationProtocol. html.

[78] CCNx Project Team. CCNx[OL]. http://www. ccnx. org/.

[79] CCNx Project Team. CCNx repository[OL]. http://www. ccnx. org/release. /lastest/doc/ technical/RepoProtocol. html,2013.

[80] Bloom B H. Space/time trade-offs in hash coding with allowable errors[J]. Communications of the ACM,1970,13(7):422 - 426.

[81] Broder A, Mitzenmacher M. Network applications of bloom filters: A survey[J]. Internet Mathematics,2004,1(4):485 - 509.

[82] Fan L, Cao P, Almeida J, et al. Summary cache: A scalable wide-area Web cache sharing protocol[J]. ACM Transactions on Networking,2000,8(3):281 - 293.

[83] DiBenedetto S, Papadopoulos C, Massey D. Routing policies in named data networking[C]// Proceedings of the ACM SIGCOMM Workshop on Information-Centric Networking-ICN'11, August 19,2011. Toronto, Ontario, Canada. New York, USA: ACM Press,2011:38 - 43.

[84] Rajahalme J, S? rel? M, Nikander P, et al. Incentive-compatible caching and peering in data-oriented networks[C]//CoNEXT. ACM,2008.

[85] Gao L X. On inferring autonomous system relationships in the Internet [J]. ACM Transactions on Networking,2001,9(6):733 - 745.

[86] Wang J. A survey of web caching schemes for the Internet[J]. ACM SIGCOMM Computer Communication Review,1999,29(5):36 - 46.

[87] Kangasharju J, Roberts J, Ross K W. Object replication strategies in content distribution networks[J]. Computer Communications,2002,25(4):376 - 383.

[88] Korupolu M R, Dahlin M. Coordinated placement and replacement for large-scale distributed caches[J]. IEEE Transactions on Knowledge and Data Engineering, 2002, 14(6):1317 - 1329.

[89] Borst S C, Gupta V, Walid A. Distributed Caching Algorithms for Content Distribution

Networks[C]//Conference on Information Communications. IEEE Press,2010.

[90] Laoutaris N, Telelis O, Zissimopoulos V, et al. Distributed selfish replication[J]. IEEE Transactions on Parallel and Distributed Systems,2006,17(12):1401 – 1413.

[91] Herrero E,Gonzalez J,Canal R. Distributed cooperative caching:An energy efficient memory scheme for chip multiprocessors [J]. IEEE Transactions on Parallel and Distributed Systems,2012,23(5):853 – 861.

[92] Chang J,Sohi G S. Cooperative caching for chip multiprocessors[C]//ISCA. 2006:264 – 276.

[93] Chun B G, Chaudhuri K, Wee H, et al. Selfish caching in distributed systems:A game-theoretic analysis[C]//Proceedings of the Twenty-Third Annual ACM Symposium on Principles of Distributed Computing-PODC '04,July 25 – 28,2004. St. John's,Newfoundland, Canada. New York,USA:ACM Press,2004:21 – 30.

[94] Jaho E,Koukoutsidis I,Stavrakakis I,et al. Cooperative content replication in networks with autonomous nodes[J]. Computer Communications,2012,35(5):637 – 647.

[95] Jaho E,Koukoutsidis I,Stavrakakis I,et al. Cooperative replication in content networks with nodes under churn[M]//NETWORKING 2008 Ad Hoc and Sensor Networks, Wireless Networks,Next Generation Internet. Berlin, Heidelberg:Springer Berlin Heidelberg,2008: 457 – 469.

[96] Leff A,Wolf J L,Yu P S. Replication algorithms in a remote caching architecture[J]. IEEE Transactions on Parallel and Distributed Systems,1993,4(11):1185 – 1204.

[97] Pollatos G G,Telelis O A,Zissimopoulos V. On the social cost of distributed selfish content replication[M]//NETWORKING 2008 Ad Hoc and Sensor Networks,Wireless Networks, Next Generation Internet. Berlin,Heidelberg:Springer Berlin Heidelberg,2008:195 – 206.

[98] Gopalakrishnan R,Kanoulas D,Karuturi N N,et al. Cache me if You can:Capacitated selfish replication games[M]//LATIN 2012:Theoretical Informatics. Berlin,Heidelberg:Springer Berlin Heidelberg,2012:420 – 432.

[99] Osborne M J,Rubinstein A. A Course in Game Theory[J]. MIT Press Books,1994,1.

[100] Fayazbakhsh S K,Lin Y,Tootoonchian A,et al. Less pain,most of the gain:Incrementally deployable ICN[J]. ACM SIGCOMM Computer Communication Review,2013,43(4): 147 – 158.

[101] Zhu Z K,Bian C Y,Afanasyev A,et al. Chronos:serverless multi-user chat over NDN[EB/ OL]. 2012.

[102] Zhu Z, Afanasyev A. Let's ChronoSync:Decentralized dataset state synchronization in Named Data Networking[C]//ICNP. IEEE,2013:1 – 10.

[103] Planetlab Project Team. Planetlab[OL]. https://www. planet-lab. org/

[104] Ccndc working group. Ccndc[OL]. http://www. ccnx. org/releases/latest/doc/manpages/ ccndc. 1. html.

第2部分

基于网络编码的命名数据
网络传输性能优化研究

简　介

　　鉴于网络编码在内容传输方面的优势以及 NDN 网络对多路径转发的自然支持,本部分研究网络编码增强型的网络缓存机制。NDN 支持网络缓存和多路径传输,但充分结合二者以实现内容的高效传输需要请求者、内容发布者和缓存结点间的复杂协调。另外,NDN 中以细粒度缓存数据内容的特点也使其不能有效利用路径外的缓存内容。网络编码融合了路由和编码,可以与 NDN 相结合来提升其网络传输性能。然而,目前结合网络编码和 NDN 的工作不能以合理有效的方式处理引入网络编码后的报文转发,尤其是以 pipeline 模式发送的 Interest 报文。另外,当前的工作也没有发掘网络编码与 NDN 结合后利用路径外缓存的潜力,并且也没有考虑减少缓存开销的策略。本部分在提出结合网络编码且支持 Interest 报文 pipeline 发送模式的 NC-NDN 基础框架后,深度研究了基于该框架的高效的转发策略、低开销的缓存策略以及适配的线性同态签名实现方案。

　　具体来说,本部分主要包括以下几点研究内容:

　　(1) 提出了基于网络编码且支持 pipeline 发送模式的 NC-NDN 框架:针对 NDN 中多路径转发和网络内缓存的协调问题,本部分提出了完整的结合网络编码和支持 Interest 报文 pipeline 发送模式的 NC-NDN 基础框架。该框架基于秩的匹配决定 Interest 报文的聚合和响应,并嵌入了通过预测返回编码块的数量来决定 Interest 报文转发的机制,进而减少 pipeline 模式下的 Interest 报文数量。该框架与原始 NDN 相比极大地提升了网络传输性能,与其他支持 Interest 报文 pipeline 发送模式的结合网络编码的 NDN 相比有效降低了编码块的处理开销。

　　(2) 提出了 NC-NDN 网络中线性同态签名的实现方案:针对当前的 NDN 签名方案要求中间路由器拥有原始内容发布者的私钥,才能对再编码的 Data 报文进行签名这种不切实际的情况,本部分提出了在 NC-NDN 中实现线性同态签名的方案。该方案设计了支持线性同态签名的 Data 报文格式,指定了内容发布者、中间路由器和用户支持线性同态签名所需承担的各项任务,并分析了实现线性同态签名所引入的开销以及减少开销的措施。再编码报文的线性同态签名是用于进行再编码的所有 Data 报文的签名的线性组合,中间结点无须获悉内容发布者的签名私钥,且可以被任何网络结点验证通过,保持了 NDN 基于内容安全的特性。

(3) 提出了基于 NC-NDN 的按需探索路径外缓存内容的多路径转发策略:该策略是结合网络编码的 NDN 中第一个探索路径外缓存内容可用性的转发策略。每个结点在请求者开始请求一代数据内容时按需探索路径外邻近结点缓存的可用性,之后以数据内容代的粒度将缓存内容的可达性信息记录在缓存痕迹中,然后请求者可从内容发布者和可用的路径外缓存同时获取数据内容。实验结果表明,与未利用路径外缓存的 NC-NDN 相比,该策略可以明显提升内容传输的性能。

(4) 提出了基于用户需求和结点响应能力的缓存策略:针对 NC-NDN 框架中缓存编码块冗余存储导致的编码块频繁置换的问题,本部分提出了基于用户需求和结点响应能力的缓存策略来优化缓存资源的使用。该策略以缓存价值来综合考虑 NC-NDN 中结点对内容的动态需求、结点位置和响应编码块请求的潜在能力,进而决定编码块的放置,将编码块缓存在对请求者更有用的结点,减少网络中的缓存冗余和不必要的缓存置换。该策略与采用处处缓存机制的按需探索路径外缓存内容的多路径转发策略相比,可提升网络的传输性能,降低缓存开销。

本部分的章节内容安排如下:

第 8 章主要介绍了研究背景和意义,对国内外研究现状进行简要分析并介绍了本部分的主要研究内容以及本部分组织结构。

第 9 章介绍了相关背景技术和研究现状,分别是 NDN 背景和研究现状,包括 NDN 路由和缓存机制以及 NDN 下多路径转发和网络缓存领域的研究现状等;网络编码背景介绍,主要介绍了网络编码的基础概念以及本部分研究用到的线性随机网络编码;结合网络编码的 NDN 简述和相关研究工作。

第 10 章介绍了基于网络编码且支持 pipeline 发送模式的 NC-NDN 框架,主要包括 NC-NDN 系统基础模型、报文格式、基于返回编码块数量预测决定 Interest 报文转发的机制、报文转发流程等,并通过实验验证该框架的有效性。

第 11 章介绍了 NC-NDN 网络中实现线性同态签名的方案。首先分析 NC-NDN 中现有签名方案存在的安全问题以及线性同态签名与 NC-NDN 的适配性,然后设计 NC-NDN 中线性同态签名的实现方案,给出各类网络结点在该方案中承担的任务,分析该方案引入的开销并提出减少开销的措施。

第 12 章介绍了按需探索路径外缓存内容的多路径转发策略,包括缓存痕迹格式、报文格式以及转发流程,该章节通过对比实验对转发策略的性能和开销进行了评估。

　　第 13 章介绍了基于用户需求和结点响应能力的缓存策略,该章节着重介绍了缓存价值的定义以及其计算方法,并对该策略中的报文格式和处理流程进行了说明。另外,本章也对缓存放置策略的性能和开销进行了实验评估。

　　第 14 章为总结与展望,对本部分进行了总结,反思了本部分工作中的不足和局限性,对未来的工作进行了展望与规划。

8 基于网络编码的命名数据网络传输性能优化绪论

本章首先介绍了结合网络编码的命名数据网络的研究背景和意义,然后分析了国内外对命名数据网络以及其结合网络编码的研究工作,结合本部分的研究目标,总结归纳出本部分主要的研究内容。

8.1 研究背景和意义

根据 Cisco 的年度互联网报告[1]预测,到 2023 年,全球接入互联网的人口将达到总数的 2/3,互联网用户总数将达到 53 亿人(占全球人口的 66%),高于 2018 年的 39 亿人(占全球人口的 51%)。连接到 IP 网络的设备数量在 2023 年将达到全球人口数量的 3 倍以上。为了从根本上满足日益增长的互联网用户对数据内容传输的需求,在过去的十多年中,研究人员提出了信息中心网络(Information-centric Networking,ICN)体系结构,如 TRIAD[2]、DONA[3]、内容中心网络(Content Centric Networking,CCN)[4]、命名数据网络(Named Data Networking,NDN)[5]等。其中,NDN 是最受关注和最具代表性的研究方案。NDN 关注内容本身,实现了内容和位置的解耦,通过内容名称对报文进行路由。请求者通过发送携带内容名称的 Interest 报文请求数据内容,结点可利用多路径或者单路径将报文转发到原始内容发布者。原始内容发布者或者任一缓存有该数据内容的结点均可返回携带数据内容的 Data 报文。Data 报文沿 Interest 报文转发的反向路径返回到请求者。

NDN 支持网络内缓存和多路径传输,这两个特点使得 NDN 可以通过多数据源高效地传输数据内容。原始内容发布者和网络内缓存均可作为数据源提供请求的数据内容。多路径传输使得请求者可以通过其所有的网络接口(例如 WiFi 和 4G)来并行传输 Interest 报文,进而从多条路径获取数据内容。而且,请求者可以 pipeline 模式发送 Interest 报文来加速数据内容的获取。然而,若要实现对带宽和缓存资源的有效利用则需要在中间路由器对 Interest 报文的转发进行复杂的协调。具体来说,中间结点需要知道路由器中所缓存的具体数据内容,以便将 Interest 报文转发到确切的结点,否则对缓存内容只是机会式的利用。因此,为了充分利用网络缓存中的 Data 报文,所缓存的 Data 报文的可达性信息需要在路由系统中进行通告[6-7]。由于网络的可扩展性和缓存内容的高度动态性,通告缓存内容的信息会给网络带来巨大的负担。因此,目前 NDN 中的多路径传输和网络内缓存这两个特点并未充分结合以实现高效的内容传输。当前中间结点只是将 Interest 报文向连接到内容发布者的所有接口转发[4],或是依据历史信息选择最好的下一跳转发[8-9],或随机选择一个接口转发 Interest 报文[10]。以上策略即使是转发同一 Interest 报文到多个潜在的数据源,返回的也是重复的 Data 报文,造成网络上的冗余传输,而且最终用户能用的也只有首次到达的 Data 报文。

　　基于以上问题,有学者提出将网络编码(Network Coding, NC)[11]引入 NDN 来简化网络内缓存和多路径转发结合所需的协调[12]。网络编码解除了 Data 报文和序列号之间的强绑定。在结合网络编码的 NDN 中,内容发布者产生的是一代数据内容中的编码块,网络中结点除了缓存、转发和复制编码块,还可对同属一代数据内容的多个编码块进行再编码操作。一代数据内容中的任一编码报文均可响应请求该代内容的 Interest 报文。只要请求者收到足够的线性无关编码报文,即可解码得到原始数据内容。因此结点可利用多路径转发 Interest 报文来获取多个线性无关编码块,并不需要知道每条路径所能提供的具体的数据内容,只需要知道每条路径是否缓存有用户所请求的数据内容代中的编码块即可。返回的编码块只要与请求者已有的编码块线性无关即可满足请求者的需求,与具体的传输路径无关。通过利用网络编码,可以在简化请求者、内容发布者和中间结点间协调的情况下,实现内容的多数据源并行传输。

　　在结合网络编码的 NDN 中,请求者仅需获取数据内容代的名字,即可连续发送多个 Interest 报文请求不同的编码块,即可以较容易地通过 pipeline 式的 Interest 报文发送实现编码块的快速获取。但是如何在 NDN 中同时支持网络编码和 Interest 的 pipeline 发送模式仍然是一个巨大的挑战。而且,利用网络编码,网络结点可以较粗的粒度维护缓存内容的可达性信息,这使得 NC-NDN 利用路径外缓存内容更加可行。另外,由于请求者请求的是某一代数据内容的编码块而不是具体的数据块,结点可以更方便地统计请求者的后续需求,同时估计后续将到达的编码块数量,进而估计结点对数据内容的响应能力,从而基于这些信息决定返回编码块的放置,减少网络中的缓存冗余。

　　综上所述,研究结合网络编码的 NDN 可以简化结点间协调,充分发挥多路径传输和网络内缓存的优势以及更好地支持 Interest 报文的 pipeline 模式。另外,网络编码的引入可使 NDN 高效利用路径外缓存内容以及减少网络中缓存冗余,对网络传输性能的提升以及结点处理开销的减少有着重要的意义。

8.2　国内外研究现状

多路径转发和网络内缓存是 NDN 中最突出的两个特点,目前有不少研究工作关注于优化网络内缓存或多路径转发来提升网络传输性能。

对多路径转发的利用可以分为利用路径上路由和利用路径外的路由。如对 NDN 流进行划分[13]或者对多个发出接口进行排序选择最佳的一条[14-15]来利用路径上的路由。另外,关于对路径外路由的利用方面,Chiocchetti 等人[8]提出了一种混合转发策略对流行内容和不流行内容进行分别处理。Chiocchetti 等人[9]也提出一种 INFORM 策略对路径外的缓存进行探索和后续的利用。以上研究虽然优化了 NDN 中的多路径转发,但不能解决多路径转发同一 Interest 报文所带来的冗余数据块的问题。

网络内缓存可分为路径外缓存和路径内缓存。路径外或者路径内是针对 Interest 报文的转发路径来进行划分。当 Interest 报文沿着 FIB 中所示接口进行转发,转发路径上结点的 CS 被称为路径内缓存,不是 FIB 所示路径上的结点的 CS 称为路径外缓存。NDN 天然地支持路径内缓存的利用,但是该利用是机会式的,只有当 Interest 恰巧可以被缓存内容响应,才算利用成功,因此,缓存内容如何放置至关重要。目前已有的关于缓存放置策略的研究,主要是根据某一特征制定缓存决策,例如概率[16-19]、内容流行度[20-23]和能耗优化[24]等特征。在对路径外缓存的利用方面,目前的研究一方面关注于将内容放置在固定的位置,然后转发 Interest 报文,如 Saha 等人[25]和 Wang 等人[26]提出的一致性哈希算法,可以将内容名称映射到路由器,然后转发 Interest 报文到该路由器。另一方面关注于维护路径外缓存内容的可达性信息进而进行转发,如每个路由器在路由系统中广播缓存内容的可达性信息[6-7]或为每个会缓存在邻近下游结点的数据建立痕迹[27]等。

网络编码应用于 NDN 可更好地协调 NDN 中的多路径转发和网络内缓存。Montpetit 等人[12]首先说明了将网络编码应用于 ICN 带来的优势。目前有研究提出在 NDN 网络传输中的缓存替换或 Interest 聚合阶段引入网络编码,如在发生缓存替换时对缓存内容进行编码[28-29]或利用编码的秩来决定 Interest 报文的聚合,从而增加被聚合的 Interest 报文数量[30]。也有研究将网络编码应用于 NDN 中的整个传输流程。Liu 等人[31]提出一种内置网络编码的 ICN 使得网络缓存可以与网络编码协同工作,实现网络层的多源传输。Zhang 等人[32]提出基于秩的匹配来避免精确匹配需要的计算和通信开销。Saltarin 等人[33]提出的 NetCodCCN,通过设计报文的处理流程来将网络编码应用于 CCN。近年来,也有一些方案提出将结合网络编码的 NDN 用于传输视频[34-36]或分享文件[37]。

结合网络编码的 NDN 可更好地支持 Interest 报文的 pipeline 模式,但需要解决 pipeline 发送模式下 Interest 报文的聚合以及编码块线性相关的问题。另外有一些研究关注于在结合网络编码的 NDN 基础上进一步优化网络内缓存。如根据路由器自身对社区的结点重要度来制定缓存决策[38]，利用路由器的中心性测度值来缓存和编码返回的编码块[39]或者根据内容的流行度决定返回编码块的放置和替换[40]。但以上策略未综合考虑网络结点对数据内容的整体需求以及对后续 Interest 报文的响应能力。

综上所述，目前将网络编码应用于 NDN 的研究工作仍然处于初始阶段。当前的研究工作不能很好地支持 Interest 报文的 pipeline 发送模式，而且结合网络编码的 NDN 可以更高效地利用路径外缓存内容，但是现在还没有研究关注于并行从数据源和路径外缓存结点获取线性无关编码块的转发策略。另外，编码块冗余所导致的缓存频繁置换也带来了不必要的缓存开销，当前的工作没有为结合网络编码的 NDN 定制相应的缓存策略。

8.3　研究内容

在 NDN 中，Interest 报文请求的是具体的数据块，而在结合网络编码的 NDN 中，Interest 报文内容名称的语义变为请求某一代数据内容中的编码块，而且编码块可以通过再编码操作响应后续请求同一代数据内容的 Interest 报文。因此原始 NDN 中的报文处理流程以及缓存组织和替换策略不再适用于引入网络编码之后的 NDN。通过对已有工作的分析和总结，本部分首先致力于将网络编码与 NDN 相结合，设计 Interest 和 Data 报文格式以支持网络编码功能和 Interest 报文的 pipeline 发送模式，并设计相应的报文处理流程和缓存替换策略。在此基础上，研究和设计按需探索路径外缓存编码块的多路径转发策略和基于用户需求和结点响应能力的缓存策略。本部分的研究框架如图 8.1 所示。

本部分主要包括以下四方面的研究内容。

1）基于网络编码且支持 pipeline 发送模式的 NC-NDN 框架

为了支持网络编码和 Interest 报文的 pipeline 发送模式，本部分提出完整的结合网络编码的 NC-NDN 基础框架。该框架在 NDN 的基础上对用户请求数据内容所发送 Interest 报文和编码块的格式、网络结点对请求编码块的 Interest 报文和返回的编码块的处理模型以及缓存组织和替换策略做出适当调整，包括 Interest 报文中添加关于用户已有编码块数量的字段以及网络结点对 Interest 报文尤其是以 pipeline 模式发送的 Interest 报文的聚合和转发、对缓存编码块的管理和再编码等，并提出基于返回编码块数量预测决定 Interest 报文转发的机制来减少 pipeline 发送模式下的 Interest 报文数量。

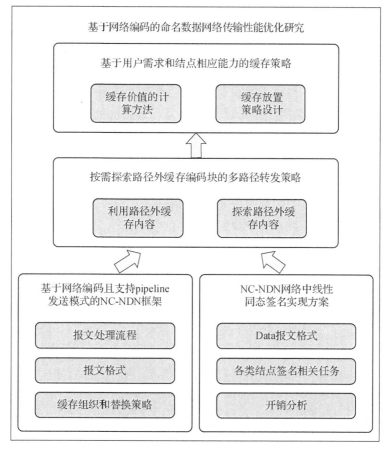

图 8.1 本部分主要研究内容框架

2）NC-NDN 网络中线性同态签名实现方案

针对当前 NDN 签名方案要求中间路由器拥有原始内容发布者私钥才能对再编码 Data 报文进行签名这种不切实际的情况,本部分提出在 NC-NDN 中实现线性同态签名的方案。再编码报文的线性同态签名是用于进行再编码的所有 Data 报文的签名的线性组合,中间结点无须获悉内容发布者的签名私钥,且可以被任何网络结点验证通过,保持了 NDN 基于内容安全的特性。所提方案设计支持线性同态签名的 Data 报文格式,指定内容发布者、中间路由器和用户支持线性同态签名所需承担的各项任务,并分析实现线性同态签名所引入的开销以及减少开销的措施。

3）按需探索路径外缓存编码块的多路径转发策略

针对 NC-NDN 支持多路径传输和网络缓存编码块的功能,本部分设计算法使得网络结点在用户数据内容访问期间,以数据内容代的粒度,按需为用户访问的数据内容维护邻近结点编码块缓存的痕迹,以便网络结点了解邻近结点响应数据内容编码块请求的能力,使得在后续的 Interest 报文转发过程中,网络结点除了可以向原始的数据内容提供者转发请求编码块的 Interest 报文,还可以基于维护的缓存痕迹有方向性地从多路径探索缓存编码块,并且在探索的过程中反馈式地更新缓存痕迹,充分利用网络缓存的编码块,最终实现编码块从多数据源的并行传输。

4) 基于用户需求和结点响应能力的缓存策略

针对 NC-NDN 中缓存结点显式协作所需开销较大的特性,设计基于用户需求和结点响应能力的缓存策略。该策略以缓存价值综合衡量数据内容的动态需求,缓存结点对后续将要到达的编码块进行再编码响应 Interest 报文的能力以及缓存结点距请求者的路由跳数这三个因素。缓存价值的大小决定了结点缓存返回编码块之后的收益。因此将返回编码块缓存在缓存价值较大的结点不仅可以减少网络中的重复编码块冗余,也可保证网络传输效率不会下降,即通过轻量级的网络缓存编码块机制实现网络缓存空间的高效利用。

9 背景技术和研究现状

本章主要介绍了 NDN 和网络编码的背景技术以及相关研究现状。在 NDN 方面,主要介绍 NDN 路由和缓存机制以及在多路径转发和网络内缓存方面的研究工作。在网络编码方面,主要介绍了网络编码概念和研究中用到的线性随机网络编码。另外,本章也着重介绍了结合网络编码的 NDN 以及该领域的研究现状。

9.1 NDN 研究现状

NDN 两个主要的特点是其广泛的网络内缓存和多路径转发,如何更有效地发挥这两个特点带来的优势是 NDN 领域研究的重点,同样也是本部分的研究重点。接下来将分别说明 NDN 中多路径转发和网络内缓存的研究现状。

9.1.1 多路径转发

Udugama 等人[10]提出基于多条路径上的特征来分割 Interest 报文。Bouacherine 等人[13]提出 CPMP-FS 策略,该策略通过考虑多种需求,例如网络内缓存、公平性、Interest 报文聚合和上下文感知等来决定如何使用路径上的路由,进而主动划分 NDN 流。Kerrouche 等人[14]提出基于蚁群的 QoS 感知转发策略来更新接口排名,通过 Interest 和 Data 报文探测实时网络 QoS 参数,进而选择最佳的一个来转发 Interest 报文。Yi 等人[15]提出基于路径上传输性能的历史数据对路径上路由进行排序,然后选择最佳的一个接口来转发后续的 Interest 报文。以上四种转发策略中的每个 Interest 报文都只利用了多路径中的一条路径。Rossi 等人[42-43]将最佳路由策略与同时使用多个路径上结点的转发策略进行比较,实验结果表明由于缓存中的数据内容替换,利用多个路径上结点进行路由只能稍微提升网络传输性能,这说明 NDN 中对多路径转发的利用仍有提升空间。

另外也有一些利用多条路径外路由的研究。Chiocchetti 等人[8]提出了一种混合转发策略,在该策略中,网络结点维护不流行内容的 FIB 条目,因为流行的内容很可能被缓存在附近的结点,因此其可以更容易地被探索到。然后每个结点对不流行内容的已知副本进行转发信息的确定性利用,对流行内容的不确定副本进行随机网络探索,即 Interest 报文洪泛。Chiocchetti 等人[9]也提出一种 INFORM 策略。该策略首先探索邻近的路径外缓存内容,然后将后续具有相同名称前缀的 Interest 报文转发到最快的一条路径。然而,NDN 路由器以数据块的粒度缓存内容。即使下一跳在探索阶段能以最佳性能响应请求,也不意味着它可以响应请求相同名称前缀中其他数据块的 Interest 报文。因此,该策略可能会导致数据访问失败,并在探索和利用阶段之间不断切换。Bastos 等人[44]提出 DIVER 策略来搜寻不稳定的数据内容。在该策略中,由于从服务器和路径外缓存传输到请求者的 Data 报文是冗余的,因此会导致重复内容的传输和网络资源的浪费。另外,DIVER 使用额外的探测报文来寻找路由器中的副本。路由器在收到探测报文后,会返回携带可达性信息的探测响应报文来响应该报文,从而产生额外的报文开销。该策略中存储可达性信息的数据结构虽然比较节省空间,但也需要大量的通信、存储和计算开销。

综上所述,目前 NDN 中的多路径转发策略,无论是利用路径上的路由还是利用路径外的路由都存在传输重复内容的问题,即一个 Interest 报文不能同时从原始内容发布者和路径外缓存带回不同的数据块。

9.1.2　网络内缓存

NDN 中对网络内缓存的利用可分为利用路径内缓存和利用路径外缓存。目前已有的关于路径内缓存的研究更多的是关注于缓存放置策略,包括按照概率缓存经过的 Data 报文[16-19],或者根据经过的 Data 报文的流行度制定缓存决策[20-23],或者考虑能耗优化决定是否缓存[24]。以上机制确实有利于提升网络传输性能,但忽视了 NDN 中利用路径外缓存内容来进一步提升性能的潜力。

缓存定位是通过多路径转发来利用路径外缓存内容的第一步。Li 等人[45]提出了一种协作式缓存策略。在该策略中,路由器不是缓存内容对象的所有块,而且按照一个模值缓存部分数据块。路由器可以根据 Interest 中所请求的数据块的具体序号将其转发到路径外缓存。Saha 等人[25]和 Wang 等人[26]提出利用一致性哈希算法将内容名称映射到路由器并将 Interest 报文转发到相应的路由器。以上机制使得 Interest 报文有可能被路径外缓存内容响应,但它们需要在网络结点之间进行明确的协调。Wang 等人[6]和 Wong 等人[7]提出使每个路由器在路由系统中广播缓存内容的可达性信息。Wang 等人[46]提出一种让各个路由器向其直接相连的邻居结点广播本地缓存摘要的缓存策略。而 Eum 等人[47]提出使路由器在不同的广播范围内通告内容可用性的转发策略。Rosensweig 等人[48]提出 Breadcrumbs 策略,该策略采用一种隐式方法来存储内容最新被转发的方向和时间,并且会在每个经过的路由器为每个传输的内容建立 breadcrumb。Hu 等人[27]提出为每个会缓存在邻近下游结点的数据建立痕迹,进而指导将来的请求转发到路径外的缓存结点。

在利用路径外缓存的工作中,每个网络结点都需要以报文的粒度来维护缓存内容的可达性信息。由于网络规模的可扩展性和缓存内容的高度动态性,可达性信息的维护会大大增加路由系统的负担。另外,一些缓存的 Data 报文可能是不流行的,那么在被替换掉之前就可能不会被利用到,对这些信息的维护也浪费了存储空间。

9.2 网络编码概述

9.2.1 网络编码基本概念

网络编码已经成为信息理论和数据网络研究中的一个范式,其概念是由 Ahlswede 等人[11]首次提出。经过十多年的研究发展,网络编码已经广泛应用于传感器网络[49]、分布式数据存储[50]和网络安全[51]等领域。网络编码是一种被广泛应用的信息交换技术,它融合了路由和编码,使中间结点可对各条信道上收到的信息进行线性或者非线性的处理,然后转发给下游结点。编码后的报文和参与编码的报文之间存在一个映射关系。另外,网络中的所有结点都可对收到的报文进行编码甚至是解码操作,而不是只限制于终端结点。允许中间路由器对 Data 报文进行网络编码,可以有效增加多路径场景中的 Data 报文的多样性。

接下来以"蝴蝶拓扑"来阐述网络编码的基本原理。如图 9.1 所示,该拓扑代表了网络中的一个多播场景,设每个链路容量为 1,S_1 和 S_2 为数据源,C_1 和 C_2 为请求者,其余结点为中间路由器。如图 9.1(a) 所示,在没有采用网络编码的情况下,S_1 和 S_2 分别发送报文 p_1 和 p_2,可以看出 C_1 和 C_2 收到的内容取决于 R_1 点转发的内容,若 R_1 转发 p_1,则链路 R_1R_2、R_2C_1、R_2C_2 上传输的报文都是 p_1,结果是 C_1 收到两个 p_1,只能丢弃重复的报文,而 C_2 可以收到 p_1 和 p_2。若 R_1 转发 p_2,C_1 可以收到 p_1 和 p_2,而 C_2 就收到两个 p_2。因此,在这种情况下,C_1 和 C_2 无法同时收到 p_1 和 p_2,该多播网络不能实现最大容量的传输。相反,若采用网络编码技术,路由器 R_1 可对 p_1 和 p_2 报文进行编码,例如进行模二加操作,则编码后的报文为 $p_1 \oplus p_2$。编码报文沿链路 $R_1 \rightarrow R_2$、$R_2 \rightarrow C_1$、$R_2 \rightarrow C_2$ 分别到达 C_1 和 C_2,则两个请求者通过解码操作 $p_1 \oplus (p_1 \oplus p_2)$ 和 $p_2 \oplus (p1 \oplus p_2)$ 即可解码得到原始报文。

由上述例子可以看出,搭载网络编码的多播网络实现了理论上的最大传输容量。因此,与传统路由相比,引入网络编码技术可以提升网络吞吐量,减少网络传输时延。而且,应用网络编码可以降低网络中的重复报文冗余,增加网络中数据内容的多样性。

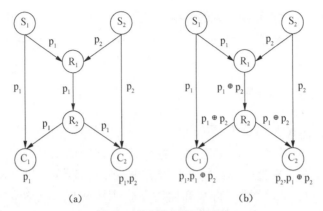

(a)　　　　　　　　　　　　　　(b)

图 9.1　路由器中缓存示意图

9.2.2　线性随机网络编码

　　当前实现网络编码的通用方法是允许结点对已有的报文进行线性操作[52-53]。线性随机网络编码作为网络编码的一种,具有提升网络吞吐量、提高带宽利用率、减低计算的复杂度等优势,能有效均衡网络负载。因此,线性随机网络编码可应用于 NDN 来优化其传输性能。线性随机网络编码的编码过程如图 9.2 所示。

　　参与编码的内容文件会被分成 n 个大小相同的数据块,即图 9.2 中的 $c_1,\cdots,c_n$,同时会为每个数据块产生一个与之对应的随机数,即 $a_1,\cdots,a_n$。然后对 n 个数据块以及随机数进行

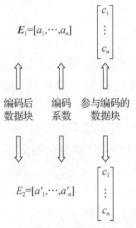

图 9.2　线性随机网络编码的编码过程

线性组合得到编码块 E_1,即 $E_1 = \sum_{i=1}^{n} a_i c_i$。$\vec{a}=a_1,\cdots,a_n$ 即编码块 E_1 对应的编码向量。另外,对于编码数据块还可进行二次编码操作,即再编码,再编码过程如图 9.3 所示。

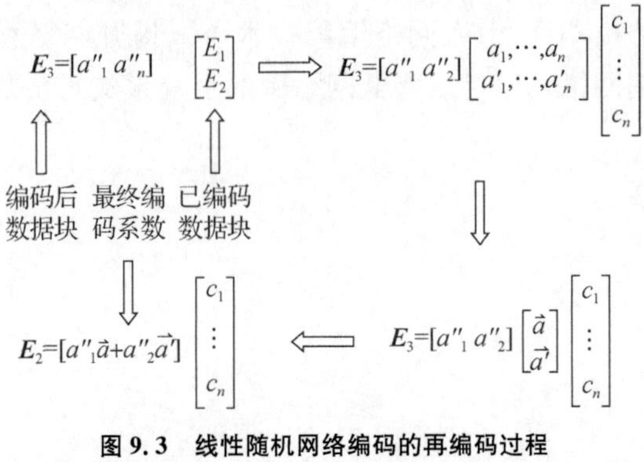

$$E_3=[a''_1\ a''_n]\quad \begin{bmatrix} E_1 \\ E_2 \end{bmatrix} \Longrightarrow E_3=[a''_1\ a''_2]\begin{bmatrix} a_1,\cdots,a_n \\ a'_1,\cdots,a'_n \end{bmatrix}\begin{bmatrix} c_1 \\ \vdots \\ c_n \end{bmatrix}$$

编码后　最终编　已编码
数据块　码系数　数据块

$$E_2=[a''_1\vec{a}+a''_2\vec{a'}]\begin{bmatrix} c_1 \\ \vdots \\ c_n \end{bmatrix} \Longleftarrow E_3=[a''_1\ a''_2]\begin{bmatrix} \vec{a} \\ \vec{a'} \end{bmatrix}\begin{bmatrix} c_1 \\ \vdots \\ c_n \end{bmatrix}$$

图 9.3　线性随机网络编码的再编码过程

图 9.3 展示的是对 E_1 和 E_2 两个编码块进行再编码的过程,若需对 m 个编码数据块进行再编码,则需要为每个编码块产生一个与之对应的随机数,即 $a_1'', \cdots,$ a_m''。然后对编码向量以及编码块进行线性组合得到再编码块。当结点新收到的编码块不能由已有的编码块进行线性组合得到,即新收到的编码块中不包括已得到的信息,这时则称新编码块与已有的编码块是线性无关的,否则称为是线性相关的。在收集到足够多的线性无关编码块之后即可对编码块进行解码操作。解码过程如图 9.4 所示。

线性随机网络编码的解码过程主要在于将收到的编码块的编码向量组成一个编码矩阵,也称为解码矩阵,并求取该矩阵的逆矩阵,之后将解码矩阵与逆矩阵做矩阵的乘积操作即可获得原始数据块,即 $c_1, \cdots, c_n$。引入网络编码之后,不可避免地会增加网络结点的计算开销,为了提高编码解码的效率,可以充分利用有限域的运算特点,通过使得操作中的系数、乘法和加法操作均是在有限域上进行,例如 $GF(2^8)$[54],可以有效减少大量乘法运算带来的开销。

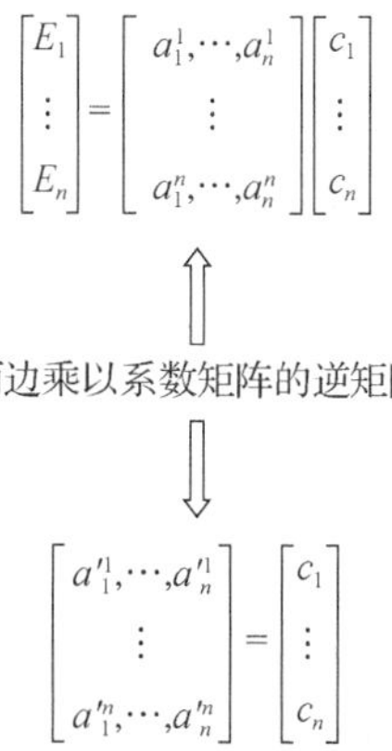

$$\begin{bmatrix} E_1 \\ \vdots \\ E_n \end{bmatrix} = \begin{bmatrix} a_1^1, \cdots, a_n^1 \\ \vdots \\ a_1^n, \cdots, a_n^n \end{bmatrix} \begin{bmatrix} c_1 \\ \vdots \\ c_n \end{bmatrix}$$

⇑ 两边乘以系数矩阵的逆矩阵 ⇓

$$\begin{bmatrix} a_1'^1, \cdots, a_n'^1 \\ \vdots \\ a_1'^m, \cdots, a_n'^m \end{bmatrix} = \begin{bmatrix} c_1 \\ \vdots \\ c_n \end{bmatrix}$$

图 9.4　线性随机网络编码的解码过程

9.3　结合网络编码的 NDN

9.3.1　示例分析

在网络编码与 NDN 结合的网络中,一个大的文件会被分割成若干代,设代大小为 n。每代内容都包含相同数量的原始 Data 报文。假设一代数据内容 C 由 n 个原始 Data 报文 $c_1, \cdots, c_n$ 组成。原始内容发布者在响应请求该代数据内容的 Interest 报文时,会随机生成一组系数,用这组系数对同代内容中的原始 Data 报文进行编码从而生成一个编码块返回给请求者。请求者访问数据内容 C 需要发送请求 C 的编码块的 Interest 报文,该报文只具有数据内容代级别的名称,网络会返回一个或多个 C 的编码块给请求者。当接收到 Interest 报文时,中间路由器若缓存有该代内容的编码块,则可将编码块进行再编码生成新的编码块响应 Interest 报文。当请求者接收到 n 个线性无关编码块,也就是说此时请求者已有编码块的解码矩阵的秩为 n,即可解码得到 n 个原始 Data 报文 $c_1, \cdots, c_n$。网络结点对编码块的再编码带来的随机性减少了网络传输线性相关编码块的可能性,同时增加了网络中结点缓存内容的多样性,因此网络可在无须结点之间协调的情况下为同一用户从多个数据源(数据内容发布者或缓存结点)并行传输线性无关编码块,简化结点之间的协调。下面将通过简单的拓扑对比多路径转发环境下，NDN 和结合网络编码的 NDN 中的网络传输。

如图 9.5 所示拓扑，假设请求者请求数据内容代 C，代大小为 2，即 C 包含 c_1 和 c_2 两个数据块。在原始 NDN 中，请求者会先发送请求 c_1 数据块的 Interest 报文，例如名称前缀为 prefix/C/1，路由器接收到该 Interest 报文后没有在自身缓存中找到相应的 Data 报文，则会利用多路径将 Interest 报文转发到两个内容发布者 a 和 b。a 和 b 均会返回一个 Data 报文 c_1。路由器会将先到达的 Data 报文返回给请求者并缓存在 CS，后到达的报文由于是重复报文不得不丢弃。接下来请求者会继续发送请求数据块 c_2 的 Interest 报文 prefix/C/2，路由器同样会将该报文转发到两个内容发布者。在 NDN 应用了网络编码之后，请求者不会发送请求具体数据块的 Interest 报文，而是发送请求该代内容中某一编码块的 Interest 报文。当请求者发送的请求第一个编码块的 Interest 报文 prefix/C 到达路由器之后，路由器同样会将报文转发到两个内容发布者。之后，a 和 b 会分别返回对和进行编码的两个编码块，由于编码系数是随机选择的，所以两个编码块很大概率上是线性无关的。路由器会把先收到的编码块返回给请求者并缓存。与 NDN 不同的是，后到达路由器的编码块若跟已有的线性无关，则路由器同样会缓存后到达的编码块。接下来请求者请求第二个编码块时，路由器可将缓存的两个编码块进行再编码，生成一个新编码块返回给请求者。请求者将收到的两个编码块进行解码操作即可得到原始的 Data 报文 c_1 和 c_2。在网络编码情况下，请求者发送的第二个 Interest 报文会在路由器中缓存命中，总的带宽消耗量减少，而且利用网络中的缓存，减少了延迟，充分结合了 NDN 中的网络内缓存和多路径传输，提升了网络传输性能。

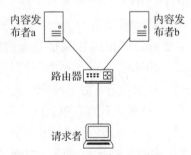

图 9.5　线性随机网络编码的解码过程

9.3.2　结合网络编码的 NDN 研究现状

在网络编码与 NDN 结合的研究工作中，Montpetit 等人[12]首先提出将网络编码应用于 ICN 并叙述了通过网络编码来利用 ICN 中多路径转发可能带来的优势。Liu 等人[31]提出一种内置网络编码的 ICN，其中网络缓存可以与网络编码协同工作从而实现网络层的多源传输。由于中间路由器没有提供创新验证机制,为了减少传输给消费者的线性相关编码块数量,消费者发送 Interest 报文和中间路由器转发 Interest 报文的策略比较复杂。Nguyen 等人[30]提出一种轻量级的基于网络编码的 Interest 报文聚合机制和基于秩的创新验证匹配方法。该项研究有效增加了被聚合的 Interest 报文的数量。Zhang 等人[32]研究了将网络编码与 CCN 结合可能带来的优势并分析了其体系结构的含义和设计选择,他们采用基于秩的匹配来避免精确匹配需要的计算和通信开销。Saltarin 等人[33]提出 NetCodCCN,一种在 CCN 中集成网络编码的协议。他们设计了 Interest 报文和 Data 报文的处理流程来将网络编码应用于 CCN。

以上工作关注于网络编码与 NDN 在基础层面的结合,虽然可以使 NDN 有效支持网络编码的功能,但不能很好地支持 Interest 报文 pipeline 发送模式下的聚合与转发。另有一些研究关注于结合网络编码的 NDN 在网络内缓存利用方面的潜力。Wang 等人[55]提出应用网络编码的缓存框架来降低网络带宽成本。然而,由于该机制需要一个中心性实体,因此存在一定的扩展性问题。Wu 等人[28-29]提出在替换掉一个 Data 报文之前,将其与其他具有相同名称的缓存数据块通过网络编码结合起来。Shan 等人[38]提出应用网络编码的 ICN 中基于社区结点重要度的缓存机制,该机制中路由器根据自身对社区的结点重要度来制定缓存决策。Lal 等人[39]提出了一种支持网络编码的多播 RNCCM 方案。该机制选择具有高中心性测度值的路由器来缓存和编码返回的编码块,以减少总传输量。整体来说,以上机制通过应用网络编码可以显著提高缓存内容多样性和缓存命中率。然而,以上策略在决定缓存 Data 报文的时候未考虑内容的流行度和结点响应后续 Interest 报文的潜在能力。Saltarin 等人[40]提出基于流行度的缓存策略——PopNetCod。在该策略中,路由器根据收到的 Interest 报文来分布式地预测内容对象的流行度。基于以上信息,路由器可以决定是否缓存或丢弃返回的 Data 报文。PopNetCod 的实验结果表明其可提升网络的传输效率。但是该策略需要多个数据结构来维护相关信息,开销较大。

在以上研究工作中,虽有研究关注于网络编码引入到 NDN 后的网络基础架构,但并未提出支持 Interest 报文 pipeline 发送模式的完整框架。在多路径转发方面,目前未有研究提出结合网络编码的 NDN 中利用路径外缓存内容的多路径转发策略。在结合网络编码的 NDN 的缓存管理方面,现有研究并未关注于引入网络编码之后结点对后续 Interest 报文的响应能力。本部分在提出支持 pipeline 发送模式的完整 NC-NDN 基础框架上,提出按需探索路径外缓存内容的多路径转发策略和基于用户需求和结点响应能力的低能耗缓存策略来进一步优化网络传输性能。

9.4　本章小结

本章主要介绍了本部分研究工作中的相关背景技术以及研究现状。首先介绍了 NDN 路由以及缓存机制。接下来,对 NDN 中多路径转发和网络内缓存的相关研究工作进行了说明。然后介绍了网络编码的基本概念以及本部分研究工作主要用到的线性随机网络编码。其后,阐述了结合网络编码的 NDN 中请求者、原始内容发布者和中间结点间的通信,并以简单拓扑解释了与原始 NDN 相比,结合网络编码的 NDN 在数据内容请求方面的优势。最后介绍了结合网络编码的 NDN 的相关研究工作。

10 NC-NDN 基础框架

本章介绍了本研究工作提出的 NC-NDN 基础框架,具体包括该框架下的报文格式、结点引擎、基于返回编码块数量预测的 Interest 报文转发机制,报文处理流程以及缓存组织和替换策略。本章所提出的框架不仅实现了网络编码与 NDN 的有效结合,也可支持 Interest 报文的 pipeline 模式发送。另外,本章也对提出的 NC-NDN 基础框架进行了实验分析。

10.1 问题分析

NDN 中的网络内缓存和多路径传输尚未充分结合以实现内容的高效传输。具体来说,要有效协调网络内缓存和多路径传输,结点需要维护缓存内容的可达性信息以将 Interest 报文转发到确切结点。而缓存内容的可达性信息以数据块为粒度,如此细粒度的信息维护不仅给结点带来了复杂的计算开销,而且会由于报文不断的缓存替换使得可达性信息带来的收益降低。即使现如今路由器强大的计算能力可以负担这种计算开销,但是也无法解决 NDN 中多路径转发 Interest 报文会带回多个重复 Data 报文的问题。

针对以上问题,有学者提出将网络编码与 NDN 结合来协调 NDN 中网络内缓存和多路径转发两个特点。目前该领域的研究工作仍然处于初期阶段。另外,在结合网络编码的 NDN 中支持 Interest 报文的 pipeline 模式对高效的数据多源传输至关重要。但是,目前鲜有研究关注于结合 NDN 与网络编码的同时考虑对 Interest 报文的 pipeline 发送模式的支持。具体来说,要将网络编码引入 NDN 且支持 Interest 报文的 pipeline 发送模式仍然面临以下挑战:

• 当 Interest 报文以 pipeline 模式发送时,如何有效聚合(或区分)各个 Interest 报文? Nguyen 等人[30]提出的基于秩的 Interest 报文聚合方法没有考虑以 pipeline 模式发送的报文。在基于秩的 Interest 报文聚合方法中,从不同接口到达的 Interest 报文,只要 PIT 条目中已有请求相同数据内容代的 Interest 报文,而且其秩的值不小于新到达的报文,则可聚合新到达的报文到该条目。但是从不同接口到达的同一请求者以 pipeline 模式发送的 Interest 报文也满足以上聚合的条件,因此也可能会被聚合从而只带回一个编码报文。以 pipeline 模式发送的多个 Interest 报文本就致力于带回多个线性无关编码块,而错误的聚合决策会导致 pipeline 发送模式无意义,而且会造成 Interest 报文的重复发送。

● 如何保证提供给请求者的是线性无关编码块,尤其是在请求者处于 pipeline 发送模式时? 这是将网络编码应用于 NDN 面临的最大挑战。NDN 中的网络内缓存指一个编码块可能会被缓存在传输路径上的多个不同结点。而缓存在不同结点的同一编码块可能会在不同的请求中被传输到同一请求者,从而造成编码块的线性相关使得请求者发送的 Interest 无效。另外,Interest 报文的 pipeline 发送会使得问题更复杂。请求者以 pipeline 模式发送具有相同名称前缀的多个 Interest 报文请求同一数据内容代的多个编码块,如何使得每个 Interest 报文可以单独带回同一数据内容代的多个线性无关编码块是亟待解决的问题。

● 如何解决 pipeline 较大时,后续 Interest 报文的转发问题? 当 pipeline 较大时,即请求者连续发送的 Interest 报文较多,已发送的部分 Interest 报文即可带回足够的编码块用于解码原始内容,后续的 Interest 报文可以不往上游结点转发,只是记录信息在 PIT 中,从而减少网络中的 Interest 流量。但这不是 Interest 报文的聚合操作,聚合的报文可以通过编码块复制进行响应,但是这些后续记录的 PIT 报文需要足够的线性无关编码块进行再编码响应,因此需要对 Interest 报文转发流程和 Data 报文响应流程进行协调。

基于以上分析,本章提出了一个完整的 NC-NDN 基础框架来将网络编码应用于 NDN 并支持 Interest 报文的 pipeline 发送模式。本章的主要贡献如下:

● 对 Interest 报文的格式进行扩展来支持 Interest 报文的聚合尤其是以 pipeline 模式发送的 Interest。

● 提出基于返回编码块数量预测来决定 Interest 报文转发的机制,从而抑制 pipeline 较大时的 Interest 报文数量。

● 提出结合秩匹配和编码块的再编码,以及网络编码环境下的缓存组织和替换策略以便以线性无关编码块响应请求者的 Interest 报文。

● 评估了 NC-NDN 基础框架的网络传输性能。实验结果表明 NC-NDN 可提升数据内容传输效率,减少数据传输的开销。

10.2　NC-NDN 基础框架

本章介绍了 NC-NDN 的基础框架,通过对 NDN 原始框架进行修改使其支持网络编码功能和 Interest 报文的 pipeline 发送模式。本章也阐述了 Interest 和 Data 报文的格式、结点引擎、Interest 报文的预测转发机制、报文的处理流程和中间路由器的缓存管理。

10.2.1　报文格式

在 NDN 中,Interest 报文请求的是具体的数据块,而在 NC-NDN 中,内容名称的语义发生了变化,Interest 报文请求的是数据内容代中的某一编码块,因此 NC-NDN 中的 Interest 报文只有数据内容代的命名。这就导致请求同代内容的 Interest 报文其内容名称是相同的。另外,CS 是否可以响应某个 Interest 报文不仅取决于名称前缀是否匹配,也取决于其是否缓存有线性无关编码块。为了适应以上变化,Interest 和 Data 报文需要添加一些额外的字段,如图 10.1 所示。

Interest报文
Content Name
Selectors (order preference, publisher filter, exclude filter, ...)
Nonce
Guiders (scope, Interest lifetime)
Expected Rank
RID

Data报文
Content Name
MetaInfo (content type, freshness period, ...)
Content
Signature (signature type, key locator, signature bits, ...)
Rank
Coefficient Vector

图 10.1　NC-NDN 中的报文格式

1) Interest 报文的 Expected Rank 字段

Expected Rank 字段被定义为请求者已有的数据内容代解码矩阵的秩加上已发送但未收到响应的请求该数据内容代的 Interest 报文的数量。其计算公式如下:

$$er(t) = dr(t) + PIs(t) \qquad (10.1)$$

其中:$er(t)$ 表示当前 Interest 报文的 Expected Rank 字段的值;$dr(t)$ 为当前解码矩阵的秩;$PIs(t)$ 表示请求者发送的但未收到响应的 Interest 报文的数量(也包括当前正在准备发送的 Interest 报文)。

根据以上定义,请求编码块的 Interest 报文的 Expected Rank 值至少为 1。另外,基于该字段,请求者可以 pipeline 模式发送 Interest 报文,也就是说,请求者可以连续发送多个 Interest 报文请求同一数据内容代的编码块。当 Interest 报文以 pipeline 模式发送时,由于解码矩阵的值保持不变,但是已发送且待响应的 Interest 报文数量在不断增长,因此以 pipeline 模式发送的 Interest 报文之间的 Expected Rank 值是不同的。Expected Rank 字段可以区分这些 Interest 报文,保证各请求可以单独带回线性无关编码块。

2) Interest 报文的 RID 字段

为了解决网络编码环境下 Interest 报文聚合的问题,Interest 报文需要添加

RID 字段。该字段用于标识 Interest 报文的请求者。通过该字段,中间路由器可以区分请求同代数据内容的 Interest 报文是来自不同的请求者还是同一请求者以 pipeline 模式发送。若是前者,则可根据 Expected Rank 值决定是否可以聚合;若是后者,则应该分别转发来获取不同的编码块。

3) Data 报文的 Rank 字段

NC-NDN 中的 Data 报文会被添加一个 Rank 字段。该字段由相应 Interest 报文的 Expected Rank 字段拷贝而来。当结点收到编码块时,会根据该字段判断编码块是否可以响应 PIT 中名称前缀匹配的一个或多个 Interest 报文,若可以则会修改为 Interest 报文中的 Expected Rank 值然后进行转发。若是与缓存的同代内容编码块经过再编码生成的再编码报文,其 Rank 值为参与编码的线性无关编码块数量,该值可用于判断是否可以响应 Interest 报文,若可以,则会修改为 Interest 报文的 Expected Rank 值方便下游结点的进一步处理。

4) Data 报文的 Coefficient Vector 字段

NC-NDN 中 Data 报文的 Content 字段携带的是经过编码的内容。编码块另外需要扩展一个 Coefficient Vector 字段来携带编码块的编码向量。中间结点根据编码向量判断该报文与已缓存的同代数据内容编码块是否线性无关,进而决定是否缓存。请求者也根据该字段判断编码块的线性相关性以及进行解码操作。

10.2.2　结点引擎

NC-NDN 的结点引擎如图 10.2 所示,其基础框架与 NDN 大体一致,同样包括 CS、PIT、FIB 三个数据结构。但 CS 和 PIT 与原始 NDN 中不同。CS 是以数据内容代的粒度存储同代数据内容的编码块,而不是 NDN 中以较细的数据块粒度存储,粗粒度的存储方法更便于数据内容代的管理以及编码块的再编码操作。另外,PIT 条目额外记录了 Interest 报文的 Expected Rank 和 RID 字段。由于 Interest 报文的聚合,一个 PIT 条目可能记录多个 Interest 报文的 Expected Rank、RID 和 Nonce 值。在这种情况下,这个 PIT 条目的主 Expected Rank 值(称为 Mrank)为所聚合的 Interest 报文中最大的 Expected Rank 值,也就是该条目建立时所记录的第一个 Interest 报文的 Expected Rank 值。

10.2.3　基于返回编码块数量预测的 Interest 报文转发机制

Interest 报文的 pipeline 发送模式指请求者可以连续发送多个 Interest 报文来请求数据内容代中的编码块,之后请求者收到一个编码块的返回即开始发送下一个 Interest 报文。Pipeline 发送模式使得 Interest 的传输路径上一直有正在处理的 Interest 报文,从而加速编码块的返回。但是当 pipeline 较大时,比如接近数据内容代大小,在多路径转发的情况下,后续的 Interest 报文不需要转发出去,因为

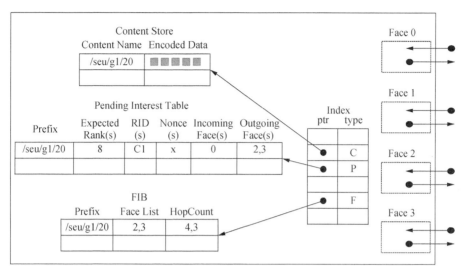

图 10.2 NC-NDN 结点引擎

先前的 Interest 报文即可带回足够的编码块进行解码,后续的报文即使转发出去,返回的也是线性相关编码块。因此,本章提出基于返回编码块数量预测的 Interest 报文转发机制来抑制 pipeline 较大时的 Interest 转发,减少网络中的流量传输。

  本部分提出的机制的主要思想为每个接口动态维护本接口返回编码块的概率,之后根据各接口已发出的请求同代数据内容的 Interest 数量来估计各个接口可能返回的编码报文数量,该估计值可与 CS 中已有的该代内容编码块数量进行加和,进而决定是否转发新到达的 Interest 报文。具体来说,每个接口返回编码报文的概率如下列公式计算:

$$ReturnedNum = \frac{ReceiveNum}{SendNum} \tag{10.2}$$

其中:$ReturnedNum$ 表示接口返回编码块的概率;$ReceiveNum$ 表示该接口已收到的编码报文数量;$SendNum$ 则为该接口已发送的 Interest 报文数量。结点在收到新的 Interest 报文时,即可估计结点后续收到的该代内容编码块的数量,以 $PredictNum$ 表示,则:

$$PredictNum = \sum_{i=1}^{n} PendingNum_i \times ReturnedNum_i \tag{10.3}$$

其中:$PendingNum_i$ 表示该数据内容代发往第 i 个接口的 Interest 报文的数量;$ReturnedNum_i$ 则为 i 接口返回编码块的概率;$PredictNum$ 则表示已发送的 Interest 报文可带回的该代内容编码块数量。结点在转发 Interest 报文之前,会首先计算 $PredictNum$ 值,若 CS 中已有的报文加上 $PredictNum$ 大于数据内容代大小,则 Interest 报文可不转发,直接等待编码块的返回即可。需要强调的是,在网络传输的初始阶段,即结点还未发送 Interest 报文时,结点是不会进行返回编码块的预测,因为此时 $SendNum$ 和 $ReceiveNum$ 皆为 0,结点无法获取各个接口的编码块返回概率,此时结点会把 Interest 发往各个可用接口,进而动态维护各个接口的 $ReturnedNum$。

10.2.4　报文处理流程

1) Interest 报文处理流程

NC-NDN 中结点对 Interest 报文的处理流程如算法 10.1 所示。请求编码块的 Interest 报文 p,其请求的数据内容代名称为 $cname$,Expected Rank 为 $rank$,RID 为 rid,Nonce 值为 $nonce$,从接口 $iface$ 到达。结点首先检查 CS 缓存的编码块是否可以响应该 Interest 报文。由文献[30]可得,若该数据内容代的缓存编码块数量 k 不小于 $rank$,则结点可将这些编码块进行再编码,生成一个新的编码块来响应 p。否则,结点会查找本地的 PIT 来检查该报文是否可被聚合。由于 NC-NDN 框架允许 Interest 报文的 pipeline 发送模式,以该模式发送的 Interest 报文不应该被聚合,而是应该被分别转发来带回不同的编码块。NC-NDN 中的每个 PIT 条目记录 Interest 报文的 Expected Rank 和 RID 字段。结点可以根据 RID 判断 Interest 报文是否是同一请求者以 pipeline 模式发送。若结点有匹配的 PIT 条目且已收到过相同的 Interest 报文,则 p 被判断为是重复报文,从而被结点丢弃。否则,若有匹配的 PIT 条目其 Mrank 不小于 $rank$,而且未记录来自同一请求者的 Interest 报文,则 p 可以被聚合到该条目等待编码块的响应。若有满足以上条件的 PIT 条目,则选择 Mrank 值与 rank 最接近的 PIT 条目来聚合 p。p 的 $rank$、rid、$nonce$ 和到达接口 $iface$ 均会被记录在可聚合的 PIT 条目中。PIT 条目中的 RID 字段保证了来自同一请求者且请求相同数据内容代的 Interest 报文,即以 pipeline 模式发送的报文不会被聚合,而是会被分别转发。若 Interest 报文不能被聚合到已有 PIT 条目,结点会基于计算的预测值判断是否需要抑制该 Interest 的转发,若需要,则只是将 Interest 的相关信息记录在 PIT 中,若不需要,则检查 FIB,按照 FIB 中所示接口转发 p 并建立相应的 PIT 条目。需要强调的是,若匹配的 FIB 条目中有多个下一跳,则 p 会被转发到所示的所有下一跳来寻求不同编码块的响应。若没有找到匹配的 FIB 条目则会丢弃该 Interest 报文。

算法 10.1　NC-NDN 中结点对 Interest 报文的处理

输入:Interest 报文 $p(cname, rank, rid, nonce, iface)$

输出:Interest 报文处理结果

1. $CsEntry \rightarrow$ CS. find($cname$)//查找名称前缀匹配的 CS 条目

2.　**IF** $CsEntry \neq \varnothing$ and the number of encoded blocks $k \geqslant rank$ **THEN**

3.　　　//生成再编码块返回给请求者

4.　　　Recode these cached blocks to generate a new block with a rank of $rank$

5.　　　Return the recoded block via $iface$ and ends

6. **ELSE**

7.　　　$PitEntries \leftarrow$ PIT. find($cname$)//查找名称前缀匹配的 PIT 条目

8.　　　**IF** $PitEntries \neq \varnothing$ **THEN**

9.　　　　　//判断是否已收到过相同的 Interest 报文

10.　　　　　**IF** there is a $PitEntry \in PitEntries$ and $PitEntry. RID = rid$ and
　　　　　　　$PitEntry. rank = rank$ and $PitEntry. nonce = nonce$ **THEN**

11.　　　　　　　//丢弃重复报文

12.　　　　　　　Discard the duplicate Interest and ends

13.　　　　　**END IF**

14.　　　　　//判断是否可以聚合收到的 Interest 报文

15.　　　　　**IF** found a $PitEntry \in PitEntries$ and $rid \notin PitEntry. RIDs$ and
　　　　　　　$PitEntry. Mrank \geqslant rank$ and $PitEntry. Mrank$ is the smallest
　　　　　　　among all such PIT entries **THEN**

16.　　　　　　　The Interest is aggregated by adding its $rank, rid, nonce$
　　　　　　　information, and $iface$ to $PitEntry$ and ends

17.　　　　　**END IF**

18.　　　**END IF**

19. **ELSE**

20.　　　Calculate $PredictNum$//计算 PredictNum 值

21.　　　//基于预测值判断是否需要抑制 p 的转发

22.　　　**IF** $k + PredicNum \geqslant$ generation size **THEN**

23.　　　　　Do not forward p

24.　　　　　Insert p to PIT and ends

25.　　　**ELSE**

26.　　　　　$FibEntry \leftarrow$ FIB. find($cname$)//查找匹配的 FIB 条目

27.　　　　　**IF** $FibEntry \neq \varnothing$ **THEN**

28.　　　　　　　//将 Interest 报文转发到 FIB 中所示接口

29.　　　　　　　**FOR** all next hop h in $FibEntry$ **DO**

30.　　　　　　　　　Forward p via h

31.　　　　　　　**END FOR**

32.　　　　　　　//为转发的 Interest 报文创建 PIT 条目

33.　　　　　　　Create a PIT entry for the Interest forwarding

34.　　　　　**ELSE**

35.　　　　　　　Drop the Interest p//丢弃 Interest 报文

36.　　　　　**END IF**

37.　　　**END IF**

38. **END IF**

2) Data 报文(编码块)处理流程

NC-NDN 中 Data 报文的处理流程如算法 10.2 所示。Data 报文 d,其数据内容代的名称为 $cname$,$Rank$ 为 $rank$,从接口 $iface$ 到达。结点首先查看 CS 来判断编码块的线性相关性。若 d 与缓存的该数据内容代的编码块线性相关,则说明结点已经收到过 d 携带的信息,那么就会丢弃该报文。结点判断编码块是否线性相关是根据本地缓存的编码块所组成的编码矩阵的秩来决定的,若 d 到达之后不能提高同代内容缓存编码块的秩,则说明 d 与已缓存的编码块线性相关。若线性无关,d 会被缓存进 CS 来提升该结点对将来请求相同数据内容代的 Interest 报文的响应能力。之后结点会检查是否有匹配的 PIT 条目来指导编码报文的转发。若有名称匹配的 PIT 条目,且其记录的 Interest 报文的 Expected Rank 值不大于 $rank$,则结点会按照算法 10.3 来决定 d 响应哪些 Interest 报文以及哪些 PIT 条目应该被删除。需要强调的是,同一个编码报文只会往一个 PIT 条目中的同一请求者和同一接口发送一次,此举可尽量避免往同一请求者或同一个下一跳发送线性相关编码块。另外,编码报文会首先响应具有最大 Expected Rank 值的 Interest 报文,这是考虑到 Interest 报文的 pipeline 发送模式以及最大化利用返回的编码报文。例如,路由器收到两个以 pipeline 模式发送的 Interest 报文,其 Expected Rank 值分别为 2 和 3。这时到达一个 Rank 值为 4 的编码报文,若该报文首先响应 Expected Rank 为 2 的 Interest 报文,那么就有可能导致接下来到达的 Rank 值为 2 的编码报文无法响应 Expected Rank 为 3 的 Interest 报文。然而若是第一个到达的编码报文响应 Expected Rank 为 3 的 Interest 报文,则两个 Interest 都可以被正常响应。在 d 响应完可以满足的 Interest 报文之后,考虑到 d 与缓存的编码块再编码生成的新编码块仍然有响应能力,这时结点可进一步检查本地的 PIT 看是否有可以被再编码块响应的 Interest 报文,当 pipeline 较大时,后续被抑制转发的 Interest 报文在这一步可被再编码块响应,从而保证内容的正确传输。

NC-NDN 中的网络编码功能以及请求的 pipeline 发送模式都增加了 Interest 和 Data 报文处理流程的复杂度。该复杂性主要来自编码操作,但是并不会对系统造成限制,因为目前有有效的网络编码实现方法[56]。如文献[57]中所示,一个网络编码的编码器和解码器可以高达 1 000 Mb/s 的线速度运行。

算法 10.2 NC-NDN 中结点对 Data 报文的处理

输入:Data 报文 $d(cname, rank, vector, iface)$

输出:Data 报文处理结果

1. $CsEntry \leftarrow$ CS. find($cname$)//查找名称前缀匹配的 CS 条目
2. **IF** $CsEntry \neq \varnothing$ **THEN**

3.   //若与已缓存的编码块线性相关则丢弃编码报文,否则缓存报文

4.   **IF** d and the cached blocks in CsEntry are linearly dependent **THEN**

5.   Drop the linearly dependent d and ends

6.   **ELSE**

7.   Cache d in the CsEntry

8.   **END IF**

9. **ELSE**

10.   Cache d and assign its CS entry//为编码报文建立 CS 条目

11. **END IF**

12. $N \leftarrow$ the number of cached blocks in CsEntry

13. $PitEntries \leftarrow$ PIT. find($cname$) with Mrank not larger than rank//查找可以用编码报文响应的 PIT 条目

14. **IF** $PitEntries \neq \varnothing$ **THEN**

15.   //按照算法 10.3 响应 PIT 条目中的 Interest 报文

16.   Invoke Algorithm 算法 10.3 to consume $PitEntries$ with d

17. **END IF**

18. //查找可以缓存编码块再编码生成的新编码块响应的 Interest 报文

19. $PitEntries \leftarrow$ PIT. find($cname$) with Mrank not larger than N

20. **IF** $PitEntries \neq \varnothing$ **THEN**

21.   //将再编码报文按照算法 10.3 响应 PIT 条目

22.   Recode these cached blocks in $CsEntry$ to generate a new block d'

23.   Invoke Algorithm 算法 10.3 to consume remaining $PitEntries$ with d'

24. **END** IF

算法 10.3　Data 报文响应 PIT 条目的具体流程

输入:Data 报文 $d(cname, rank, vector, iface)$, $PitEntries$

输出:是否响应 PIT 条目

1. //将 PIT 条目按照 Mrank 值降序排序

2. All $Pit \in PitEntries$ are stored in descending order according to their Mrank

3. $fRID \leftarrow \varnothing$//已响应的 Interest 报文的 RID 集合

4. $fface \leftarrow \varnothing$//$d$ 已发出的接口集合

5. = all $Pit \in PitEntries$ **DO**

6.   //对一个 PIT 条目中聚合的所有 Interest 报文判断是否可以响应

7.   **FOR** all $Pit.RID \in Pit.RIDs$ **DO**

8.   **IF** $Pit.RID \notin fRID$ **THEN**

9.   **IF** $Pit.iface \notin fface$ **THEN**

10.   //RID 未响应过且 d 未发往过 $iface$ 接口

11. $d.Rank = Interest.Expected Rank$//修改报文的 Rank 值

12.   Reply the Interest of the Pit with d via $Pit.iface$//发送 d

13. $fface \leftarrow fface \cup Pit.iface$//$d$ 已响应的接口添加进 $fface$

14. $fRID \leftarrow fRID \cup Pit.RID$//$d$ 已响应的 RID 添加进 $fRID$

15.　　　　　**END IF**

16.　　　　　$Pit.RIDs{\leftarrow}Pit.RIDs-Pit.RID$//已响应的 RID 从 PIT 中删除

17.　　　　　$Pit.ifaces{\leftarrow}Pit.ifaces-Pit.iface$//已响应的接口从 PIT 中删除

18.　　　**END IF**

19.　　**END FOR**

20.　　If All the Interests in Pit are replied **THEN**

21.　　　　Remove Pit//移除 PIT 条目

22.　　**END IF**

23. **END FOR**

10.2.5　缓存组织与替换

在编码块的转发流程中,为了尽最大可能给请求者提供线性无关编码块,结点缓存的同代数据内容的编码块不会单独响应 Interest 报文,而是将缓存的编码块进行再编码,生成新的编码块来满足用户的请求。因此,NC-NDN 中缓存的编码块都是以数据内容代的粒度来缓存和维护。如图 10.3 所示,每个 CS 条目包含同属一代数据内容的多个编码块。与 NDN 相同,NC-NDN 中的 CS 条目也是由名称前缀进行索引,不过是只有代名称的名称前缀。缓存替换策略仍然可采用 LRU 策略。具体来说,当决定替换掉一个编码块时,CS 会选择最近最久未使用的条目进行替换。当该条目仅有一个编码块时,则会直接删除该条目。释放的空间会被用于缓存新到达的编码块。当 CS 条目有多个编码块时,结点会首先随机选择其中两个编码块进行再编码生成一个新的编码块,这个新编码块包括参与编码的两个编码的信息,有利于提高缓存的多样性以及增加与请求者已有编码块的线性无关性。之后再编码块会替换掉参与编码的两个编码块,从而释放出一个编码块的空间用于缓存新到达的内容。如果新到达的编码块在 CS 中没有匹配的条目,则会为该代内容新建一个 CS 条目。

图 10.3　NC-NDN 缓存组织

10.3 实验与分析

本节介绍了 NC-NDN 基础框架的仿真实验结果,并评估了影响网络传输性能的因素。本节对比了 NC-NDN 框架与 NDN,NetCodCCN[33]在不同缓存空间大小和 pipeline 大小下的网络传输性能和结点开销。

10.3.1 实验设置

本部分使用开源的 ndnSIM 库[58]来实现基于 ns-3[59]的 NDN 基础框架。实验运行环境为 2.20 GHz CPU,64 GB 内存。在原始 ndnSIM 的基础上,为 Interest 报文添加 Expected Rank 和 RID 字段,为 Data 报文添加 Rank 和 Coefficient Vector 字段,并定制了网络编码环境下的结点引擎和报文处理流程。本部分使用 Kodo C++库[60]来实现 NC-NDN 中的网络编码功能。网络编码操作均在有限域 2^8 上进行。

1) 实验拓扑

本节在如图 10.4 所示的 butterfly 拓扑上运行仿真实验。Butterfly 拓扑由其较少的结点便于分析实验结果,而且它也是一个完整的具有多路径和多源传输网络。如图 10.4 所示,butterfly 拓扑共有 10 个结点,其中 R_0 和 R_1 分别搭载了一个请求者 C_1 和 C_2,R_8 和 R_9 分别搭载了一个原始内容发布者 P_1 和 P_2,其余结点为中间路由器,均具有缓存功能。拓扑中每条链路的带宽为 1 Mb/s,时延为 1 ms。拓扑中两个内容发布者可以响应请求者的所有请求。

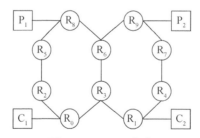

图 10.4　butterfly 拓扑

2) 实验方法

本节分别评估了缓存空间大小以及 pipeline 大小对 NC-NDN 网络传输性能的影响。本部分假设实验中每个编码块大小都是相等的。Rossi 等人[61]证明了缓存空间大小异构所带来的收益是有限的,所以本部分在所有路由器上设置同构的缓存空间大小。在仿真中,一个请求者代表的是网络中的一组消费者,所请求的是一系列的数据内容代,因此每个请求者的请求序列可能包括重复的数据内容代。

数据内容代的流行度遵循 Zipf 分布,其中参数 s 的值为 $0.73^{[62-63]}$。在请求每代数据内容时,每个请求者会首先确定所请求的数据内容代名称,一旦代名称确定,请求者则开始发送 Interest 报文来请求该代内容编码块,直到收到足够的编码块可以解码得到原始内容。对每一轮实验,每个请求者请求 10^4 个数据内容代。网络中的不同数据内容代的数量是 10^3。每次仿真会重复运行 10 轮来取得平均结果,每轮都会设置不同的 ns-3"RngRun"种子来随机化请求流量,实验图中除展示平均结果外,也展示了 10 轮实验的误差(即标准差)。实验中具体参数的设置如表 10.1 所示。

表 10.1　实验参数设置

参数	默认值	范围
不同数据内容代数量	10^3	—
请求的数据内容代数量	10^4	—
s	0.73	—
pipeline 大小	1	[5,25]
缓存空间	0.5	[0.125,2]
数据内容代	30	—

在 NC-NDN 中,Interest 报文会根据匹配的 FIB 被转发到多个下一跳接口来获取多个线性无关编码块。为取得较全面的实验结果,本节考虑以下两种框架作为对比:

(1) NDN:原始 NDN 框架,其转发策略也采用多个路径上路由的转发策略;

(2) NetCodCCN:文献[33]提到的将网络编码应用于 CCN 中的网络体系结构,转发策略也采用利用多个路径上路由的策略。

3) 实验测度

本节采用以下三种代表性测度来量化对比 NC-NDN、NDN 和 NetCodCCN 的网络传输性能和结点开销:

(1) 获取内容的平均时延:所有请求者获取全部内容所花费的平均时延;

(2) 平均再编码次数:网络传输过程中平均每个结点进行再编码操作的次数;

(3) 平均 Interest 负载:每轮实验中平均每个结点处理的 Interest 报文的数量。

10.3.2　实验结果分析

1) 缓存空间大小的影响

本节对比了 NDN、NC-NDN 和 NetCodCCN 在不同缓存空间大小下的网络传输性能和通信开销。在本次实验中,pipeline 大小设置为1。每个路由器的缓存空间大小在每轮实验中是不同的,分别被设置为存储所有不同的数据内容的 0.125%,0.25%,0.5%,1% 和 2%,例如请求者请求 1 000 个不同的数据内容代,代大小为30,那么缓存空间大小为 2%,其实是指 CS 可以缓存 1 000×30×0.02＝ 600 个编码块。将缓存大小设置为比较小的原因是考虑到线路速度运行需求[64-65]。

图 10.5 为 NDN、NC-NDN 和 NetCodCCN 在缓存空间大小逐渐增大下的实验结果。图 10.5(a)为三种框架下获取内容的平均时延,可以发现在网络编码环境下,即 NC-NDN 和 NetCodCCN,获取内容所需的时间都明显小于 NDN。因为网络编码的引入使得结点可以对缓存内容进行再编码从而响应 Interest 报文,有效利用多路径转发和网络内缓存,从而提高缓存的利用率,减少数据传输时延。与 NetCodCCN 相比,NC-NDN 下的时延降低了 9.1%。这是因为本部分采取了基于秩匹配的轻量级的方式处理 Interest 的转发,使得 Interest 可以更有效地聚合,有效降低由返回编码块的线性相关所导致的 Interest 报文重发的数量。

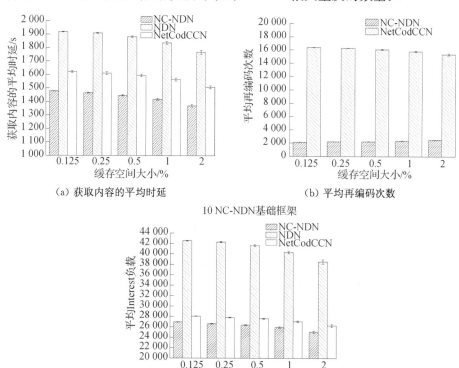

(a) 获取内容的平均时延　　　　　　(b) 平均再编码次数

(c) 平均 Interest 负载

图 10.5　缓存空间大小的影响

图 10.5(b)为 NC-NDN 和 NetCodCCN 下的平均再编码次数实验结果。本部

分提出的 NC-NDN 中结点的平均再编码次数与 NetCodCCN 相比降低了 85.7%。NetCodCCN 中返回的编码块首先会缓存进 CS,与已缓存的同代数据内容进行再编码,然后再考虑是否可以响应 PIT 中的 Interest 报文,即结点每次收到编码块都会进行再编码操作,从而增加结点的计算开销。本部分提出的 NC-NDN 基础框架中,结点在收到编码块之后,若其线性无关,则直接响应 Interest 报文,无须进行再编码操作,只有在 PIT 不为空时,才会与缓存的编码块进行再编码对 PIT 中的 Interest 进行响应,轻量级的转发流程可有效地减小结点的编码开销。

图 10.5(c)对比了 NC-NDN、NDN 和 NetCodCCN 中的结点处理 Interest 报文数量的变化趋势。可以发现,NC-NDN 中平均每个结点处理的 Interest 报文数量最少,与 NetCodCCN 相比降低了 4.3%。NetCodCCN 中由于线性相关性较高,会有较多重发的 Interest 报文,从而导致每个结点处理的 Interest 数量较多。另外,随着缓存的增大,无论是 NC-NDN、NDN 还是 NetCodCCN,性能都在逐渐改善,因为缓存空间的增加使得结点可缓存更多的编码块,因此可增加 Interest 缓存命中的概率,减少编码报文传输的时延与结点处理 Interest 报文的数量。

2) pipeline 大小的影响

由于 NC-NDN 中请求者发送的 Interest 报文只是请求数据内容代中的某一编码块,因此请求者可通过 pipeline 模式发送 Interest 报文来加速编码块的获取。本节模拟了 pipeline 大小分别为 5、10、15、20、25 时的网络传输性能和开销。缓存空间大小设置为存储所有不同的数据内容的 0.5%。

图 10.6 展示了 pipeline 大小对网络性能的影响。如图 10.6(a)所示,可以看到,随着 pipeline 的增加,NDN 中获取内容的平均时延在逐渐下降,这是由于 pipeline 越大,请求者所发送的等待响应的 Interest 报文越多,从而加速内容的获取。但是在网络编码环境下,无论是 NC-NDN 还是 NetCodCCN,时延都是先明显下降,再略微上升。当 pipeline 大小由 5 增加到 15 时,中间结点在处理的 Interest 越来越多,使得编码块可以更快地从内容发布者返回,但是当 pipeline 大小由 15 增加到 25 时,一代请求中的半数以上都是直接发往内容发布者请求响应,从而降低了缓存的使用,使得缓存方面的收益减少,因此会略微增加时延。当 pipeline 为 5 时,NC-NDN 下获取内容的时延是高于 NDN 的,因为网络编码环境下,Interest 报文会带回多个线性无关编码块,因此 PIT 中待响应的 Interest 会更快地被满足,从而就没有待响应的 Interest 去获取新的编码块。另外,NC-NDN 中的时延与 NetCodCCN 相比平均减少了 20.2%,由于 NetCodCCN 中以 pipeline 模式发送的 Interest 可能会带回线性相关编码块,从而会导致 Interest 报文的重发,增加获取内容的时延。

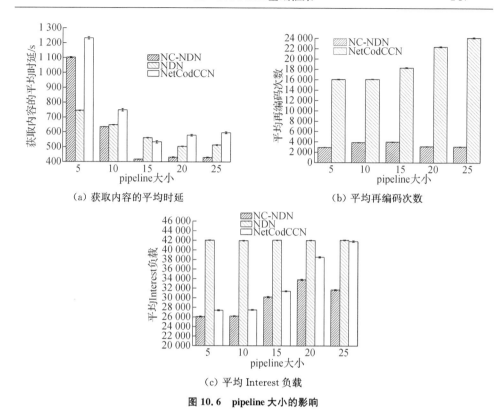

（a）获取内容的平均时延   （b）平均再编码次数

（c）平均 Interest 负载

图 10.6   pipeline 大小的影响

图 10.6(b)展示了实验运行过程中每个结点的再编码次数,本部分提出的 NC-NDN 中结点的平均再编码次数与 NetCodCCN 相比平均降低了 81.8%。本节也评测了每个结点的 Interest 负载,如图 10.6(c)所示。随着 pipeline 大小的增加,NDN 中传输的 Interest 报文数量始终处于最高的水平,本部分提出的 NC-NDN 体系结构则是三种框架中 Interest 负载最小的,与 NetCodCCN 相比平均降低了 10%。特别是当 pipeline 大小由 20 增加到 25 时,NC-NDN 中的 Interest 负载有一个下降的趋势,这是由于本节所提出的基于返回编码块数量预测决定 Interest 转发的机制可以有效抑制 Interest 报文的转发,从而减少结点处理的 Interest 报文数量。

整体来说,本部分提出的 NC-NDN 基础框架与原始 NDN 相比可以极大地提升网络的传输性能,与 NetCodCCN 相比有较小的编码计算开销。在对 Interest 报文的 pipeline 发送模式的支持方面,NC-NDN 可更有效地支持该发送模式,与 NetCodCCN 相比,不仅进一步改善了网络的传输性能,而且降低了网络通信开销。另外,由实验结果可以发现,pipeline 太小或者太大均会影响网络的传输性能,因此 pipeline 大小的具体设置应该综合考虑代大小、缓存空间大小以及多路径传输的特点,从而提供网络多源传输的最佳性能。

10.4 本章小结

本章主要介绍了应用网络编码的 NDN 基础框架 NC-NDN,该框架同样支持 Interest 报文的 pipeline 发送模式,另外本章也提出了基于预测返回编码块数量来决定 Interest 报文转发的机制对 NC-NDN 进行补充。本章首先介绍了研究问题,然后详细介绍了 NC-NDN 框架下的报文格式、结点引擎、基于预测的 Interest 转发机制,报文处理流程以及缓存组织与替换。本章通过实验对 NC-NDN 进行评估,实验结果表明 NC-NDN 相比 NetCodCCN 可以更低能耗的方式支持网络编码,提升网络传输效率。

11 NC-NDN 网络中线性同态签名实现方案

本章首先分析了 NC-NDN 中现有签名方案存在的安全问题以及线性同态签名与 NC-NDN 的适配性,然后设计了 NC-NDN 中线性同态签名的实现方案,给出了各类网络结点在该方案中承担的任务,分析了该方案引入的开销并提出了减少开销的措施,最后对本章的工作进行了总结。

11.1 问题分析

NDN 的一个显著特征是其基于内容的安全性,即所有内容都使用数字签名进行身份验证,以便每个网络结点都能够验证它获得的每个 Data 报文。这对于实现 NDN 网内缓存功能十分关键。因此,在 NC-NDN 中,由中间路由器再编码的 Data 报文必须由其原始内容发布者签名,以保持传输内容的可信性和安全性。当前的 NDN 签名方案[66]要求中间路由器拥有原始内容发布者的私钥,才能对再编码的 Data 报文进行签名,这是不切实际的。如何在 NC-NDN 中对再编码的 Data 报文进行签名,这个问题在现有研究中鲜少被提及。安全性的缺失阻碍了网络编码在 NDN 中的应用,未能实际发挥网络编码和 NDN 结合后高效传输内容的优势。

Liu 等人[67]建议,中间路由器再编码同一代 Data 报文后,不更新所得到的再编码 Data 报文的签名。再编码的 Data 报文的签名直到用户解码其生成的原始信息的时候才能被验证。由于缺乏验证各再编码 Data 报文的措施,再编码使得用户所接收 Data 报文的安全性没有保障,也难以防止缓存内容污染[68]。而且,再编码过程会进一步扩散由内容污染引起的不利影响。Xu 等人[69]提出了一种基于自治系统(AS)的安全机制,该机制保证 AS 的内容安全性,并将特定的安全操作限制在边界路由器上,以确保 AS 之间内容通信的安全性。而确保一个 AS 中路由器可信且确保其在再编码操作期间不会将污染内容注入网络,这是不切实际的。

线性同态签名[70]的同态属性允许结点在不联系签名机构的情况下,对同一代网络编码报文的任何线性组合进行签名,这为 NC-NDN 网络中再编码报文的签名提供了解决思路。Boussaha 等人[71]提出了一种优化模型,在考虑线性同态签名所产生处理开销的情况下,确定中间结点是否应该进行线性组合操作,以及结点执行线性组合操作的数量。但如何在 NC-NDN 中引入线性同态签名是个亟待解决的问题。本章致力于在 NC-NDN 中实现线性同态签名以便中间结点对再编码报文进行安全高效的签名。再编码报文的线性同态签名是用于进行再编码的所有 Data 报文的签名的线性组合,可以被任何网络结点验证通过。这样可以保护 NC-NDN 网络免受内容毒害攻击,清除阻碍网络编码和 NDN 强强联手的绊脚石。

11.2　线性同态签名实现方案

在线性同态签名方案中,内容发布者为每个 Data 报文生成一个签名。再编码的 Data 报文的签名是用于执行再编码操作的 Data 报文的签名的组合。也就是说,再编码的 Data 报文可以有效地在中间路由器上签名(是原始内容发布者所签署),而不需要泄露原始内容发布者的私钥。

本实现方案的设计遵循三条原则。首先,只需对 NDN 体系结构进行最小且必要的修改。尤其是 Data 报文格式和信任模型应该被保留。其次,启用线性同态签名不应以牺牲性能为代价。最后,它应该具有向后兼容性,易于部署。

图 11.1 展示了相应设计方案的框架,包括:

(1)内容发布者首先生成线性同态签名方案的一对密钥。然后,它应用生成的公钥,在特定命名空间下发布内容。在 NC-NDN 中,一代内容的 Data 报文被分配同一个内容名称。内容发布者在将 Data 报文发送出去之前,使用其所选的线性同态签名方案为每个 Data 报文签名,该签名基于 Data 报文的内容名称、元信息、有效载荷和签名信息。

(2)中间路由器可以通过 Data 报文的内容名称识别出一代内容的网络编码 Data 报文。对每代内容,它首先验证每个 Data 报文的线性同态签名。然后,它对那些通过签名验证的 Data 报文进行再编码,生成一个新的编码 Data 报文,然后将其按需发送出去。再编码的 Data 报文的有效载荷是通过签名验证的 Data 报文的有效载荷的线性组合;其签名也是再编码的 Data 报文的签名的组合。

(3)用户(Data 报文的请求者和使用者)验证每个接收到的网络编码 Data 报文的同态签名。如果接收到足够多的具有有效签名的线性无关网络编码 Data 报文,用户就可以重构请求的原始数据内容。

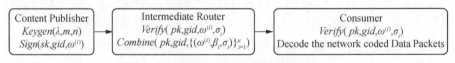

图 11.1　在 NC-NDN 中实现线性同态签名的方案

11.2.1　线性同态签名的构造

线性同态签名方案由下述四组算法(NetKG、NetSign、NetVer、Combine)定义[72]。

Keygen(λ, m, n)：一种概率算法，输入为一个一元的安全参数 λ 和两个整数 m、n。m 定义了向量空间的维数，n 是被签名向量的维数。该算法会输出私钥 sk，各自的公钥 pk 和数据内容代标识符空间 I 的定义。

Sign$(sk, gid, \boldsymbol{\omega}^{(i)})$：输入为私钥 sk，一个文件标识符 $gid \in I$ 和一个向量 $\boldsymbol{\omega}^{(i)}$。输出为 $\boldsymbol{\omega}^{(i)}$ 上的签名 σ_i。

Verify$(pk, gid, \boldsymbol{\omega}^{(i)}, \boldsymbol{\sigma}_{(i)})$：输入为公钥 pk，一个文件标识符 $gid \in I$，一个向量 $\boldsymbol{\omega}^{(i)}$ 和一个签名 σ_i，算法将输出 0（拒绝）或 1（接受）。注意：原始向量的签名或是组合向量的签名都可以用这个算法来验证。

Combine$(pk, gid, \{(\boldsymbol{\omega}^{(i)}, \boldsymbol{\beta}_i, \sigma_i)\}_{i=1}^{\mu})$：输入为公钥 pk，一个文件标识符 gid 和 μ 个三元组 $(\boldsymbol{\omega}^{(i)}, \beta_i, \sigma_i)$，每个元组中都包含一个向量 $\boldsymbol{\omega}^{(i)}$、一个系数 β_i 和在向量 $\boldsymbol{\omega}^{(i)}$ 上的签名 σ_i。这个算法的输出是一个组合向量 $\boldsymbol{\omega} = \sum_{i=1}^{\mu} \beta_i \boldsymbol{\omega}^{(i)}$ 和向量 $\boldsymbol{\omega}$ 上签名 σ，该签名由 $\{(\boldsymbol{\omega}^{(i)}, \beta_i, \sigma_i)\}_{i=1}^{\mu}$ 组合而成。

11.2.2　携带线性同态签名的 Data 报文的格式

该线性同态签名方案是在强差分-赫尔曼假设的基础上实现的。每个网络编码 Data 报文通过其签名信息中的签名类型指定线性同态签名方案，格式如图 11.2。保留值 5 的签名方式指定为同态签名。此外，签名信息 $SignatureInfo$ 字段指定了与签名相关的其他信息，包括生成标识符的哈希函数和指定线性同态签名方案的全局参数，即公钥 pk、两个整数 m、n 和在中间路由器上执行再编码操作时随机生成系数的有限域等。每个网络编码 Data 报文的内容类型将被赋保留值 4，表明该报文为网络编码 Data 报文，这样网络结点可以立即识别和处理 Data 报文。每个网络编码 Data 报文的有效载荷携带编码数据和全局相关系数向量，作为要签名的向量。

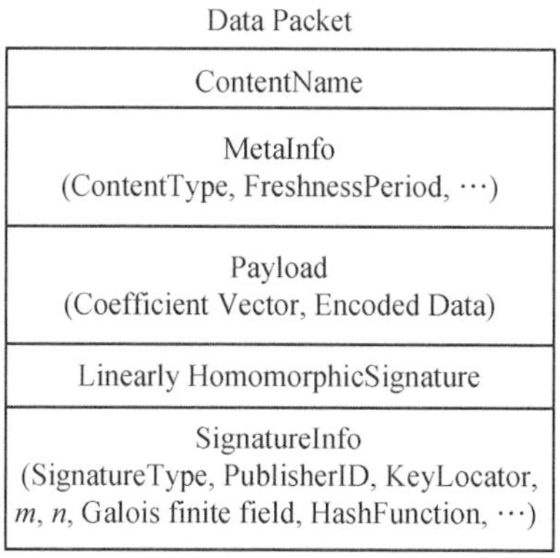

图 11.2　由线性同态签名方案签名后的数据格式

11.3　各类网络结点承担的任务

11.3.1　内容发布者

每个内容发布者负责设置线性同态签名方案，对每个 Data 报文签名。主要有两类任务：

1）密钥生成

每代内容由 m 个原始的 Data 报文组成。每个 Data 报文的有效载荷可以表示为定义在整数集合上或者一个有限域上的维度为 n 的向量。每个内容发布者首先确定两个整数 m、n。然后生成一对密钥和一个代标识符空间 $sk, pk, I \leftarrow$ Keygen (λ, m, n)。接下来，内容发布者从公钥管理系统[73]申请授权以便能使用生成的公钥 pk 在特定的名字前缀下发布内容。内容发布者也需要确定一个哈希函数，以便基于生成的代标识空间 I 生成内容的代标识符。

2）内容传输

当输入由 m 个 n 维向量 $v^1, \cdots, v^m$ 表示的一代内容（名字为 $ContentName$）时，内容发布者首先生成 m 个扩展向量 $\omega^1, \cdots, \omega^m$，其中 $\omega^i = u^i, v^i$，而 u^i 是维度为 m 的第 i 个单元向量。然后内容发布者为每个扩展向量 ω^i 生成一个网络编码的 Data 报文，并使用选定的线性同态签名方案为其生成相应的签名。其中 ω^i 作为报文的有效载荷，即 u^i 作为相关系数向量，v^i 作为编码的数据。Data 报文的类型 $ContentType$ 和签名 $SignatureType$ 的类型将分别设置为 $NetworkCoded$ 和 $HomomorphicSignature$。签名相关信息 $SignatureInfo$ 要么在 $PublisherID$ 字段指定公钥 pk，要么在 $KeyLocator$ 字段指定获取公钥 pk 的方式。线性同态签名的其他全局参数，即 m、n 和高斯有限域（一般设置为大小为 2^8），也在 $SignatureInfo$ 中指定。请注意，归属同一代内容的网络编码报文具有相同的内容名字 $ContentName$、$MetaInfo$ 和 $SignatureInfo$。代标识符 $gid = hash(ContentName, MetaInfo, SignatureInfo) \in I$，用于生成代标识符的哈希函数也在 Data 报文的 $SignatureInfo$ 字段指定。接下来，内容发布者为各 Data 报文生成签名 $\sigma_i \leftarrow Sign(sk, gid, \omega^i)$，最后将携带线性同态签名的网络编码 Data 报文从相应的网络接口转发出去。

11.3.2　中间路由器

中间路由器负责验证接收到的网络编码 Data 报文的签名，并将本地归属同一代内容的网络编码 Data 报文进行再编码，并利用这些用于再编码的 Data 报文的签名组合得到新编码报文的签名。假设路由器处有归属同一代内容的 $\mu(\mu \leqslant m)$ 个线性无关的网络编码 Data 报文。即这些 Data 报文的有效载荷和签名字段为数据内容代 gid（根据相应信息生成）带回了 μ 个向量 $\boldsymbol{\omega}^1, \cdots, \boldsymbol{\omega}^\mu$ 和 μ 个签名 $\sigma_1, \cdots, \sigma_\mu$。中间路由器按照下述流程做进一步的处理。首先，它从网络编码 Data 报文的 $SignatureInfo$ 字段获取线性同态签名方案的全局参数包括公钥 pk、两个整数 m 和 n，以及高斯有限域。请注意，可以将这些参数与本地缓存的该代网络编码报文一起存储以免重复获取。接下来，路由器核实 $Verify(pk, gid, \boldsymbol{\omega}^i, \sigma_i) = 1, i = 1, \cdots, \mu$ 是否成立。路由器将丢弃签名未验证通过的网络编码 Data 报文，这里假设 μ 个网络编码 Data 报文的签名均验证通过。路由器从指定的高斯有限域中随机选择相关系数 $\beta_1, \cdots, \beta_\mu$，然后计算：$\omega, \sigma \leftarrow Combine(pk, gid, \{\boldsymbol{\omega}^i, \beta_i, \sigma_i\}_{i=1}^\mu)$。其中 ω 和 σ 分别作为再编码生成的 Data 报文的有效载荷和签名。最后，路由器将再编码 Data 报文从相应接口转发出去。请注意 $\omega = u, v$ 包括更新的全局相关系数向量 u 和编码后的数据部分 v。

11.3.3   用户

每个用户负责验证接收到的网络编码 Data 报文，并利用同代内容的 m 个线性无关的网络编码 Data 报文解码原始的数据内容。当接收到一个网络编码 Data 报文时，用户抽取其向量 $\boldsymbol{\omega}^i$ 和签名 σ_i，同时计算相应的代标识符 gid。在核实该网络编码 Data 报文与之前接收的同代 Data 报文线性无关后（即其相关系数向量 $\boldsymbol{u}^i$ 与用户本地已有该代 gid 内容的解码矩阵线性无关），获取相应的公钥 pk 并核实 $Verify(pk, gid, \omega^i, \sigma_i) = 1$ 是否成立。若该网络编码 Data 报文的线性同态签名验证通过，用户将该收到的 Data 报文保存下来以备后续该代内容的解码。一旦收到该代内容的 m 个有效签名的线性无关的网络编码 Data 报文，即代 gid 的 m 个向量 $\omega^1, \cdots, \omega^m$，用户可以解码重构出该代内容的 m 个原始内容向量 $v^1, \cdots, v^m$，即用户请求的原始数据内容。

11.4   开销分析

在本章提出的线性同态签名实现方案中，内容发布者对任一原始 Data 报文的签名需要一个多指数运算，网络结点处对网络编码 Data 报文签名的验证需要执行两个对运算、一个指数运算和一个多指数运算。网络更关注的是中间路由器处实现该线性同态签名方案在再编码报文时所需的开销，因为路由器需要以线速处理报文。μ 个网络编码 Data 报文的签名验证需要 2μ 个对运算、μ 个指数运算和 μ 个多指数运算（μ 是用于再编码的归属同代内容的 Data 报文的数量）。再编码报文签名的生成需要一个多指数运算和 μ 个乘法运算。即总开销为 2μ 个对运算、μ 个指数运算、$\mu+1$ 个多指数运算和 μ 个乘法运算。

为了减少实现线性同态签名所需开销,本章进一步设计了批量验证的方法。当接收到一个线性无关的网络编码 Data 报文准备转发或缓存时,中间路由器可以根据自身的负载有选择性地对该报文的签名进行验证。但在对本地缓存的归属同代内容的网络编码 Data 报文进行再编码时,路由器必须验证这些 Data 报文的签名以减少毒害内容的进一步传播。路由器也可以选择将这些 Data 报文先再编码然后验证再编码后报文的签名。若再编码后报文的签名验证通过,则意味着用于再编码操作的网络编码 Data 报文的签名都是正确无误的。这种情况下批量验证的方法仅需两个对运算、一个指数运算、两个多指数运算和 μ 个乘法运算。若其中存在 $k(k<\mu/2)$ 个无效签名的网络编码 Data 报文,则可以采用分治法[74]识别过滤无效签名的网络编码 Data 报文,平均需要 $O(k)$ 对运算。请注意 Data 报文在一个路由器处一旦验证通过,该验证结果会在本地存储以免后续重复的验证。此外,签名的验证结果可以在相互信任的路由器之间传播。这样一来,每个 Data 报文的线性同态签名在一个相互信任的结点组内仅需一次签名的验证。

11.5　本章小结

为了安全高效地在中间路由器处对再编码报文进行签名,本章提出了在 NC-NDN 中实现线性同态签名的方案,该方案与基本的 NDN 体系结构完全兼容。实现线性同态签名后,用户可以同时享受网络编码与 NDN 结合所带来的网络传输性能优化以及 NDN 本身提供的基于内容的安全。实现线性同态签名所引入的主要开销为中间路由器处需要验证用于再编码的网络编码 Data 报文的签名、执行再编码操作并为新生成的编码报文计算组合的签名。本章进一步提出了签名批量验证的方法以减少实现线性同态签名所引入的开销。

12 按需探索路径外缓存内容的多路径转发策略

由于 NC-NDN 中 CS 以数据内容代的粒度缓存和维护数据内容,相比 NDN 中的细粒度缓存,NC-NDN 可以更有效地利用路径外的缓存内容来进一步提升其网络传输效率。在第 10 章提出的 NC-NDN 框架的基础上,本章提出了按需探索路径外缓存内容的多路径转发策略。本章首先分析了该策略的研究问题,然后详细阐述了该策略的设计,包括缓存痕迹格式、报文格式、报文转发流程等,其次对该策略进行对比仿真实验来验证策略的有效性。

12.1 问题分析

NDN 中多路径转发和网络内缓存的特点为同时从原始内容发布者和网络内缓存传输数据内容块提供了潜力。如图 12.1 所示,请求者 C 请求由内容发布者 P 发布的内容,同时一些数据块被分散性地缓存在路径外缓存 A 和 B。如果可以同时从原始内容发布者 P 和路径外缓存 A 和 B 传输数据内容块,则可以有效提升内容交付性能。然而,NDN 没有提供任何协调中间结点转发的机制。一方面,在没有任何协调的情况下,中间路由器不能将 Interest 报文发往确定的路径外缓存,而是复制 Interest 报文并发往不同路径,这会导致多个相同数据内容块在不同路径上的冗余传输,从而降低了多路径转发带来的收益,造成网络资源的浪费。另一方面,多路径转发的协调要求中间路由器以数据块级别的粒度来维护缓存内容的可达性信息,例如,在图 12.1 中,路由器 R_x 在转发 Interest 报文之前需要知道路径外缓存 A 和 B 缓存的具体的数据块的信息,由于缓存内容的高度动态性,这会给网络结点带来很大的负担。

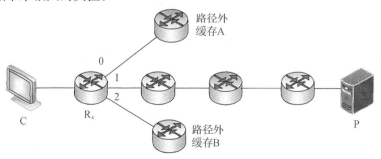

图 12.1　路径外缓存利用示例

　　而网络编码的引入使得 NDN 对路径外缓存的利用更可行。本章提出了一种有效利用多路径转发从原始内容发布者和路径外缓存同时传输数据内容的策略，即基于 NC-NDN 框架的按需探索路径外缓存内容的多路径转发策略（An On-demand Off-path Cache Exploration based Multipath Forwarding strategy，简称 O2CEMF）。该策略利用多路径转发，将 Interest 报文并行发往原始内容发布者或路径外缓存来请求编码块。从多条路径同时返回的多个编码块中，只有最先返回的是用来响应当前的 Interest 报文，其他的可以缓存在路由器中来响应请求同代数据内容编码块的后续 Interest 报文。另外，NC-NDN 中只需要以数据内容代的粒度维护缓存内容的可达性信息，与 NDN 相比，缓存粒度较粗从而使得维护开销较小。也就是说，O2CEMF 不需要对转发策略进行复杂的协调，其可以一种经济有效的方式利用路径外缓存和多路径转发。

　　本章的主要工作如下：

　　● 提出基于 NC-NDN 的 O2CEMF 策略来有效利用路径外缓存内容。在该策略下，网络结点以缓存痕迹来记录其按需探索到的路径外缓存内容的可达性信息，并根据该信息同时从原始内容发布者和可用的路径外缓存并行获取数据内容代的多个线性无关编码块。

　　● 提出在 NC-NDN 中以数据内容代的粒度维护缓存内容的可达性信息。该策略会记录每个接口在特定范围内的每一数据内容代可用的缓存编码块数量，可以一种更有效的方式利用路径外缓存编码块。

　　● 对 O2CEMF 策略的网络传输性能和开销进行了实验研究。实验结果表明，O2CEMF 策略在平均缓存命中率、平均路由跳数和获取编码块的平均时延方面改善了网络传输性能，在平均 Interest 负载、Data 负载、NACK 负载和平均缓存痕迹数量、平均移除缓存痕迹数量方面的开销都在一个可接受的范围内。

12.2　转发策略设计

12.2.1　策略概述

　　本章提出的 O2CEMF 策略下的内容获取包括两个阶段：

　　1）探索阶段

　　在初始数据内容代的探索阶段，当本地没有匹配该代内容的缓存痕迹时结点会洪泛转发 Interest 报文。结点会根据匹配的 FIB 条目将 Interest 报文转发到多个接口寻求原始内容发布者的响应，另外，结点也会转发 Interest 报文到其他可用的接口探索一定范围内的路径外缓存编码块。由于重复的 Interest 报文会有相同的 Nonce 值，所以中间结点可以检测到重复的 Interest 报文并丢弃。每个探索的接口要么返回一个编码块,要么由于上游结点没有缓存足够的该代内容编码块或者到达探索范围边界而返回一个 NACK 报文。无论何种情况,返回的报文均会携带返回路径上缓存最多该代内容编码块的结点的信息。然而结点会根据返回报文携带的信息创建缓存痕迹。

2) 利用阶段

当结点已有该代内容的缓存痕迹时即开始利用阶段。结点根据匹配的缓存痕迹将 Interest 报文转发到多个接口来利用可用的路径外缓存,另外,结点也会将 Interest 报文转发到 FIB 条目中所示接口来确保报文的正常响应。根据缓存痕迹转发的 Interest 报文有很大可能会带回路径外的缓存编码块,但也可能由于缓存内容的高度动态性带回 NACK 报文。无论哪种情况,返回报文中携带的信息均会被用于更新匹配的缓存痕迹来指导请求同代数据内容的后续 Interest 报文的转发。需要注意的是,若缓存痕迹在一个特定的时间段内未被更新则会被清除。

本章提出的 O2CEMF 策略通过多个路由,包括路径上路由和路径外路由来并行转发 Interest 报文。O2CEMF 致力于从每条路径上都带回一个线性无关编码块。数据访问不会出现失败的情况,因为转发到原始内容发布者的 Interest 报文至少会带回一个线性无关编码块。另外,不同于 NDN 中每个 Interest 报文请求一个特定的 Data 报文,NC-NDN 中任意一个所请求的数据内容代中的线性无关编码块均可响应请求者的请求。因此,与 NDN 相比,O2CEMF 策略下转发的 Interest 报文有很大可能会被路径外缓存响应。而且,从多路径同时返回的线性无关编码块也可以被中间路由器缓存,这将加快对请求同代数据内容的后续 Interest 报文的响应。

12.2.2 缓存痕迹格式和报文格式

图 12.2 给出了结点所维护的缓存痕迹的格式。缓存痕迹记录了路径外缓存内容的可达性信息,其被定义为一个五元组(ContentName, Face, NumBlock, HopCount, TimeLastUpdated)。各个字段的具体定义如下:

(1) ContentName:路径外缓存编码块的名称信息。

(2) Face:探索阶段的探索接口。

(3) NumBlock:从接口 Face 会探索到一定范围内缓存有最多的该数据内容代编码块的结点,该字段即指这些编码块的数量。它根据从 Face 接口返回的该代内容的 Data 报文或 NACK 报文中的 NumBlock 字段进行更新。

(4) HopCount:结点到具有最多的缓存编码块的路径外结点的跳数信息。其会随着缓存痕迹中的 NumBlock 字段的改变而更新。

(5) TimeLastUpdated:缓存痕迹最近被更新的时间。其初始值为缓存痕迹的创建时间。

ContentName	Face	NumBlock	HopCount	TimeLastUpdated
/foo/g1/s30/v0	0	8	5	1542274079
…	…	…	…	…

图 12.2　缓存痕迹格式

为了携带缓存内容可达性信息来更新缓存痕迹,以下字段需要被分别添加进 Interest、Data 和 NACK 报文:

(1) Interest、Data 或 NACK 中的 O2CEMFFlag 字段:该字段默认值是 false,若是采用 O2CEMF 转发策略则为 true。接下来的 12.2.3 中介绍的报文的处理流程都是针对该字段值为 true 的报文。

(2) Interest 中的 OffPathFlag 字段:默认值为 false,若 Interest 报文是被转发来探索或利用路径外缓存内容的则为 true。

(3) Data 和 NACK 报文中的 NumBlock 字段:报文返回路径上的某一结点会缓存有最多数量的该代内容编码块,该字段即指这些编码块的数量。对 Data 报文来说,其 NumBlock 初始化为该代内容在本地缓存的编码块的数量。对 NACK 报文来说,其 NumBlock 根据本地缓存编码块的信息和该代内容在一定范围内的缓存痕迹来进行初始化。若在报文返回路径上的某个结点缓存有更多的该代内容的编码块,则 NumBlock 字段会进行更新。

(4) Data 和 NACK 报文中的 HopInfo 字段:该字段记录结点距缓存有最多的该代内容编码块的路径外结点的跳数。其值初始化为 0,当 NumBlock 被更新时会重置为 0。另外,该字段会逐跳递增。

另外,该策略中会用到 Interest 报文中属于指导性字段的 Scope 字段,该字段限制探索和利用的范围,其值逐跳递减。

12.2.3　报文处理流程

本小节的报文处理流程是针对第 10 章 NC-NDN 框架下采用 O2CEMF 转发策略的处理流程,主要阐述与第 10 章处理流程中的不一样的步骤。O2CEMF 策略中 Interest 报文的处理流程如算法 12.1 所示。Interest 报文 p 请求数据内容代 $cname$ 中的某一线性无关编码块,其 Expected Rank 值为 $rank$,OffPathFlag 值为 $offpathflag$,Scope 值为 $scope$,到达接口为 $iface$。结点首先检查该报文是否可以被本地缓存编码块响应。若 n 即本地缓存的该代内容编码块的数量,不小于 $rank$,则该结点将这些编码块进行再编码来生成一个新的编码块响应 Interest 报文,从 $iface$ 接口返回给请求者,这一步骤与 NC-NDN 框架中的步骤相同,不同的是新的编码块的 NumBlock 和 HopInfo 值会分别被设置为 n 和 0。否则,结点会根据算法 10.1 的 7 至 18 行将 p 聚合到匹配的 PIT 条目。如果不能被缓存内容响应且没有匹配的 PIT 条目,则按照 O2CEMF 策略转发该 Interest 报文。首先,如果 p 是在 FIB 所示的路径以外进行传输,而且 $scope$ 等于 0,则 p 不会被转发到更远的路径外结点,这种情况下,结点会返回一个 NACK 报文。之后下游结点可按情况维护缓存痕迹来使用路径外缓存内容。否则,p 的 $scope$ 字段减一,结点根据匹配的 FIB 条目转发 p,并且开始探索或利用路径外的缓存内容。p 的 OffPathFlag 字段在 p 被转发出去探索或利用路径外缓存内容之前会被设置成 $true$。若本地没有匹配的缓存痕迹,则表示正处于内容获取的初始探索阶段。结点会洪泛转发 p 来探索路径外的缓存内容,也就是说,p 会被转发到除了到达接口和匹配的 FIB 条目所示接口以外的其他可用接口。否则,内容获取正处于利用阶段,结点会根据匹配的缓存痕迹转发 p 来利用路径外缓存内容。如果存在匹配的缓存痕迹其 NumBlock 不小于 $rank$ 且 HopCount 不大于 $scope$,结点会将 p 转发到该缓存痕迹所示接口来从路径外缓存获取线性无关编码块。否则,则表示当前在剩余的转发范围内,没有结点可以用缓存的编码块响应 p。因此,也没有必要继续探索。最后,按需为 p 建立 PIT 条目。

算法 12.1　O2CEMF 策略中结点对 Interest 报文的处理流程

输入:Interest 报文 $p(cname, rank, offpathflag, scope, iface)$

输出:Interest 报文处理结果

1.　//若能被本地缓存响应,则再编码生成编码块响应 Interest 报文

2.　**IF** n, i. e., the number of encoded blocks for the requested generation in the local cache $\geqslant rank$ **THEN**

3.　　　Recode these encoded blocks to generate a new block with the NumBlock of n and the HopInfo of 0

4.　　　Return the new block via iface

5.　**ELSE**

6.　　　**IF** p can be aggregated by a matching PIT entry **THEN**

7.　　　　　//判断是否可以被聚合,具体步骤为算法 10.1 的 7～18 行

8.　　　　　Aggregate p to the PIT entry

9.　　　**ELSE**

10.　　　　　**IF** $offpathflag = True$ and $scope = 0$ **THEN**

11.　　　　　　　Create a NACK packet//创建 NACK 报文

12.　　　　　　　Consume p with the NACK packet//返回 NACK 报文

13.　　　　　**ELSE**

14.　　　　　　　$scope = scope - 1$//修改 scope 字段

15.　　　　　　　**IF** there exists a matching FIB entry **THEN**

16.　　　　　　　　　//按照 FIB 条目转发 Interest 报文,具体步骤为算法 10.1 的 28～31 行

17.　　　　　　　　　Forward p according to the matching FIB entry

18.　　　　　　　**END IF**

19.　　　　　　　　Set the OffPathFlag of p to True

20.　　　　　　　**IF** there is no matching cache trail **THEN**

21.　　　　　　　　　//转发到路径外结点进行探索

22.　　　　　　　　　Forward p to other faces towards off-path caches

23.　　　　　　　**ELSE**

24.　　　　　　　　　**FOR** each matching cache trail **DO**

25.　　　　　　　　　　**IF** the NumBlock of the cache trail $\geqslant rank$ and
$scope \geqslant$ HopCount of the trail **THEN**

26.　　　　　　　　　　　//利用可用缓存痕迹

27.　　　　　　　　　　　Forward p to Face listed in the cache trail

28.　　　　　　　　　　**END IF**

29.　　　　　　　　　**END FOR**

30.　　　　　　　**END IF**

31.　　　　　　Create a PIT entry accordingly

32.　　　　　　**END IF**

33.　　　**END IF**

34. **END IF**

O2CEMF 策略中 Data 和 NACK 报文的处理流程如算法 12.2 所示。响应数据内容 cname 的 Data 或 NACK 报文 d 从 $iface$ 接口到达,其 HopInfo 字段值为 $hopinfo$,NumBlock 字段值是 $numblock$。如果 $iface$ 是用来探索或利用路径外缓存内容的接口,即,$iface$ 不是匹配 FIB 条目中的接口,则结点首先为 $iface$ 创建或更新缓存痕迹。如果是探索阶段的数据获取,则结点会以 d 的 $numblock$ 和 $hopinfo$ 为 $iface$ 创建缓存痕迹。否则,结点会更新匹配的缓存痕迹,即,用 d 的 $numblock$ 和 $hopinfo$ 替代缓存痕迹中的 NumBlock 和 HopCount 字段,从而为将来的请求提供该数据内容代最新的路径外缓存信息。缓存痕迹的 TimeLastUpdate 字段也会被更新。

然后结点会根据 d 是 Data 还是 NACK 报文来进一步处理报文的转发。如果 d 是 Data 报文,结点会首先根据本地缓存策略来缓存该报文。若有匹配的 PIT 条目,d 会视情况而定往下游转发。在转发之前,d 携带的缓存信息在必要时也会被更新。也就是说,如果本地缓存的该代内容编码块的数量 n 不小于 $numblock$,则 d 的 $numblock$ 和 $hopinfo$ 字段会被分别更新为 n 和 0。如此更新是考虑到与上游结点相比,该结点是更有能力且更近地响应未来请求同代数据内容的 Interest 报文的结点。否则,d 的 $hopinfo$ 字段会加 1。然后 d 会根据匹配的 PIT 条目向下游转发,并且这个匹配的 PIT 条目会被删除。

若 d 是 NACK 报文,结点会首先标记 $iface$ 接口返回了一个 NACK。如果匹配的待响应的 Interest 报文所有的发出接口都返回了 NACK 报文,结点会根据本地匹配的缓存痕迹和本地缓存信息来选择最优的可达性信息（即 NumBlock 字段的最大值），进而创建一个新的 NACK 报文，并将该报文转发到下游结点。之后下游结点会按照情况维护缓存痕迹来利用路径外缓存内容。

算法 12.2　O2CEMF 策略中结点对 Data 和 NACK 报文的处理流程

输入：Data 或 NACK 报文 $d(cname, hopinfo, numblock, iface)$

输出：Data 或 NACK 报文处理结果

1. **IF** $iface$ is for cache exploration or exploitation **THEN**
2. 　　**IF** there is no matching cache trail **THEN**
3. 　　　　Create a cache trail accordingly//创建缓存痕迹
4. 　　**ELSE**
5. 　　　　Update the NumBlock and HopCount values of the trail for $iface$
　　　　　　to $numblock$ and $hopinfo$, respectively//更新缓存痕迹
6. 　　**END IF**
7. 　　Update the TimeLastUpdated field of the trail for iface//更新缓存痕迹
8. **ENDIF**
9. **IF** d is a Data packet **THEN**
10. 　　Cache d according to the local policy//缓存 Data 报文
11. 　　**IF** there exists a matching PIT entry e **THEN**
12. 　　　　**IF** n, i. e., the number of locally cached encoded blocks for the
　　　　　　same generation$\geqslant numblock$ **THEN**
13. 　　　　　　//转发 d 之前更新其相应字段
14. 　　　　　　Update the $numblock$ and $hopinfo$ of d to be n and 0
15. 　　　　**ELSE**
16. 　　　　　　Update the $hopinfo$ of d to be $(hopinfo+1)$
17. 　　　　**END IF**
18. 　　　　//按照算法 10.2 的 12~24 行转发报文
19. 　　　　Forward d according to e
20. 　　　　Delete e
21. 　　**END IF**
22. **ELSE**
23. 　　**IF** there exists a matching PIT entry e **THEN**
24. 　　　　Mark that $iface$ returns a NACK//标记返回 NACK 报文的接口
25. 　　　　**IF** outgoing face(s) of the corresponding pending Interest(s) in e
　　　　　　all return(s) NACK(s) **THEN**
26. 　　　　　　//创建新的 NACK 报文
27. 　　　　　　Create a NACK according the best trail and local caching
28. 　　　　　　Forward the new NACK according to e
29. 　　　　　　Delete e
30. 　　　　**END IF**

31.　　**END IF**
32. **END IF**

12.3　示例分析

本小节以图 12.3 和图 12.4 来说明采用 O2CEMF 策略的一个例子。请求者 C 请求由内容发布者 P 发布的数据内容代（设代大小为 15）。路径外缓存 A 和 B 分别缓存有该代内容的 8 个和 3 个编码块。当请求者 C 发送 Expected Rank 为 1 的 Interest 报文之后，假设路由器 R_x 没有该代内容匹配的缓存痕迹。当第一个 Interest 报文到达后，R_x 开始探索阶段。如图 12.3 所示，R_x 首先复制该 Interest 报文，然后根据匹配的 FIB 将报文转发到接口 1 来寻求内容发布者的响应，另外也会将报文转发到接口 0 和 2 来探索路径外的缓存 A 和 B。由于 A 和 B 所缓存的该代内容编码块数量 8 和 3 是大于 Interest 报文的 Expected Rank 值，所以 A 和 B 都可对本地缓存的该代内容编码块进行再编码来响应 Interest 报文，每个再编码报文都携带该代内容本地缓存编码块的数量。两个再编码报文和从内容发布者 P 返回的另一个编码块都会返回到 R_x。R_x 会将首先到达的编码块返回到 C，同时也会缓存这三个编码块，并且会根据从 A 和 B 返回的编码块中携带的缓存信息来创建缓存痕迹（假设 A 返回的编码块在 t1 到达，B 返回的在 t2 到达）。之后 Expected Rank 值为 2 和 3 的两个 Interest 报文会由 R_x 中缓存的三个编码块再编码之后响应。对于 Expected Rank 值为 4 的 Interest 报文，R_x 首先复制该 Interest 报文，然后将它从接口 0 转发到路径外缓存 A（因为接口 0 的缓存痕迹表明 A 缓存的该数据内容代的编码块数量是大于 Interest 的 Expected Rank 值的），另外 R_x 也会根据匹配的 FIB 条目将该报文从接口 1 转到 P。假设路径外缓存 A 中的 4 个编码块在 Expected Rank 为 4 的 Interest 到达之前被替换掉了，那么 A 通过对剩余的 4 个编码块进行再编码来响应 Interest 报文，新的编码块携带本地缓存的该代内容编码块的数量 4，即 NumBlock 值为 4。路由器 R_x 在 t3 根据接口 0 返回的编码块中携带的缓存信息来更新缓存痕迹，如图 12.4 所示，并且缓存该再编码块和从发布者 P 返回的其他编码块（R_x 目前缓存有该代内容的 5 个编码块）。R_x 会将二者中先到达的编码块返回给请求者 C。然后 Expected Rank 为 5 的 Interest 报文可被 R_x 本地缓存的编码块响应。剩余 Expected Rank 大于 5 的 Interest 报文只会被转发到接口 1 来寻求内容发布者 P 的响应，因为缓存痕迹所示的路径外缓存无法满足这些 Interest 报文。之后若缓存痕迹在一个时间阈值内没有更新，则会被删除。

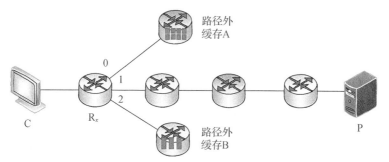

Cache Trail Table at R_x				
Content Name	Face	Num Block	Hop Count	TimeLast Updated
/c1/g1	0	8	1	t1
/c1/g1	2	3	1	t2
…	…	…	…	…

图 12.3　O2CEMF 策略中 Rx 探索阶段之后建立缓存痕迹

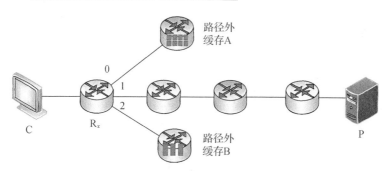

Cache Trail Table at R_x				
Content Name	Face	Num Block	Hop Count	TimeLast Updated
/c1/g1	0	4	1	t3
/c1/g1	2	3	1	t2
…	…	…	…	…

图 12.4　缓存痕迹的利用与更新

12.4　实验与分析

本小节介绍 O2CEMF 策略的实验研究,评估了 O2CEMF 策略带来的网络传输性能的提升和缓存大小、代大小以及缓存探索范围对性能的影响。另外,本小节也评估了采用 O2CEMF 策略所带来的通信开销。

12.4.1　实验设置

在第 10 章实现的 NC-NDN 结构的基础上,本节实现了 O2CEMF 转发策略,包括用相应的字段扩展 Interest、Data 和 NACK 报文,修改报文的转发流程以及维护缓存痕迹表等。实验运行环境为 2.20 GHz CPU,64GB 内存。图中的误差条表示标准差。

1) 实验拓扑

本节采用的拓扑是 PoP 级的 Rocketfuel SPRINT 拓扑[75],如图 12.5 所示,该拓扑有 52 个结点,度为 1 的结点为请求者(19 个红色结点),直接与请求者相连的结点为网关(13 个绿色结点),剩余结点为中间路由器(20 个白色结点)。在每轮实验中都会随机选择与不同网关相连的结点作为原始内容发布者。图中的误差条主要来自内容发布者的随机选择。每条链路的带宽为 10 Mb/s,传播时延为 1 ms。在实验中,内容发布者可响应请求者发送的所有请求。

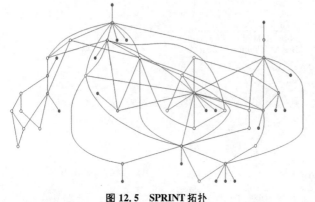

图 12.5　SPRINT 拓扑

2) 实验方案

本节评估了 O2CEMF 中缓存大小、代大小和缓存探索范围对网络传输性能的影响。除了 O2CEMF,本节也考虑了其他三种多路径转发策略来做对比——NC-NDN 和 NDN 中同时使用多条路径上路由的转发策略(NC-NDN-OnPath 和 NDN-OnPath),以及 NDN 中的 INFORM 转发策略[9]。本部分提出的 O2CEMF 策略和 INFORM 都属于收集缓存内容的可达性信息的转发策略。在实验中,请求者的访问模式是文献[76 - 77]中使用的一个真实的 WorldCup 请求流量[78]。本节模拟了流量中的前 95 000 个请求。每个请求都是请求 2 876 个不同对象中的一个。图 12.6 为 95 000 个请求中不同对象的流行度分布。为简单起见,假设这些对象的大小相同,并且每个对象都只包含一代内容。假设每个用户以泊松过程发送 Interest 报文,其平均速率是每秒 100 个 Interest 报文,每个请求者请求 5 000 代内容。每个实验重复运行 10 轮来获取最终的平均结果,每轮实验中都使用 ns-3 中的"RngRun"参数作为种子来随机化原始内容发布者的位置。表 12.1 实验参数设置给出了仿真中的参数设置。

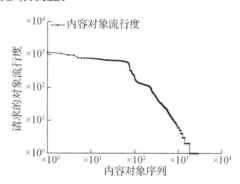

图 12.6　请求对象的流行度分布

表 12.1　实验参数设置

参数	默认值	范围
带宽	10 Mb/s	——
传输时延	1 ms	——
请求数据集大小	2 876 代	——
缓存空间大小(%)	0.1	[0.1,10]
数据内容代大小	30	[10,50]
缓存探索范围	5	[1,6]
缓存痕迹超时时间	1 s	——

3）性能测度

除 10.3.1 节中提到的获取内容的平均时延以外,本节还评估了以下两种性能测度:

（1）平均缓存命中率:由缓存编码块响应的 Interest 报文的平均比例;

（2）平均路由跳数:请求者获取到的所有 Data 报文传输的平均跳数。

4）开销测度

在结点开销方面,除 10.3.1 节提到的平均 Interest 负载之外,本节也从以下四个方面量化引入 O2CEMF 之后产生的开销:

（1）平均 Data 负载:每个结点处理的 Data 报文的平均数量;

（2）平均 NACK 负载:每个结点处理的 NACK 报文的平均数量;

（3）缓存痕迹平均数量：每个结点每秒维护的缓存痕迹的平均数量；

（4）移除痕迹的平均数量：每个结点每秒删除的缓存痕迹的平均数量。

12.4.2　实验结果与分析

1）缓存空间大小对结果的影响

本节首先评估了结点的缓存空间大小对内容交付性能的影响。所有路由器的缓存大小均相同，在不同的模拟中分别设置为可以容纳请求数据集中 0.1%、0.5%、1%、2%、4%、6%、8%、10% 的 Data 报文。图 12.7 展示了四种策略下的实验结果。如图所示，与 NDN-OnPath 相比，INFORM 在平均缓存命中率和平均路由跳数方面分别提升了 4.1% 和 2.4%。当缓存大小为 0.1% 时，平均缓存命中率和平均路由跳数没有提升，这是因为缓存空间较小，导致 INFORM 中探索的报文在邻近的路径外缓存几乎没有缓存命中。INFORM 策略在其探索和利用阶段可利用到路径外缓存内容，进而达到改善平均缓存命中率和平均路由跳数的目的。但

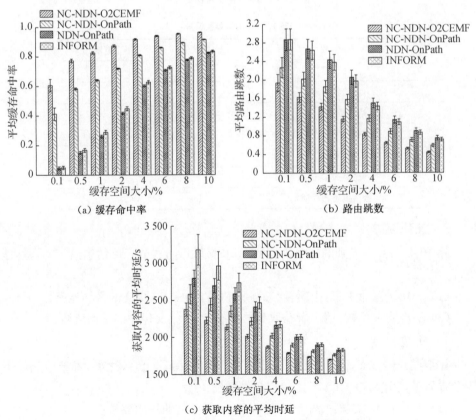

（a）缓存命中率　　　　　　　　　　　（b）路由跳数

（c）获取内容的平均时延

图 12.7　O2CEMF 策略中缓存空间大小对网络性能的影响

是在获取内容的平均时延方面,当缓存可容纳的 Data 报文数量不超过请求数据集的 8% 时,INFORM 策略是大于 NDN-OnPath 的。在利用阶段,INFORM 可能不会带回匹配的 Data 报文,因为数据内容以数据块的粒度缓存而且缓存内容会不断发生缓存替换,所以利用阶段转发的 Interest 报文可能不会得到响应,相应的请求者不得不在 Interest 报文超时之后重传该 Interest 报文(超时的 Interest 报文不会带回 Data 报文,平均路由跳数的计算不包括它们传输的跳数),这会导致获取内容平均时延的增加。

另外,NC-NDN 中的内容交付性能明显优于 NDN,特别是当结点的缓存大小很小的时候。在 NC-NDN 中,一个 Interest 报文可带回该代内容的多个线性无关编码块,这些编码块可被缓存在它们经过的结点中,将来可通过再编码响应同代数据内容的 Interest 报文,进而提升平均缓存命中率,减少平均路由跳数和获取内容的平均时延。因此,与 NDN 相比,NC-NDN 可以充分利用多路径传输,提供更好的性能。另外,与预想的一样,NC-NDN-O2CEMF 策略下的网络传输性能明显优于 NC-NDN-OnPath。具体地说,与 NC-NDN-OnPath 相比,NC-NDN-O2CEMF 中缓存命中率提升了 17.5%,路由跳数和获取内容的平均时延分别降低了 22.4% 和 7.2%。这是因为 O2CEMF 对路径外的缓存内容加以利用,在探索阶段探索到的缓存编码块不仅会添加进路径上结点的缓存来响应后续的 Interest 报文,也会指导后续 Interest 的转发进而进一步利用路径外缓存内容,从而提升网络的传输性能。

2)代大小对结果的影响

本节评估了数据内容代大小对网络传输性能的影响,代大小取值为 10~50。缓存大小被设置为可容纳 90 个编码块(即,容纳请求数据集中 0.1% 的 Data 报文)来模拟缓存空间受限的网络环境。图 12.8 展示了四个策略下的仿真结果。可以看到 INFORM 与 NDN-OnPath 策略的网络传输性能相近。NC-NDN 下的转发策略明显优于原始 NDN。另外,NC-NDN-O2CEMF 策略下的网络传输性能明显优于其他三个策略。与 NC-NDN-OnPath 相比,平均缓存命中率提升了 43.0%,路由跳数和获取内容的平均时延分别降低了 13.5% 和 7.9%。另外,随着代大小增加,网络传输性能会减小。这是因为随着代大小增加,请求的数据集中原始 Data 报文的数量会增加,即解码所需的编码块数量也会增加,但是路由器的缓存大小又是保持不变,所以一个结点缓存的数据内容代的数量是减小的,从而降低了缓存命中率,提高了平均路由跳数和获取内容的时延。

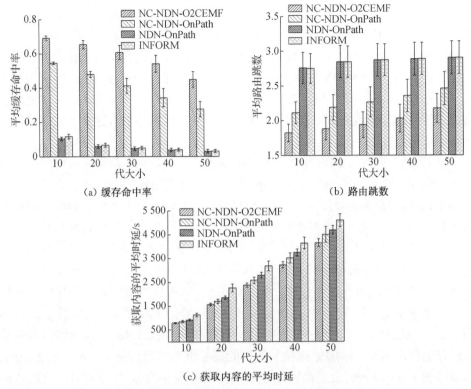

(a) 缓存命中率　　　　　　　　　　　(b) 路由跳数

(c) 获取内容的平均时延

图 12.8　O2CEMF 策略中数据内容代大小对网络性能的影响

3) 缓存探索范围对结果的影响

本节也评估了缓存探索范围对内容交付性能的影响。缓存大小仍然设置为
0.1%。在 SPRINT 拓扑中,从请求者到原始内容发布者的最短距离几乎都在 5 跳
以内。因此,为了获得综合的实验结果,Interest 的 Scope 字段范围设置为 1～6。
图 12.9 展示了不同的缓存探索范围下四个策略的实验结果。因为 NC-NDN-
OnPath 和 NDN-OnPath 中不会探索或利用路径外缓存内容,而 INFORM 策略在
探索和利用阶段不限制探索范围,因此缓存探索范围的改变对它们的性能没有影
响。如图中所示,NC-NDN-O2CEMF 明显优于其他三个策略。而且,当缓存探索
范围提升为 3、4 或 5 时,NC-NDN-O2CEMF 中网络传输性能的提升尤其明显。若
缓存探索范围太小,结点只能探索到有限的可用的路径外缓存内容。然而,若探索
范围比从请求者到内容发布者的最短距离还要大,请求就会直接被原始内容发布
者响应。那么比发布者远的路径外缓存内容的利用率就会降低。因此,在
NC-NDN-O2CEMF 中,当缓存探索范围从 1 提升到 2 或从 5 提升到 6 时,内容交
付性能提升不太明显。

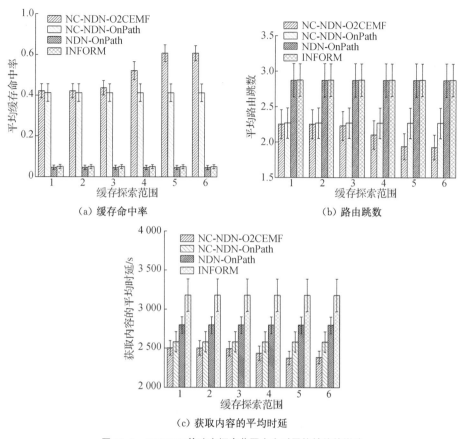

（a）缓存命中率

（b）路由跳数

（c）获取内容的平均时延

图 12.9 **O2CEMF 策略中探索范围大小对网络性能的影响**

4）O2CEMF 的通信开销

另外本节也评估了不同的缓存传输范围下，网络引入 O2CEMF 策略后产生的开销。如图 12.10（a）和（b）所示，NC-NDN-OnPath 在四种策略中有最小的 Interest 负载和 Data 负载，因为该策略只利用到路径上的结点的缓存，所以一个 Interest 报文不会被转发到路径外的结点，从而导致有的结点不会有该 Interest 报文通过，也就不会有返回的编码块。INFORM 策略的 Interest 负载和 Data 负载最大，这是因为 INFORM 策略中有较多的 Interest 报文重发以及频繁的探索和利用阶段的切换。与 NDN-OnPath 相比，O2CEMF 策略下的平均 Interest 报文负载提高了 3.4%，平均 Data 报文负载减少了 28.5%。与 NC-NDN-OnPath 相比，O2CEMF 策略下的 Interest 报文和 Data 负载分别增加了 47.7% 和 10.2%。如图 12.10(c)所示，O2CEMF 策略中的 NACK 负载大约是其 Data 负载的 52.3%。通过对实验的深入研究，发现 NACK 负载主要是探索阶段 Interest 报文探索失败时产生。实际上由探索阶段产生的 NACK 报文负载可以通过不发送 NACK 报文来避免。当 Interest 报文探索失败即没有找到可用的路径外缓存时，中间路由器将该探索接口标志为"探索而不可用"，即该接口无法返回匹配编码块，从而减少NACK 报文开销。

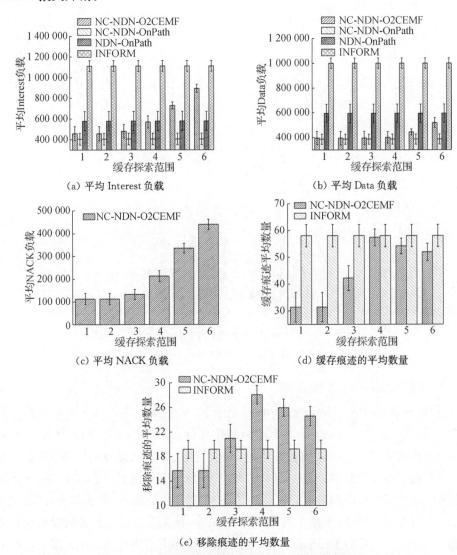

（a）平均 Interest 负载

（b）平均 Data 负载

（c）平均 NACK 负载

（d）缓存痕迹的平均数量

（e）移除痕迹的平均数量

图 12.10　O2CEMF 策略中探索范围大小对通信开销的影响

如图 12.10(d)所示，在 O2CEMF 策略下，每个结点的平均缓存痕迹数量不断增加并随着缓存探索范围的增加趋于稳定。随着探索范围的增加，越来越多的可用路径外缓存会被探索到，进而会创建更多的缓存痕迹。然而，当探索范围到达一个阈值,由于接口数量固定,结点维护的缓存痕迹数量也会趋于饱和。因此,在足够大的范围下,缓存痕迹的平均数量是相对稳定的。另外,当探索范围从 4 跳增加到 5 跳时,缓存痕迹的平均数量会减少。这是因为当探索范围从 4 跳增加到 5 跳时,平均缓存命中率、路由跳数和获取内容的平均时延都有明显的改善,也就是说,当探索范围为 5 跳时,探索的 Interest 报文会带回更多的编码块,从而在利用阶段的 Interest 报文更可能被邻近的缓存响应而无须发往更远的结点。当远处结点所维护的缓存痕迹在一个时间段内未被更新的话则会被删除。在本节提出的策略中,对一代数据内容来说,由于可从多个下一跳探索该代内容,因此该代内容在一个结点会有多条缓存痕迹。若一代内容的缓存痕迹被集合成一条缓存痕迹,每个结点维护的缓存痕迹数量会更少。图 12.10(e)所示的平均移除的缓存痕迹数量的变化趋势与每个结点维护的缓存痕迹数量的变化趋势类似。

12.5 本章小结

本章主要介绍了基于 NC-NDN 的按需探索路径外缓存内容的多路径转发策略,简称 O2CEMF。该策略的核心思想为按需探索路径外缓存内容的可达性信息,指导后续 Interest 报文的转发从而达到利用路径外缓存的目的。本章首先介绍了该策略主要的研究问题,之后详细说明了该策略的设计,包括缓存痕迹格式、报文格式以及报文转发流程。12.3 节对该策略的应用进行了举例说明。12.4 节对 O2CEMF 策略进行了网络传输性能和开销两方面的评估,实验结果表明 O2CEMF 可以一个可承受的开销提升平均缓存命中率,减少平均路由跳数以及获取内容的平均时延。

13 基于用户需求和结点响应能力的缓存策略

NDN 中的默认缓存机制为处处缓存,结点缓存每个经过的编码块会造成缓存内容冗余以及频繁的缓存替换。基于第 10 章和第 12 章提出的 NC-NDN 基础框架和按需探索路径外缓存内容的多路径转发策略,本章提出基于用户需求和结点响应能力的缓存策略来进一步优化 NC-NDN 中的网络缓存管理。本章首先描述了研究问题,然后详细说明了缓存价值的计算方法以及缓存策略的具体定义,最后通过仿真实验对该策略进行性能与开销方面的评估。

13.1 问题分析

作为 NDN 的突出特点,网络内缓存在提升网络传输性能上占有重要地位。NDN 中的默认缓存机制是处处缓存(CEE),即每个路由器都缓存经过的 Data 报文。但这不仅会增加结点的开销也会导致缓存冗余。目前有不少研究关注于 NDN 的缓存管理,例如,基于概率的缓存和基于流行度的缓存等。但是,它们都不能很好地解决将 Interest 报文转发到多个接口的情况下所带来的多个重复 Data 报文和网络负载增大的问题。第 10 章提出的 NC-NDN 结构使得 CS 可以数据内容代的粒度缓存编码块,从而增加缓存内容的利用率,第 12 章提出的 O2CEMF 转发策略进一步利用了路径外结点的缓存内容。但是,CEE 缓存机制使得网络的传输性能的提升和通信开销的减少受到一定限制。

本节用图 13.1 来说明这个问题。图中 C 是请求者,请求由原始内容发布者 P_1 和 P_2 发布的编码块。在 NC-NDN 中,若路由器 R_2 根据匹配 FIB 条目中所示的多个接口转发 Interest 报文,则其会收到由 P_1 和 P_2 返回的不同的编码块。这两个编码块被缓存在 R_2 中,可被用来响应将来请求同代数据内容的 Interest 报文。另外,假设路径外缓存 A 中缓存有若干匹配的编码块。则在 O2CEMF 策略中,A 中缓存的编码块可以被探索到,并可以响应 Interest 报文。在这种情况下,虽然路由器 R_2 可以收到多个线性无关编码块,但是 R_1、R_3、R_4 和 R_5 均会缓存有重复的编码块,这些编码块后续被利用到的概率较小。如果缓存空间较小的话,结点会频繁地进行缓存替换,也会增加网络负担。

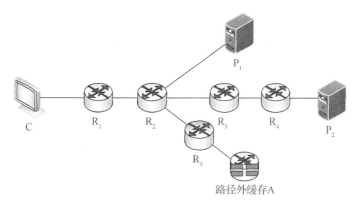

图 13.1 缓存示例

为了减少结点之间的缓存冗余,本章提出基于用户需求和结点响应能力的缓存策略,该策略为 O2CEMF 的补充,关注于缓存放置以及网络资源的优化。本章以缓存价值来综合考虑影响缓存放置的多个因素,路由器基于该结点是否在编码块的返回路径上拥有该代内容的最大缓存价值来决定数据块的缓存。本章工作的贡献可被总结为以下几点:

(1) 提出了轻量级的缓存放置策略用于扩展 O2CEMF,在该策略中,每个结点根据缓存价值的大小和发出接口的数量来独立决定是否缓存返回的编码块。

(2) 提出的策略使得同代数据内容的编码块缓存在更有价值的结点。与 CEE 策略相比,该策略实现了内容的选择性缓存,提高了网络中数据内容代的多样性,减少了不必要的缓存替换。

(3) 通过实验评估了该缓存策略的网络传输性能和开销。初步的实验结果表明该策略可以减少平均缓存替换次数和无用的缓存数据内容代数量,提高缓存内容的多样性。另外该策略也保证了平均缓存命中率、路由跳数和获取内容的平均时延,甚至轻微提升了网络传输性能。

13.2 缓存策略设计

13.2.1 策略概述

在 NC-NDN 中,请求者只需要获取到足够的线性无关编码块即可解码得到原始内容。因此,结点中请求者解码某代数据内容所需的编码块数量即可反映数据内容的流行度,也就是说,解码所需的编码块数量越多,该内容就越流行。另外,结点可对缓存编码块进行再编码响应请求者的请求,因此,结点将要缓存的某代数据内容的编码块数量越多,对该代内容的响应能力就越强。Interest 报文在距离请求者较近的结点被响应可以减少获取内容所需的时延,因此编码块也应该被缓存在距请求者较近的结点。在本章提出的策略中,用缓存价值来综合考虑以上三个因素,即该结点处请求者对编码块的动态需求,结点距请求者的距离和缓存内容对潜在请求的响应能力。当一个请求编码块的 Interest 报文在被转发到下一跳之前,路由器会计算该数据内容代在本地的缓存价值,Interest 报文捎带沿途结点所具有的最大的编码块缓存价值,返回的编码块则缓存在途经路径上具有最大数据内容代缓存价值的结点处。需要注意的是,如果 Interest 报文被转发到多个接口,即该Interest 报文有多个发出接口,则返回的编码块也会被缓存。这是因为缓存这些编码块不仅可以用来响应后续来自同一请求者的 Interest 报文,也有利于同代内容的探索和利用。

13.2.2 缓存价值定义

缓存价值衡量了路径上结点缓存编码块的收益,即以缓存的编码块响应后续Interest 报文的潜在能力。结点上数据内容代的缓存价值具体定义如下:

$$CacheValue = Demand \times Avghop \times Responsiveness \tag{13.1}$$

其中:$Demand$ 表示数据内容代的动态需求,可通过遍历 PIT 条目中记录的请求该代内容的 Interest 报文进行计算;$Avghop$ 指从该结点到 FIB 中所示的多个原始内容发布者的平均路由跳数;$Responsiveness$ 衡量后续通过对缓存的编码块进行再编码来响应请求同代数据内容的 Interest 报文的能力。

Demand 和 Responsiveness 的具体定义如下:

1) Demand 计算方法

在本章提出的策略中,路由器首先基于 PIT 条目中的待响应的 Interest 报文来计算该代内容的 $Demand$ 值,即请求者解码所需要的线性无关编码块数量。由于引入了网络编码,请求者在收到足够的线性无关编码块即可解码得到原始内容,因此在 NC-NDN 中,数据内容流行度可以用请求者解码所需要的编码块数量表示。具体来说,请求者解码该代内容所需要的编码块的数量越多,数据内容就越流行。在网络的传输过程中,路由器可能会维护多个 PIT 条目来记录请求同代内容不同编码块的 Interest 报文,这些 Interest 报文可能来自不同的请求者。Interest报文中的 Expected Rank 和 RID 字段可用来区分这些 Interest 报文。这两个字段也可被用于计算该代内容的 $Demand$。本部分用 U 来标识该结点请求同代数据内容的请求者的数量。假设请求者 i 发送的 Interest 报文中,Expected Rank 的最大值为 ER_i。当 Interest 报文到达且相应 PIT 条目建立之后,结点按照以下公式计算该代数据内容的 $Demand$ 值:

$$Demand = \sum_{i=1}^{U} (GenerationSize - ER_i) \tag{13.2}$$

其中:*GenerationSize* 指一代内容中包含的数据块的数量。指第 i 个请求者解码原始内容所需要的编码块数量,求得的 *Demand* 代表当前该结点中 PIT 所记录的请求该代数据内容的请求者解码所需要的编码块的数量总和。在特殊情况下,如果一个 PIT 条目中聚合了两个或更多的 Interest 报文,结点只计算拥有最小 Expected Rank 值的请求者,而不是计算条目中记录的所有请求者。因为具有最小 Expected Rank 值的请求者所需要的该代内容线性无关编码块数量已经大于聚合在 PIT 条目中的其他请求者。

2）Responsiveness 计算方法

由于网络编码的引用,结点缓存编码块的数量大于 Interest 的 Expected Rank 值即可响应 Interest,因此结点可以根据自身结点已有的和将要收到的编码块的数量来估算对 Interest 的响应能力,即 Responsiveness。路由器可以利用 PIT 条目的发出接口列来估计将要收到返回的编码块的数量,也就是说,Interest 报文的发出接口越多,返回的编码块越多,对请求同代内容的 Interest 报文的响应能力就越强。在 O2CEMF 策略的转发平面,除了将 Interest 发往匹配 FIB 中所示的接口,路由器还会将 Interest 报文发往其他可用接口来探索或利用路径外缓存。简单起见,假设根据 FIB 条目转发的 Interest 报文一定会被响应,而转发到其他可用接口的 Interest 报文仅有一定的概率会被路径外缓存响应。

假设匹配 FIB 条目记录的下一跳有 F 个,从第 j 个下一跳转发的请求该代数据内容编码块的 Interest 报文有 M_j 个。另外用于搜索或利用该代数据内容缓存编码块的下一跳接口有 S 个,基于历史统计信息,第 k 个被搜索的下一跳返回编码块的概率为 P_k,从第 k 个接口搜索编码块的 Interest 报文有 N_k 个。

基于以上分析,*Responsiveness* 的定义如下所示:

$$Responsiveness = H_C + \sum_{j=1}^{F} M_j + \sum_{k=1}^{S} P_k \times N_k \qquad (13.3)$$

其中:H_C 指结点中已缓存的该代数据内容编码块的数量。

13.2.3　报文格式设计

本章提出的缓存策略中 Interest 报文需要携带缓存价值,另外为了定位返回的编码块应该被缓存的结点,报文也需要携带具有最大缓存价值的结点的位置信息。因此,以下字段需要分别被添加进 Interest 和 Data 报文。

（1）Interest 中的 CacheValue 字段:该字段记录 Interest 报文传输路径上该代内容缓存价值的最大值。

（2）Interest 中的 HopValue 字段:该字段记录 Interest 报文距拥有该代内容最大缓存价值的结点的路由跳数,并且会逐跳更新,即每经过一跳,HopValue 值加 1。

（3）Data 中的 HopValue 字段：该字段从相应的 Interest 报文拷贝而来并且会逐跳递减。当该值为 0 时，Data 报文就会被缓存。

13.2.4　报文处理流程

本章提出的策略中 Interest 报文的处理流程如算法 13.1 所示，请注意该算法作为算法 12.1 的补充，仅关注 Interest 报文转发过程中关于缓存的处理。Interest 报文 p 从接口 $iface$ 到达某结点。该报文请求数据内容代 $cname$ 中的任一线性无关编码块，其 Expected Rank 值为 $rank$，CacheValue 值为 $cachevalue$，HopValue 值为 $hopvalue$。路由器首先检查该报文是否可被 CS 响应。若该结点缓存的该代内容线性无关编码块的数量不小于 $rank$，结点可将这些编码块进行再编码来生成一个新的编码块返回给请求者，该编码块的 HopValue 等于 $hopvalue$。否则，结点检查 PIT 表看该 Interest 报文是否可以被聚合。如果 Interest 报文不能被聚合，则结点会创建相应的 PIT 条目。之后，路由器会根据 $er(t)=dr(t)+PIs(t)$ 计算所请求的数据内容代的缓存价值。如果新的缓存价值大于 Interest 报文中的 $cachevalue$，则 $cachevalue$ 和 $hopvalue$ 会分别被更新为新的缓存价值和 0。因为与其他下游结点相比，该结点更有可能以缓存的编码块响应后续的 Interest 报文。然后，结点将 p 转发到匹配 FIB 条目中所示的接口和其他可用接口来探索或利用路径外的缓存。需要强调的是，该策略在 Interest 报文的处理流程中主要步骤为计算缓存价值以及修改 Interest 的相应字段，即算法 13.1 的第 4 行和 12～18 行。除此之外的步骤皆可按照结点自身的转发流程进行处理。

算法 13.1　缓存策略中结点对 Interest 报文的处理流程

输入：Interest 报文 $p(cname, rank, cachevalue, hopvalue, iface)$

输出：Interest 报文处理结果

1. //若能被本地缓存响应，则再编码生成编码块响应 Interest 报文
2. **IF** the number of encoded blocks for the requested generation in the local cache$\geqslant$rank **THEN**
3.　　//再编码报文携带 $hopvalue$ 值
4.　　Recode these encoded blocks to generate a new block with the
　　　HopValue of $hopvalue$
5.　　Return the new block via $iface$
6. **ELSE**
7.　　**IF** p can be aggregated by a matching PIT entry **THEN**
8.　　　　//判断是否可以被聚合，具体步骤为算法 10.1 的 7～18 行
9.　　　　Aggregate p to the PIT entry
10.　　**ELSE**
11.　　　　Create a PIT entry accordingly

12.   //计算数据内容在该结点的缓存价值

13.   Calculate *CacheValue* based on Eq. 13. 1 for the requested generation of content at the node

14. **IF** the new *CacheValue*>*cachevalue* **THEN**

15.   Update *cachevalue* to the new *CacheValue* and *hopvalue* to 0//更新缓存价值

16. **ELSE**

17.   *hopvalue*=*hopvalue*+1//修改 hopvalue 字段

18. **END IF**

19. //后续步骤即按照 O2CEMF 策略进行处理,具体步骤为算法 12.1 的 10～32 行

20. **IF** there exists a matching FIB entry **THEN**

21.   Forward *p* according to the matching FIB entry

22. **END IF**

23. Forward *p* to other available faces to explore or exploit off-path cached encoded blocks

24. **END IF**

25. **END IF**

  算法 13.2 即为结点对 Data 报文的缓存处理,即算法 12.2 中的步骤 10,该算法对缓存步骤进行扩展,输出结果为对 Data 报文的缓存决策。响应数据内容代 *cname* 的编码块 *d* 从接口 *iface* 到达,其 HopValue 值为 *hopvalue*。结点首先检查是否有匹配的 PIT 条目。若没有,则表示相应的 Interest 报文已经被先前到达的编码块响应,那么结点会根据本地的策略直接缓存 *d*。否则,若本地的 CS 未满,考虑到不浪费网络资源,路由器也会直接缓存 *d*。如果 CS 中没有多余的空间,则将 *hopvalue* 减 1。接下来,若 *hopvalue* 等于 0,也就是说,该结点具有该数据内容代的最大缓存价值,路由器会选择本地的一个编码块丢弃并且缓存 *d*。需要强调的是,如果相应 Interest 报文的发出接口数量多于 1,*d* 也会被缓存。当 Interest 报文被转发到多个接口,路由器可能会收到多个返回的线性无关编码块。因此缓存所有经过的编码块使得该结点更可能响应后续请求相同数据内容代的 Interest 报文。该算法执行完毕后,结点根据自身策略将 *d* 转发到下游结点。

算法 13.2 缓存策略中结点对 Data 报文的缓存处理

输入:Data 报文 *d*(*cname*,*hopvalue*,*iface*)

输出:Data 是否缓存

1. //若没有匹配 PIT 条目则根据缓存空间大小决定是否缓存

2. **IF** there is no matching PIT entry **THEN**

3. **IF** the local cache is not full **THEN**

4.   Cache *d*//直接缓存

5. **ELSE**

6.　　　　Evict a cached encoded block and cache *d*//缓存替换

7.　　**END IF**

8. **ELSE**

9.　　**IF** the local cache is not full **THEN**

10.　　　　Cache *d*//直接缓存

11.　　**ELSE**

12.　　　　*hopvalue*＝*hopvalue*－1//修改 hopvalue 值

13.　　　　//判断是否满足缓存的条件

14.　　　　**IF** *hopvalue*＝0 or the number of outgoing faces of the
corresponding Interest＞1 **THEN**

15.　　　　Evict a cached encoded block and cache *d*

16.　　　　**END IF**

17.　　**END IF**

18. **END IF**

13.3　示例分析

本节用图 13.2 的例子对提出的缓存策略进行举例说明。在图中,请求者 C 请求由内容发布者 P_1 和 P_2 发布的某代数据内容的编码块(代大小是 30)。假设图中所有路由器的 CS 已满,且缓存的是其他的数据内容。但是路径外缓存 A 缓存有该数据内容代中的四个编码块。

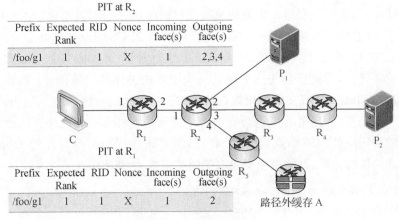

图 13.2　缓存策略示例分析

在获取数据内容代的初始阶段,C 发送一个 Interest 报文,其名称前缀为/foo/g1,Expected Rank 值为 1,RID 为 1,CacheValue 为 0,HopValue 为 0。路由器 R_1 收到该 Interest 之后建立 PIT 条目。在从接口 2 转发该报文之前,R_1 会计算该代数据内容的缓存价值。R_1 处该代内容的 Demand 等于 29,Avghop 值为 3(该结点

到 P_1 有 2 跳,到 P_2 有 4 跳)。假设 R_1 处没有其他请求同代数据内容的 Interest 报文发往接口 2。那么 Responsiveness 值为 1,最终在 R_1 处该代内容的缓存价值为 87。之后 Interest 报文的 CacheValue 和 HopValue 字段分别被更新为 87 和 0。

类似地,在 Interest 报文到达 R_2 之后,R_2 首先创建 PIT 条目以及计算缓存价值。很明显,在 R_2 处 Demand 值为 29,Avghop 值为 2。另外,R_2 可以从接口 2 和 3 转发该 Interest 报文到 P_1 和 P_2 以及从接口 4 转发 Interest 报文到路径外缓存 A。假设,从接口 4 返回该代内容编码块的概率为 0.7(A 中的缓存编码块可能会被替换掉)。因此 R_2 处该代内容的 Responsiveness 值为 2.7,最终的缓存价值为 156.6。该值大于 Interest 报文中携带的缓存价值,因此 Interest 中的 CacheValue 和 HopValue 字段分别被更新为 156.6 和 0。另外,可以很容易地计算到 R_3 和 R_4 处的缓存价值皆小于 156.6。

P_1 和 P_2 会返回两个编码块,其 HopValue 值分别为 1 和 3。路径外缓存 A 只要缓存有不少于 1 个的该代内容编码块,即可返回一个再编码块响应 Interest 报文。由于 R_2 是具有最大缓存价值的结点,返回的三个编码块均会被缓存在该结点。尤其对于从 P_2 返回的编码块来说,R_3 和 R_4 由于具有较小的缓存价值而不会缓存返回的编码块。相反地,在 CEE 缓存方案下,若 R_3 和 R_4 的缓存空间已满,则会选择一个编码块丢弃来缓存返回的编码块,增加了网络开销以及结点的负担。

13.4 实验与分析

本节评估了基于用户需求和结点响应能力的缓存策略的通信开销以及对网络传输性能的提升,通过仿真实验说明了缓存空间大小和代大小对网络性能的影响。

13.4.1 实验设置

本章提出的缓存策略是对第 12 章工作的补充,仿真实验的运行环境与第 12 章实验的运行环境相同。在本实验中,采用的仍是 SPRINT 拓扑,拓扑中各结点的定位以及请求者的请求流量均与第 12 章相同。

1) 实验方法

本节评估了该缓存策略下缓存大小和代大小对网络性能的影响。除了本节提出的缓存策略(NC-NDN-cache),实验也考虑了以下三种转发策略下的 CEE 缓存机制进行对比:

(1) NDN-OnPath:NDN 中同时利用 FIB 中所示多个接口的转发策略;

(2) NC-NDN-OnPath:NC-NDN 中同时利用 FIB 中所示多个接口的转发策略;

(3) NC-NDN-O2CEMF:NC-NDN 下的 O2CEMF 转发策略。

本次实验的参数设置如表 13.1 所示：

表 13.1 实验参数设置

参数	默认值	范围
带宽	10 Mb/s	—
传输时延	1 ms	—
请求数据集大小	2 876 代	—
缓存空间大小(%)	0.1	[0.05, 0.2]
数据内容代大小	30	[10, 40]
P_k	0.5	—

2) 评估测度

本次实验所评估的性能测度与 12.4.1 节相同,为平均缓存命中率、平均路由跳数和获取内容的平均时延。针对 CS 中空间大小有限以及会发生缓存替换的特点,所评估的开销测度如下所示:

(1) 平均缓存替换次数:平均每秒每个结点发生缓存替换的次数;

(2) 平均无用缓存数:平均每秒每个结点中还未响应 Interest 报文就被替换掉的数据内容代的平均数量;

(3) 平均内容多样性:网络中平均每秒缓存的不同数据内容代的数量。

平均无用缓存数和平均内容多样性都是基于数据内容代的粒度统计的,因此这两种测度仅适用于 NC-NDN。

13.4.2 实验结果与分析

1) 缓存空间大小的影响

本节首先评估了结点的缓存空间大小对网络传输性能和通信开销的影响。所有路由器的缓存大小均相同,在不同的模拟中分别设置为可以容纳请求数据集中 0.05%、0.1%、0.15%、0.2% 的 Data 报文来模拟缓存空间受限情况下的网络传输。

图 13.3 展示了四种策略下网络传输性能的实验结果。如图所示,与其他 NC-NDN 下的三种策略相比,NDN-OnPath 下网络传输性能最差。在 NDN 下,即使是通过多条路径转发 Interest 报文,返回的也是重复的 Data 报文,相当于单路径的传输。返回的重复 Data 报文也会导致频繁的缓存替换。

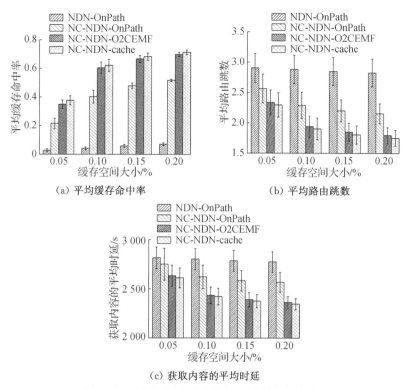

图 13.3　缓存策略中缓存空间大小对网络性能的影响

另外,NC-NDN 下的网络传输性能明显优于 NDN-OnPath。NC-NDN-O2CEMF 以一种有效的方式利用路径外缓存内容,因此该策略的实验结果优于 NC-NDN-OnPath,这与第 12 章实验结果相同。如图中所示,与 NC-NDN-O2CEMF 策略相比,本章提出的缓存策略中的内容交付性能有稍微的提升。更确切地说,平均缓存命中率提升了 3.8%,平均路由跳数和获取内容的平均时延分别降低了 2.1% 和 0.7%。本章提出的缓存策略只选择具有最大缓存价值或者多个发出接口的路由器缓存数据内容。即使该策略只在较少的结点缓存编码块,网络传输效率依然维持在一个较高的水平。

本节也评估了该缓存策略下结点的开销,如图 13.4 所示。由于 NC-NDN-O2CEMF 对路径外缓存内容的探索和利用会带回较多的编码块,而且其采用 CEE 的缓存机制,因此在四种策略中,NC-NDN-O2CEMF 策略的平均缓存替换次数和无用缓存数都是最大的。本章提出的策略与 NC-NDN-O2CEMF 相比,平均缓存替换次数和无用缓存数分别减少了 39.3% 和 46.6%。因为本章提出的缓存策略实现了内容的选择性缓存,返回的编码块只会被缓存在具有最大缓存价值或者多个发出接口的结点,即缓存在更有价值的结点。因此,本章提出的策略具有更少的缓存替换次数和无用缓存数。

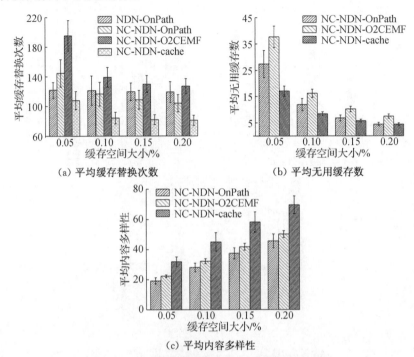

(a) 平均缓存替换次数　　　　　　(b) 平均无用缓存数

(c) 平均内容多样性

图 13.4　缓存策略中缓存空间大小对通信开销的影响

　　另外,本章提出的缓存策略具有最高的缓存内容多样性,与 NC-NDN-O2CEMF 相比提升了 40.1%。在本章提出的策略下,返回的编码块不是被缓存在返回路径上的每个结点,因此有的结点中先前缓存的数据内容代不会被替换掉,从而导致内容多样性的增加。更高的内容多样性也有利于网络传输效率的提升,但是提升不是特别明显。主要是因为 NC-NDN-O2CEMF 中采用 CEE 缓存机制使得编码块被频繁地替换,有利于对缓存编码块进行再编码来响应将来的请求。活跃的网络状态也有利于 O2CEMF 中对路径外缓存内容的探索和利用。然而,本章提出的策略只关注于将内容放置在具有最大缓存价值或多个发出接口的结点。因此,由于一些缓存编码块在一段时间内不会被替换,对路径外缓存内容的探索和利用就会受到限制。但是,因为本章提出的策略中对数据内容进行有效的缓存放置,网络的传输性能还是有轻微提升。

　　2) 代大小的影响

　　本节也评估了 NDN-OnPath、NC-NDN-OnPath 和 NC-NDN-O2CEMF 三种转发策略下的 CEE 缓存机制和本章提出的缓存策略中代大小对网络传输性能和结点开销的影响,实验结果如图 13.5 和图 13.6 所示。代大小的取值范围是 10～

40。缓存大小设置为可容纳请求数据集中的 0.1%。

图 13.5 展示了四种策略下的网络传输效率。本部分提出的缓存策略在四种策略下仍然具有最高的缓存命中率、最低的路由跳数和获取内容的平均时延。具体来说，与 NC-NDN-O2CEMF 相比，本章所提出的策略中平均缓存命中率提升 3.3%，平均路由跳数和获取内容的平均时延分别降低了 2.7% 和 0.8%。如图 13.6 所示，在通信开销方面，本章提出的策略是四种策略中开销最小的。与 NC-NDN-O2CEMF 相比，平均缓存替换次数和无用缓存数分别降低了 38.8% 和 45.7%，平均缓存内容多样性提升了 38.5%。这与上一节缓存空间大小下的实验结果趋势相一致。另外，随着代大小的增加，四种策略下的平均缓存命中率在逐步下降，平均路由跳数、获取内容的平均时延、平均缓存替换次数和无用缓存数都在逐步增加，平均内容多样性也在逐渐降低。这是因为实验过程中，缓存空间大小保持不变，代大小不断增加使得结点能缓存的数据内容代数量越来越小，从而影响 Interest 报文的缓存命中，降低网络的传输性能。

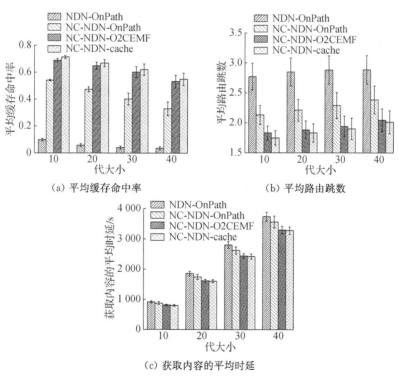

图 13.5　缓存策略中代大小对网络性能的影响

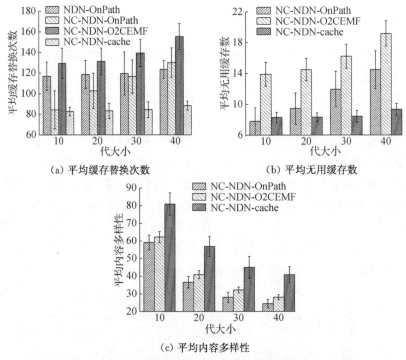

(a) 平均缓存替换次数

(b) 平均无用缓存

(c) 平均内容多样性

图 13.6 缓存策略中代大小对通信开销的影响

13.5 本章小结

本章提出了基于用户需求和结点响应能力的缓存策略,该策略为 O2CEMF 转发策略的补充。本章提出的策略通过引入缓存价值来衡量路由器缓存数据内容代中编码块的优先级。本章首先对缓存策略进行概述,然后详细介绍了缓存价值的具体定义,报文格式中的补充字段以及缓存步骤中对 Interest 报文和 Data 报文的处理。之后本章对该策略进行仿真实验评估。实验结果表明本章提出的策略不仅可以提升网络的传输效率,而且在平均缓存替换数量、平均无用缓存数方面降低网络的通信开销并且提升网络中的数据内容代的多样性。

14 总结与展望

本章对基于网络编码的命名数据网络传输性能优化研究工作进行了总结与展望。首先总结了本部分所提出的网络传输性能优化方法并分析了实验结果,指出了本部分中的不足,然后对该领域的未来工作进行展望。

14.1 总结

由于 NDN 原始体系结构固有的限制,NDN 中的网络内缓存和多路径转发无法充分协调来提升网络的传输性能。网络编码应用于 NDN 可使网络并行传输多个线性无关编码块,加快数据内容传输的同时提升缓存的利用率。本部分首先提出了基于网络编码的 NC-NDN 基础框架,该框架也支持 Interest 报文以 pipeline 模式获取内容。在此基础上,本部分研究和设计了按需探索路径外缓存内容的多路径转发策略和基于用户需求和结点响应能力的缓存策略来进一步优化 NC-NDN 传输性能。本部分工作总结如下:

(1) 网络编码与 NDN 结合可极大地提高网络的传输效率,但是目前网络编码与 NDN 结合的整体模型不够轻量级,而且不能很好地支持 Interest 报文的 pipeline 发送模式。本部分提出了完整的应用网络编码的 NDN 基础框架 NC-NDN。通过在报文中添加相应辅助字段,本部分制定了完整的 Interest 报文和 Data 报文转发流程。另外,本部分也提出了基于预测返回编码块的数量来决定 Interest 转发的机制,进而减少网络中的 Interest 报文数量。本部分所提出的基础框架其传输性能较原始 NDN 有明显提升。另外,在 Interest 报文的 pipeline 发送模式下,本部分提出的方案与同样支持 Interest 报文 pipeline 发送模式的框架相比,获取内容的平均时延降低了 20.2%,平均再编码次数和平均 Interest 负载分别降低了 81.8% 和 10%。

(2) 为了 NC-NDN 能够提供基于内容的安全特性,当前的 NDN 签名方案要求中间路由器拥有原始内容发布者的私钥,才能对再编码的 Data 报文进行签名,这是不切实际的。本部分提出了 NC-NDN 网络中线性同态签名的实现方案并对其产生的开销进行了分析。再编码报文的线性同态签名是用于进行再编码的所有 Data 报文的签名的线性组合,中间结点无须获悉内容发布者的签名私钥,且可以被任何网络结点验证通过,保持了 NDN 基于内容安全的特性。

(3) 由于 NC-NDN 可以更简单地协调请求者、原始内容发布者和中间结点,并且其可以数据内容代的粒度记录邻近结点缓存内容的可达性信息,使得 NC-NDN 对路径外缓存内容的利用更简单可行。本部分是当前领域第一个提出 NC-NDN 框架下有效利用路径外缓存内容方案的研究。该方案包括探索和利用阶段,结点在探索阶段获得缓存内容的可达性信息,进而在利用阶段对路径外缓存进行确定性利用。与基础的 NC-NDN 框架相比,缓存命中率提升了 17.5%,与较新的 NDN 中利用路径外缓存内容的转发策略相比,缓存命中率提升明显而且开销仅是该策略的 57%。

（4）NC-NDN 中结点对数据内容代的动态需求和对后续 Interest 报文的响应能力以及结点距请求者的路由距离可被用来决定返回编码块的放置,进而减少缓存管理的开销。本部分提出基于用户需求和结点响应能力的轻量级的缓存放置策略。该策略中结点根据自身对数据内容代的缓存价值独立决定是否缓存返回的编码块,在编码块仅被缓存在较少结点的情况下不仅没有降低网络性能,而且略有提升,更重要的是与 CEE 缓存策略相比,缓存结点的处理开销平均降低了 43%。

14.2　展望

本部分由于时间和设备的受限,还有些许的不足需要改进。基于网络编码的命名数据网络传输性能优化研究主要存在以下不足,在未来的工作中将进一步开展相关研究:

（1）按需探索路径外缓存内容的多路径转发策略可优化。本部分提出的策略虽然可以有效地利用路径外缓存内容,但是 Interest 报文的多路径传输无可避免地会增加通信开销。如何在通信开销和网络性能方面寻找一个平衡点是比较困难的研究问题,由于时间受限,遂未进行相关研究。

（2）本部分所提出的方案只是在 ndnSIM 仿真平台上进行了模拟实验,虽然仿真实验即可说明方案的有效性,但是并不能完全反映真实的网络环境。在真实网络环境中部署 NDN 网络需要大量的设备,受困于设备的限制没有进行此项工作。

参考文献

[1] Cisco,"Cisco Annual Internet Report(2018—2023)White Paper",[EB/OL]. https://www.cisco.com/c/en/us/solutions/collateral/executive-perspectives/annual-internet-report/white-paper-c11-741490.html,2020.

[2] Gritter M,Cheriton D R. An Architecture for Content Routing Support in the Internet[C]//USITS. 2001,1:4 – 4.

[3] Koponen T,Chawla M,Chun B G,et al. A data-oriented(and beyond)network architecture [C]//The 2007 conference on Applications,technologies,architectures,and protocols for computer communications. ACM,2007:181 – 192.

[4] Jacobson V,Smetters D K,Thornton J D,et al. Networking Named Content [J]. Communications of the ACM,2012,55(1):117 – 124.

[5] Zhang L,Afanasyev A,Burke J,et al. Named data networking [J]. ACM SIGCOMM Computer Communication Review,2014,44(3):66 – 73.

[6] Wang Y G,Lee K,Venkataraman B,et al. Advertising cached contents in the control plane: Necessity and feasibility[C]//Computer Communications Workshops. IEEE,2012:286 – 291.

[7] Wong W,Wang L,Kangasharju J. Neighborhood search and admission control in cooperative caching networks[C]//GLOBECOM. IEEE,2012:2852 – 2858.

[8] Chiocchetti R,Rossi D,Rossini G,et al. Exploit the known or explore the unknown?:hamlet-like doubts in ICN [C]//ACM Proceedings of the Information-Centric Networking Workshop. ACM,2012:7 – 12.

[9] Chiocchetti R,Perino D,Carofiglio G,et al. INFORM:a dynamic interest forwarding mechanism for information centric networking [C]//ACM SIGCOMM Workshop on Information-Centric Networking. ACM,2013:9 – 14.

[10] Udugama A,Zhang X,Kuladinithi K,et al. An On-demand Multi-Path Interest Forwarding strategy for content retrievals in CCN[C]//IEEE Network Operations and Management Symposium. IEEE,2014:1 – 6.

[11] Ahlswede R,Cai N,Li S Y R,et al. Network information flow[J]. IEEE Transactions on information theory,2000,46(4):1204 – 1216.

[12] Montpetit M,Westphal C,Trossen D. Network coding meets information-centric networking:an architecture case for information dispersion through native network coding [C]//ACM workshop on NoM. ACM,2012:1 – 6.

[13] Bouacherine A,Senouci M R,Merabti B. Multipath forwarding in named data networking:

Flow, fairness, and context-awareness[C]//International Conference on E-Business and Telecommunications. 2016:23 - 47.

[14] Kerrouche A, Senouci M R, Mellouk A, et al. AC-QoS-FS: Ant colony based QoS-aware forwarding strategy for routing in Named Data Networking[C]//IEEE International Conference on Communications. IEEE, 2017:1 - 6.

[15] Yi C, Afanasyev A, Moiseenko I, et al. A case for stateful forwarding plane[J]. Computer Communications, 2013, 36(7):779 - 791.

[16] Laoutaris N, Che H, Stavrakakis I. The LCD interconnection of LRU caches and its analysis [J]. Performance Evaluation, 2006, 63(7):609 - 634.

[17] Psaras I, Chai W. K, Pavlou G. In-network cache management and resource allocation for information-centric networks[J]. IEEE Transactions on Parallel and Distributed System, 2014, 25(11):2920 - 2931.

[18] Naeem M A, Nor S A, Hassan S, et al. Performances of Probabilistic Caching Strategies in Content Centric Networking[J]. IEEE Access, 2018, 6:58807 - 58825.

[19] Wu H, Li J, Zhi J, et al. Design and evaluation of probabilistic caching in information-centric networking[J]. IEEE Access, 2018, 6:32754 - 32768.

[20] Nguyen Q N, Liu J, Pan Z, et al. PPCS: A Progressive Popularity-Aware Caching Scheme for Edge-Based Cache Redundancy Avoidance in Information-Centric Networks[J]. Sensors, 2019, 19(3):694 - 711.

[21] Yu M, Li R. Dynamic popularity-based caching permission strategy for named data networking[C]//IEEE International Conference on Computer Supported Cooperative Work in Design. IEEE, 2018:576 - 581

[22] Ullah R, Rehman M A U. A Comparative Performance Analysis of Popularity-based Caching Strategies in Named Data Networking[J]. IEEE Access, 2020, 8:50057 - 50077.

[23] Nguyen Q N, Lopez J, Tsuda T, et al. Adaptive Caching for Beneficial Content Distribution in Information-Centric Networking [C]//International conference on information networking, 2020:535 - 540.

[24] Zheng X, Wang G, Zhao Q. A Cache Placement Strategy with Energy Consumption Optimization in Information-Centric Networking[J]. Future Internet, 2019, 11(3):64 - 79.

[25] Saha S, Lukyanenko A, Ylä-Jääski A, Cooperative caching through routing control in information-centric networks[C]//INFOCOM. IEEE, 2013:100 - 104.

[26] Wang S, Bi J, Wu J, et al. CPHR: In-Network Caching for Information-Centric Networking With Partitioning and Hash-Routing[J]. IEEE/ACM Transactions on Networking, 2016, 24 (5):2742 - 2755.

[27] Hu X, Gong J, Cheng G, et al. Enhancing In-network Caching by Coupling Cache Placement, Replacement and Location[C]//IEEE ICC next generation network Symposium. IEEE, 2015:5672 - 5678.

[28] Wu Q, Li Z, Xie G. CodingCache: Multipath-aware CCN cache with network coding[C]// ACM SIGCOMM Workshop on Information-centric Networking. ACM, 2013:41 - 42.

[29] Wu Q, Li Z, Tyson G, et al. Privacy-Aware Multipath Video Caching for Content-Centric Networks[J]. IEEE Journal on Selected Areas in Communications, 2016, 34(8): 2219 - 2230.

[30] Nguyen D, Fukushima M, Sugiyama K, et al, Conat: A network coding-based interest aggregation in content centric networks[C]//ICC. IEEE, 2015:5715 - 5720.

[31] Liu W X, Yu S Z, Tan G, et al. Information-centric networking with built-in network coding to achieve multisource transmission at network-layer[J]. Computer Networks, 2015, 115: 110 - 128.

[32] Zhang G, Xu Z. Combing CCN with network coding: An architectural perspective[J]. Computer Networks, 2016, 94(15): 219 - 230. .

[33] Saltarin J, Bourtsoulatze E, Thomos N, et al, NetCodCCN: A network coding approach for content-centric networks[C]//INFOCOM. IEEE, 2016: 1 - 9.

[34] Saltarin J, Bourtsoulatze E, Thomos N, et al. Adaptive Video Streaming With Network Coding Enabled Named Data Networking[J]. IEEE Transactions on Multimedia, 2017, 19 (10): 2182 - 2196.

[35] Bourtsoulatze E, Thomos N, Saltarin J, et al. Content-aware delivery of scalable video in network coding enabled named data networks[J]. IEEE Transactions on Multimedia, 2018, 20(6): 1561 - 1575.

[36] Matsuzono K, Asaeda H, Turletti T. Low latency low loss streaming using in network coding and caching[C]//INFOCOM. IEEE, 2017: 1 - 9.

[37] Gebriel A A, Mohamed T M, Sadek R A. NCtorrent: Peer to Peer File Sharing Over Named Data Networking Using Network Coding[C]//Proceedings of the International Conference on Advanced Intelligent Systems and Informatics. 2019: 821 - 830.

[38] Shan C, Cai J, Liu Y, et al. Node importance to community based caching strategy for information centric networking[J]. Concurrency and Computation: Practice and Experience, 2019, 31(21): 1 - 11.

[39] Lal N, Kumar S, Chaurasiya V K. A Network-Coded Caching-Based Multicasting Scheme for Information-Centric Networking (ICN) [J]. Iranian Journal of Science & Technology Transactions of Electrical Engineering, 2019, 43(3): 427 - 438.

[40] Saltarin J, Braun T, Bourtsoulatze E, et al. PopNetCod: A Popularity-based Caching Policy for Network Coding enabled Named Data Networking[C]//The 17th International IFIP TC6 Networking Conference. 2018: 271 - 279.

[41] Yi C, Afanasyev A, Wang L, et al. Adaptive Forwarding in Named Data Networking[J]. Computer Communication Review, 2012, 42(3): 62 - 67.

[42] Rossi D, Rossini G. Caching performance of content centric networks under multi-path

routing(and more)[C]//Relatório técnico. Telecom ParisTech, 2011:1 - 6.

[43] Rossini G, Rossi D. Evaluating CCN multi-path interest forwarding strategies[J]. Computer Communications, 2013, 36(7):771 - 778.

[44] Bastos I V, Moraes I M. A diversity-based search-and-routing approach for named-data networking[J]. Computer Networks, 2019, 157:11 - 23.

[45] Li Z, Simon G, Time-shifted TV in content centric networks: the case for cooperative in-network caching[C]//ICC. IEEE, 2011:1 - 6

[46] Wang J M, Zhang J, Bensaou B. Intra-as cooperative caching for content centric networks [C]//SIGCOMM Workshop on Information-Centric Networking. ACM, 2013:61 - 66

[47] Eum S, Nakauchi K, Murata M, et al. CATT: potential based routing with content caching for ICN[C]//Information-Centric Networking Workshop. ACM, 2012:49 - 54

[48] Rosensweig E J, Kurose J. Breadcrumbs: Efficient, best-effort content location in cache networks[C]//INFOCOM. IEEE, 2009:2631 - 2635

[49] Marques B, Coelho I M, Sena A, et al. A network coding protocol for wireless sensor fog computing[J]. International Journal of Grid and Utility Computing, 2019, 10(3):224 - 234.

[50] He B, Wang J, Zhou J, et al. The Design and Implementation of Random Linear Network Coding Based Distributed Storage System in Dynamic Networks [C]//ICA3PP. 2018:72 - 82.

[51] Vasudevan V A, Tselios C, Politis I, et al. On Security Against Pollution Attacks in Network Coding Enabled 5G Networks[J]. IEEE Access, 2020:38416 - 38437.

[52] Ho T, Koetter R, Medard M, et al. The benefits of coding over routing in a randomized setting[C]//ISIT. 2003:1 - 1.

[53] Ho T, Medard M, Shi J, et al. On randomized network coding[C]//The Annual Allerton Conference on Communication Control and Computing. The University; 1998, 2003, 41(1):11 - 20.

[54] Chou P A, Wu Y. Network coding for the internet and wireless networks[J]. IEEE Signal Processing Magazine, 2007, 24(5):77 - 85.

[55] Wang J, Ren J, Lu K, et al. An optimal Cache management framework for information-centric networks with network coding[C]//IFIP Networking Conference. IEEE, 2014:1 - 9.

[56] Pedersen M V, Heide J, Vingelmann P, et al. Network coding over the 2^{32}? 5 prime field [C]//IEEE International Conference on Communications(ICC). IEEE, 2013:2922 - 2927.

[57] Zhang M, Li H, Chen F, et al. A general co/decoder of network coding in hdl[C]//2011 International Symposium on Networking Coding. IEEE, 2011:1 - 5.

[58] Mastorakis S, Afanasyev A, Moiseenko I, et al. ndnSIM 2.0: A new version of the NDN simulator for NS-3[J]. NDN, Technical Report NDN-0028, 2015.

[59] Henderson T R, Lacage M, Riley G F, et al. Network simulations with the ns-3 simulator [J]. SIGCOMM demonstration, 2008, 14(14):527 - 527.

［60］ Pedersen M V, Heide J, Fitzek F H P. Kodo: An open and research oriented network coding library［C］//International Conference on Research in Networking. Springer, 2011: 145 – 152.

［61］ Rossi D, Rossini G. On sizing CCN content stores by exploiting topological information ［C］//IEEE INFOCOM Workshops. IEEE, 2012: 280 – 285.

［62］ Breslau L, Cao P, Fan L, et al. Web caching and Zipf-like distributions: Evidence and implications［C］//INFOCOM. IEEE, 1999, 1: 126 – 134.

［63］ Gomaa H, Messier G, Davies R, et al. Media caching support for mobile transit clients［C］// IEEE International Conference on Wireless and Mobile Computing, Networking and Communications. IEEE, 2009: 79 – 84.

［64］ Zhang G, Li Y, Lin T. Caching in information centric networking: A survey［J］. Computer Networks, 2013, 57(16): 3128 – 3141.

［65］ Din I U, Hassan S, Khan M K, et al. Caching in Information-Centric Networking: Strategies, Challenges, and Future Research Directions ［J］. IEEE Communications Surveys & Tutorials, 2018, 20(2): 1443 – 1474.

［66］ "Ndn packet format specification 0. 3 documentation", ［EB/OL］. https://named-data. net/doc/NDN-packet-spec/current/data. html.

［67］ Liu W, Yu S, Tan G, et al. Information-centric networking with built-in network coding to achieve multisource transmission at network-layer［J］. Computer Networks, 2017, 115: 110 – 128.

［68］ Hu X, Gong J, Cheng G, et al. Mitigating Content Poisoning With Name-Key Based Forwarding and Multipath Forwarding Based Inband Probe for Energy Management in Smart Cities［J］. IEEE Access, 2018, 6: 39692 – 39704.

［69］ Xu L, Li H, Hu J, et al. An Autonomous System Based Security Mechanism for Network Coding Applications in Content-Centric Networking［C］//MSPN. 2017: 34 – 48.

［70］ Traverso G, Demirel D, Buchmann A J. Homomorphic Signature Schemes—A Survey［B］. SpringerBriefs in Computer Science, 2016: 1 – 35.

［71］ Boussaha R, Challal Y, Bessedik M, et al. Towards authenticated network coding for named data networking［C］//SoftCOM. 2017: 1 – 6.

［72］ Catalano D, Fiore D, Warinschi B. Efficient network coding signatures in the standard model ［C］//International Workshop on Public Key Cryptography. 2012: 680 – 696.

［73］ Yang K, Sunny J J, Wang L. Blockchain-based Decentralized Public Key Management for Named Data Networking［C］//ICCCN. 2018: 1 – 9.

［74］ Matt B J. Identification of multiple invalid signatures in pairing-based batched signatures ［C］//International Workshop on Public Key Cryptography. 2009: 337 – 356.

［75］ Spring N, Mahajan R, Wetherall D. Measuring ISP topologies with Rocketfuel［J］. ACM SIGCOMM Computer Communication Review, 2002, 32(4): 133 – 145.

［76］ Hu X, Zheng S, Zhao L, et al. Exploration and Exploitation of Off-path Cached Content in

Network Coding Enabled Named Data Networking[C]//The 7th International Conference on Network Protocols(ICNP). IEEE,2019:1 - 6

[77] Hu X,Zheng S,Zhang G,et al. An on-demand off-path cache exploration based multipath forwarding strategy[J]. Computer Networks,2020,166:107032.

[78] Ircache home. march 29,2013 Https://web. archive. org/web/20130329050934/http://ita. ee. lbl. gov/html/contrib/WorldCup. html

第3部分

Interest 报文泛洪攻击检测与防御

简 介

命名数据网络(Named Data Networking,NDN)自提出后便引起广泛关注,被认为是最有潜力的下一代网络体系结构之一。虽然 NDN 的设计使其可以防御当前 TCP/IP 网络中的大多数 DDoS 攻击,但是攻击者也可能利用 NDN 的特性来实施新型的 DDoS 攻击,例如易于实施且危害极大的 Interest 报文泛洪攻击。目前,大多数现有的 Interest 报文泛洪攻击检测与防御机制均主要关注于高速度的攻击场景,可能无法防御较为隐蔽的攻击,并且存在攻击检测不及时、无法准确定位攻击者、防御时损害合法消费者的数据访问请求等问题。

针对以上问题,本部分提出一种基于控制器整体网络视图的 Interest 报文泛洪攻击检测与防御机制来防御较为隐蔽的 Interest 报文泛洪攻击。本部分主要包括以下几点研究内容:

(1) 提出一种较为隐蔽的 Interest 报文泛洪攻击方式。通过对常见的高速度的 Interest 报文泛洪攻击场景以及现有的攻击检测方法的总结与分析,针对现有方法的不足,提出一种新型的较为隐蔽的 Interest 报文泛洪攻击方式,并对该攻击方式的特点进行分析。在该攻击方式下,攻击者通过控制其攻击速度来确保在连续的两个时间间隔内路由器的相关状态数据发生的变化不明显而不易察觉,使得现有的关注于高速攻击场景的攻击检测方法无法在攻击的早期阶段及时检测到攻击的存在。

(2) 提出一个隐蔽 Interest 报文泛洪攻击的检测与防御机制。基于上述所提出的隐蔽 Interest 报文泛洪攻击的特点以及已有机制存在的攻击检测不及时、难以定位攻击者、防御时损害合法请求等问题,提出一个基于控制器整体网络视图的隐蔽 Interest 报文泛洪攻击的检测与防御机制,来在攻击开始的早期阶段即攻击还未对网络造成较大损害前及时检测到攻击并准确定位攻击者,然后在攻击源处采取针对性防御措施,避免损害合法消费者的数据访问请求。

(3) 基于以上提出的机制设计并实现了 Interest 报文泛洪攻击检测与防御原

型系统。原型系统中主要实现了多种应用程序来分别执行对应的攻击检测与防御操作,并提供了各种应用程序之间需要共享的公共服务,如命名空间、安全机制等。此外,为方便系统的使用人员了解系统的运行情况,原型系统中实现了一个日志系统来实时地展示各个应用程序所进行的攻击检测与防御相关操作。

本部分的章节内容安排如下:

第 15 章主要介绍了研究背景和意义、国内外研究现状、研究内容。

第 16 章介绍了 Interest 报文泛洪攻击的相关背景技术。

第 17 章针对现有 Interest 报文泛洪攻击检测方法的不足,介绍了一种较为隐蔽的 Interest 报文泛洪攻击方式,描述了该攻击方式的实施方式,并通过实验分析该攻击方式的特点。

第 18 章介绍了基于控制器整体网络视图的隐蔽 Interest 报文泛洪攻击的检测与防御机制,对系统的整体框架和具体的攻击检测与防御方法进行了描述,并进行了实验结果的验证和评估。

第 19 章是原型系统的设计与实现,介绍了系统的开发环境、整体设计框架以及各个模块的设计与实现,并对系统运行结果进行展示与分析。

第 20 章是总结与展望,对本部分进行总结,指出了本部分的不足与局限性,并对今后的研究工作进行了展望。

15 Interest 报文泛洪攻击检测与防御绪论

本章节主要介绍了命名数据网络中 Interest 报文泛洪攻击的研究背景和意义,通过分析国内外对 Interest 报文泛洪攻击检测与防御的研究现状,提出了本部分的主要研究内容。

15.1 研究背景和意义

以网络为核心的信息化是 21 世纪最重要的特征之一。近年来,随着网络技术的不断发展,网络已经渗透到社会生活的各个领域,不断地改变着人们的生产、生活和学习方式。现在的 TCP/IP 网络的沙漏模型集中在一个通用的网络层,这种细腰结构使得其下层和上层的技术都可以进行独立的创新与发展,是使得互联网爆炸性增长的关键因素,但也是当今互联网所面临问题的根源。TCP/IP 网络最初被设计成一个通信网络,进行端到端之间的通信,只对通信端点命名(IP 源地址和目的地址)。随着物联网、多媒体、移动互联网、云计算、大数据等技术的不断涌现和快速发展,通信模式正在逐渐发生改变,用户所关心的是想要获取的内容,而不是要到达某个具体的端点,互联网的应用主题已从简单的电脑互联和资源共享转变为对多媒体音视频和文字信息等内容的获取。根据思科公司的可视化网络指数预测报告(Visual Networking Index, VNI)[1],到 2022 年,全球联网设备和连接数将达到 285 亿,全球 IP 总流量将增加两倍以上,达到每年 4.8 ZB,其中视频、游戏和多媒体流量将占全球 IP 总流量的 85%以上。随着用户对高效内容分发的需求日益强烈,目前基于端到端的通信方式的 TCP/IP 网络逐渐暴露出许多弊端,例如可扩展性差、安全性低、对移动性的支持不足、IP 地址耗尽等。

为了从根本上解决现有网络架构存在的问题,研究人员提出了一系列的未来网络体系结构设计方案[2],其中命名数据网络(Named Data Networking, NDN)[3-5]经过不断地创新与发展,逐渐脱颖而出,被认为是最有潜力的下一代网络体系结构之一。NDN 是一种全新的网络架构,其设计理念源于对当前网络体系结构的优势与局限性的理解与思考。NDN 采用与 TCP/IP 网络相似的沙漏模型,两者之间最大的区别在于在沙漏模型的细腰处,NDN 使用内容块替换 IP 数据报,使得网络可以对任何内容命名,包括通信端点、视频、图片、图书、音乐、控制命令等。更具体地说,NDN 直接提供面向内容的服务,它将网络服务从"将报文传递到给定的目的地址"转变为"获取由给定名称所标识的数据",允许网络使用内容名称而不是 IP 地址进行数据传递。此外,NDN 的设计中还提供了基于内容的安全、网络流量的自我调节、多路径转发、网络内缓存等机制,以解决当前网络架构在内容分发中所面临的挑战。

虽然 NDN 的设计使其可以防御现有 TCP/IP 网络中的大多数 DDoS (Distributed Denial of Service,分布式拒绝服务)攻击,但是同时也出现了一些新型的 NDN 特有的 DDoS 攻击,例如 Interest 报文泛洪攻击[6]。Interest 报文泛洪攻击实施方式简单且对网络造成的危害极大,被广泛认为是影响 NDN 发展的主要安全威胁之一[7-9]。任何网络架构的发展、部署以及应用都必须在保证其自身的安全性的基础上进行,因此对 NDN 中 Interest 报文泛洪攻击检测与防御的研究具有重要意义。

15.2　国内外研究现状

Interest 报文泛洪攻击是 NDN 的主要安全威胁之一,如何设计精确高效的攻击检测与防御机制已成为 NDN 相关研究中的热点。目前国内外的许多研究人员已经提出了一系列的创造性方案。

目前,主流的 Interest 报文泛洪攻击方式为攻击者在攻击开始时直接以极高的速度向网络中发送大量无法得到满足的恶意 Interest 报文,从而迅速耗尽目标结点的 PIT 资源。已有的大多数研究也都主要关注于这类高速度的攻击场景并且多基于 PIT 异常状态来检测攻击。Afanasyev 等[10]利用 NDN 的流平衡特性提出三种检测-防御于一体的机制,分别为:token bucket with per interface fairness、satisfaction-based Interest acceptance 和 satisfaction-based pushback,这三种机制都是通过限制网络中转发的 Interest 报文的数目来防御攻击。Dai 等[11]提出了 Interest traceback 来定位攻击者。当 PIT 使用比例超过阈值,则路由器判定攻击存在并对长时间未得到满足的 Interest 报文回复伪造的 Data 报文,这些伪造的 Data 报文将分别按照原路径返回到对应 Interest 报文的发送者,这可以在定位攻击者的同时释放恶意 Interest 报文所占用的 PIT 资源。该方法仅根据 PIT 大小来检测攻击,可能会导致误判,因为网络流量突发也可能会使得路由器中的 PIT 条目数目过多。Compagno 等[12]提出 Poseidon,路由器同时使用其每个接口进入的 Interest 报文所占用的 PIT 条目比例和满足率来判断接口是否受到攻击。在确定攻击后,路由器会限制其恶意接口的 Interest 报文接收速度并向其邻居结点发送攻击通知。Tang 等[13]首先利用 Interest 报文满足率来判定恶意接口,然后根据 PIT 超时条目比例来识别恶意接口中的恶意前缀。Wang 等[14]提出 DPE,路由器根据每个名称前缀下超时 Interest 报文的数目来识别恶意前缀,然后在所有恶意前缀下的 Interest 报文的名称后增加一个接口列表,每个路由器在收到这些 Interest 报文时不再为其创建 PIT 条目而是将其入口添加到其接口列表中。DPE 可以直接减少 PIT 的使用,但并没有阻止恶意流量进入网络而只是减轻了攻击对网络的影响。Wang 等[15]提出每个路由器将其 PIT 使用比例和 PIT 超时条目比例作为模糊逻辑的参数,然后根据最终生成的确定值来判断是否存在攻击。在确定攻击后,路由器会根据超时 PIT 条目的数目来识别恶意前缀和恶意接口,然后向恶意接口发送攻击通知,最终接入路由器通过限制其恶意接口进入的恶意前缀下的 Interest 报文速度来防御攻击。唐建强等[16]提出一种基于前缀识别的协同反馈防御方法,路由器根据 Interest 报文满足率和 PIT 使用比例来检测攻击并在确定攻击后根据超时 PIT 条目的数目来识别恶意前缀,然后通知相邻结点限制恶意前缀下的 Interest 报文的转发。Vassilakis 等[17]提出边界路由器根据其每个接口的 PIT 超时条目数目来识别异常用户行为从而检测攻击。在确定攻击后,边界路由器将限制其恶意接口的 Interest 报文接收速度并将攻击相关信息通知其他路由器。Ding 等[18]利用三个测度 PIT 使用比例、PIT 超时条目比例以及每个名称前缀下可能的攻击者的比例来分别量化 Interest 报文泛洪攻击的三个主要特征,并基于这三个测度使用马尔科夫模型来描述一个路由器的状态从而检测攻击。此外,作者还设计了一个重传转发机制来使得网络在防御攻击的同时仍可响应恶意前缀下的合法 Interest 报文,但这种方式下网络仍然需要转发大量的恶意 Interest 报文,系统开销较大。Salah 等[19-20]提出一种具有中央控制结构的框架 CoMon,可综合整个域内的信息来检测攻击。CoMon 将攻击检测分为两部分:基于部分路由器(MR)的本地攻击检测和基于控制器(DC)的全局攻击检测。MR 根据其 PIT 使用比例和各个接口的 PIT 超时条目比例来检测异常并在检测到异常后将相关信息上报 DC。DC 根据所有的异常信息来判定恶意前缀并将其通知 MR,然后 MR 根据一定的概率来转发或丢弃所接收到的恶意前缀下的 Interest 报文。Benmoussa 等[21]在检测攻击时考虑到了网络拥塞的因素,每个路由器在统计其各个接口的 Interest 报文满足率和 Interest 报文到达速度的同时,还会根据超时 Interest 报文的数目与接收到的 NACK 报文的数目来判断网络中是否存在拥塞。当一个接口的 Interest 报文到达速度过高、Interest 报文满足率过低且不存在拥塞时,则路由器将该接口判定为恶意接口。Benarfa 等[22]提出 ChoKIFA,该方法通过实施一个有效的 PIT 管理策略来动态地删除已经存储在 PIT 中的或者新进入的恶意 Interest 报文,从而降低攻击给网络带来的影响。Pu 等[23]提出 SSC,路由器为其每个接口分配转发 Interest 报文的份额,并在每个时间窗口结束时根据每个接口的 Interest 报文满足率与路由器整体的 Interest 报文满足率之间的大小关系来动态地调整其各个接口转发 Interest 报文的份额。

除了基于 PIT 异常状态来检测攻击外,一些已有研究也根据内容请求的分布情况(即 Interest 报文的名称的分布)来检测攻击。在正常情况下,网络中内容请求的分布相对稳定并在一个合理的范围内波动。当发生攻击时,大量同一名称前缀下的恶意 Interest 报文进入网络,这将导致网络中内容请求的分布发生异常变化。Xin 等[24]利用信息熵原理来描述路由器各个接口所收到的 Interest 报文的名称的随机性,并通过累积和算法来判断信息熵是否异常,进而检测攻击。在确定攻击后,路由器会进一步使用相对熵原理来识别恶意前缀并采用 Interest traceback 方法来防御攻击。Zhi 等[25]利用基尼不纯度来描述一个路由器所收到的 Interest 报文的名称的分散性。当攻击发生时,网络中 Interest 报文名称的分散性将减弱,基尼系数减小,基尼不纯度超出正常范围。当连续两个检测周期内基尼不纯度的变化超过所设阈值,则路由器判定存在攻击并将使得基尼系数减小的名称前缀判定为恶意前缀,然后通过限制恶意前缀下的 Interest 报文的接收速度来防御攻击。侯睿等[26]提出一种基于信息熵的改进方法 EIM。在攻击检测阶段,EIM 在根据信息熵原理检测到路由器某个接口发出的 Interest 报文的分布异常后,还会结合用户的信誉值来对用户类型进行检测,以更好地实现在限制恶意用户的同时不影响合法用户的行为。在防御阶段,EIM 结合 Interest traceback 和基于用户信誉值的概率性丢包这两种方法来缓解大量恶意 Interest 报文的转发对网络造成的影响。韦世红等[27]在利用信息熵原理检测到网络的异常波动后会进一步利用熵率来区分合法突发流和攻击流,从而使得攻击检测更加准确。在确定攻击后,路由器将根据信息熵的差值来识别恶意前缀并将其通知邻接路由器来限制恶意前缀下的 Interest 报文的转发。

与已有工作仅研究纯净的 NDN 网络环境中的 Interest 报文泛洪攻击不同,Nguyen 等[28]考虑了一个更加现实的场景,在这个场景中,NDN 与现有的 TCP/IP 网络共存。作者使用假设检验理论来检测攻击并通过实际的 NDN 部署场景来进行性能评估。此外,除了基于路由器进行攻击检测外,一些研究如 FITT[29]、InterestFence[30-31]、MSIDN[32]等也开始尝试基于内容提供者来检测攻击以提高攻击检测的准确性,在确定攻击后内容提供者可以将攻击信息通知相关路由器来帮助其精确地过滤恶意 Interest 报文。

目前,大多数已有工作均针对常见的 Interest 报文泛洪攻击场景来进行攻击检测与防御机制的设计,攻击者可能根据已有机制的特点来改进其攻击方式从而降低已有机制的性能。Salah 等[33]提出 CIFA,在恶意服务器的帮助下,攻击者可以在使得路由器的 PIT 被占满的同时保证网络中不出现超时的 Interest 报文,从而影响所有基于超时 PIT 条目的数目/比例或 Interest 报文满足率的攻击检测方法。Signorello 等[34]提出两种改进的 Interest 报文泛洪攻击方式 bIFA 和 cIFA。在 bIFA 中,攻击者会同时发送请求已存在的和不存在的内容的恶意 Interest 报文,从而影响所有根据 Interest 报文满足率来进行攻击判定的机制。在 cIFA 中,攻击者在攻击持续期间会不断地改变其目标命名空间,从而使得所有通过识别恶意前缀来判定攻击的机制无法有效检测。

综上所述,现有的 Interest 报文泛洪攻击检测与防御机制仍存在一些问题,例如主要关注于常见的高速度的攻击场景,可能无法防御较为隐蔽的攻击,无法在攻击对网络造成较大损害前及时检测到攻击,无法准确定位攻击者,防御时损害合法消费者的数据访问请求等。如何设计一个精确高效的 Interest 报文泛洪攻击检测与防御机制来尽量避免这些问题是当务之急。

15.3 研究内容

本部分主要针对命名数据网络中 Interest 报文泛洪攻击检测与防御进行研究。在对现有的攻击检测与防御机制进行总结与分析后,针对已有机制的特点与不足,本部分提出一种新型的较为隐蔽的 Interest 报文泛洪攻击方式,然后针对该攻击方式提出一个隐蔽 Interest 报文泛洪攻击的检测与防御机制,并基于所设计机制实现了 Interest 报文泛洪攻击检测与防御原型系统。

如图 15.1 所示,本部分的主要研究内容包括以下三点:

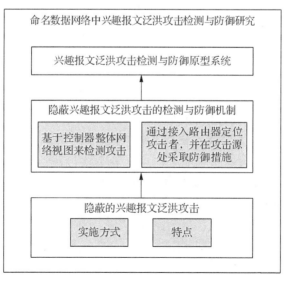

图 15.1 本部分主要研究内容框架

(1) 隐蔽 Interest 报文泛洪攻击的实施方式及其特点。目前,大多数已有机制均关注于常见的高速度的 Interest 报文泛洪攻击场景。在这种攻击场景下,攻击者在攻击开始时就直接以极高的速度向网络中发送恶意 Interest 报文,这使得路由器的相关状态数据如 PIT 大小、Interest 报文满足率等在攻击开始后会立即发生明显变化,单个中间路由器独自地根据其本地状态数据进行攻击检测即可获得较好的性能。为了获得更好的攻击效果,攻击者可能根据已有机制的特点来调整其攻击方式从而降低已有机制的性能。因此,本部分提出一种新型的较为隐蔽的 Interest 报文泛洪攻击方式并研究该攻击方式的特点。在这种攻击方式下,攻击者通过控制其攻击速度来使得路由器的相关状态数据在任意两个连续的时间间隔内所发生的变化不明显而不易察觉,从而使得现有的关注于高速攻击场景的机制无法及时检测。

(2) 隐蔽 Interest 报文泛洪攻击的检测与防御机制。对于上述所提出的较为隐蔽的攻击方式,已有机制中单个中间路由器独自地根据其本地相关状态数据较难在攻击的早期阶段及时检测到攻击。此外,大多数已有机制均通过判定恶意接口或恶意前缀来检测攻击并在确定攻击后通过限制相关 Interest 报文的接收速度来防御攻击,这可能会导致部分恶意接口进入的或恶意前缀下的合法 Interest 报文被错误地丢弃,损害合法消费者的请求。由于 NDN 中 Interest 报文不携带任何与其发送者相关的信息,这使得已有机制在确定攻击后较难定位攻击者。因此,对于上述所提出的隐蔽的 Interest 报文泛洪攻击方式,本部分采用基于控制器整体网络视图的安全防御框架,其中,网络中各个接入路由器负责监测其本地状态是否存在异常,并在发现异常后将相关异常信息上报给控制器;控制器从整体网络视图监控网络,基于所有检测到异常的接入路由器上报的异常信息来判断是否存在攻击,以尽可能地在攻击的早期阶段即攻击还未对网络造成较大损害前及时检测到攻击的存在并准确定位攻击者,然后通知相关接入路由器在攻击源处采取针对性防御措施,避免损害合法消费者的数据访问请求。

(3) 原型系统设计与实现。根据上述所设计的隐蔽 Interest 报文泛洪攻击的检测与防御机制,本部分主要基于 ndn-cxx 库、NDN 转发守护进程以及 NLSR 协议等来实现 Interest 报文泛洪攻击检测与防御原型系统。原型系统中主要实现了多种应用程序来分别执行对应的攻击检测与防御操作,并提供了需要在各个应用程序之间共享的公共服务,包括命名空间、安全机制等。此外,为方便系统的使用人员了解系统的运行情况,原型系统中还实现了一个日志系统来实时地展示系统中的攻击检测与防御相关信息。

16 Interest 报文泛洪相关背景技术

本章节主要介绍了与本部分相关的背景技术,首先介绍了 NDN 网络架构的相关背景知识,然后介绍了 NDN 中的 Interest 报文泛洪攻击。

随着网络技术的快速发展,人们的生活变得更加便利的同时网络攻击行为也出现得越来越频繁,其中一种常见的攻击为 DDoS 攻击。在 DDoS 攻击中,攻击者控制众多僵尸机在短时间内发送大量请求来消耗有限的网络带宽或系统资源,使得网络或目标系统无法正常提供服务甚至崩溃。DDoS 攻击对攻击者的技术要求低,实施方式简单且破坏性极大,已发展成为最严重的网络安全威胁之一。目前的 TCP/IP 网络通过保护通信端点和传输通道的安全来保证所传输内容的安全。作为一个全新的网络架构,NDN 的一些设计原则使其可以防御现有 TCP/IP 网络中的大多数 DDoS 攻击或者至少可以限制其攻击效果。NDN 直接保护内容本身的安全。在 NDN 中,安全性是 Data 报文的属性。无论一个 Data 报文是存储在网络缓存还是终端结点中,其安全性都保持不变,这都是通过 Data 报文所携带的签名来实现的。在 NDN 中,每个 Data 报文都由其发布者使用自己的私钥进行签名。网络中包括消费者在内的任何结点在收到 Data 报文后都可以对其进行签名验证,从而确保内容的完整性并确定内容发布者的身份,这使得网络对内容的信任与内容的获取方式和获取位置解耦。对于隐私内容,内容提供者还可以使用加密手段来对内容进行保护。此外,NDN 还提供了灵活的信任管理机制,应用程序可以根据其所使用的信任模型来推断一个内容发布者是否值得信任。但是 NDN 中也可能会出现新型的 DDoS 攻击。Gasti 等[6]系统地分析了 NDN 面对现有的 DDoS 攻击时的表现,并识别了针对 NDN 的特征而实施的新型 DDoS 攻击,例如 Interest 报文泛洪攻击。

16.1 NDN 应对 TCP/IP 网络中的 DDoS 攻击

目前 TCP/IP 网络中常见的 DDoS 攻击主要可以分为三类:带宽耗尽型 DDoS 攻击、反射型 DDoS 攻击和前缀劫持的黑洞型 DDoS 攻击。

1) 带宽耗尽型 DDoS 攻击

在这类常见的 DDoS 攻击中,攻击者控制大量僵尸机向攻击目标发送海量数据来将其网络资源或服务器资源消耗殆尽,从而使得攻击目标不可达或者无法正常提供服务。一般情况下,这类攻击是通过 TCP、UDP 或 ICMP 来实施的。

在 NDN 中,攻击者也可以实施类似的攻击——攻击者控制大量僵尸机来向某个特定的攻击目标请求已经存在的内容。这类攻击的攻击效果是十分有限的,因为在 NDN 网络内缓存的作用下,当攻击者发送的第一轮恶意请求被路由至攻击目标并得到响应后,这些响应内容将会被缓存在其传输路径上的所有中间路由器中。攻击者之后发送的请求相同内容的恶意请求将会直接从网络缓存中得到满足,而不会被路由至攻击目标。因此,NDN 本身的机制便会限制到达攻击目标的恶意请求的数目,使得攻击者无法获得预期的攻击效果。

2) 反射型 DDoS 攻击

反射型 DDoS 攻击主要涉及三个部分:攻击者、攻击目标和一组反射器。在这类攻击中,攻击者向一组反射器发送大量的 IP 数据报,并将这些 IP 数据报的源 IP 地址伪造成其攻击目标的 IP 地址。因此,反射器会将这些伪造的 IP 数据报的响应都发送至攻击目标,从而导致攻击目标发生拥塞甚至崩溃。为了使得攻击有效,这类攻击需要某种形式的放大:传送给攻击目标的响应必须要明显大于攻击者伪造的请求。

NDN 同样也可以抵御反射型 DDoS 攻击。因为在 NDN 中 Data 报文与对应 Interest 报文的传输路径具有对称性,即一个 Data 报文总是沿着对应 Interest 报文的路由路径的反方向返回到其请求者。尽管 NDN 路由器支持在其部分或所有接口上广播所收到的 Interest 报文,但即使在最坏的情况下(即每个 NDN 路由器都将 Interest 报文以广播的形式发送出去),消费者可以接收到的内容副本的最大数目也会受到其接口数量的限制,而不是由接收到恶意 Interest 报文的路由器的数量决定。因此,这类攻击不会对网络造成较大影响。

3) 前缀劫持的黑洞型 DDoS 攻击

在前缀劫持型 DDoS 攻击中,一旦一个自治域被错误地配置或者恶意篡改,则会发布一些无效路由使得其他自治域将流量转发给它,这将导致所谓的"黑洞",因为所有转发给该自治域的流量都将被丢弃。这种攻击在 TCP/IP 网络中十分有效,因为一旦路由信息被污染,IP 路由器就很难检测到问题的存在并从中恢复。

NDN 同样也可以抵御前缀劫持型 DDoS 攻击。首先,在 NDN 中,所有的路由更新信息均携带签名并且可以像其他 Data 报文一样进行签名验证,从而最大限度地降低前缀劫持攻击的风险。其次,相对于 IP 路由器,NDN 路由器能够了解更多的网络信息并利用这些信息来检测内容获取过程中出现的异常情况。例如,由于每个 Data 报文都沿着对应 Interest 报文的路由路径的反方向传输,因此 NDN 路由器可以根据其所转发的 Interest 报文中未得到满足的 Interest 报文的比例来判断是否存在前缀劫持攻击。而且,NDN 路由器也可以维护每个名称前缀在其每个接口的相关统计数据并根据这些数据来调整转发策略。此外,环路检测和消除机制使得 NDN 路由器能够通过多路径转发来探索网络中的拓扑冗余,使得路由器在检测到攻击后可以尝试其他可选路径,这增加了 Interest 报文被转发到正常的传输路径上的概率,从而降低前缀劫持攻击对网络造成的影响。

16.2 Interest 报文泛洪攻击原理

NDN 支持有状态的转发。在报文转发过程中,每个 NDN 路由器都需要在其 PIT 中维护其所转发的每个 Interest 报文的状态信息(即一个 PIT 条目),以便 Data 报文可以按照对应 Interest 报文的路由路径反向转发到内容的请求者,即 Interest 报文的转发需要占用中间路由器的 PIT 资源。而且,每个 Interest 报文或 Data 报文的到达均会触发 NDN 路由器对其 PIT 的查找、修改、添加或删除等操作。此外,若 Interest 报文所请求的内容不存在,则对应的 PIT 条目将一直保存在其传输路径上的所有中间路由器的 PIT 中,直至生存期结束才被移除。

攻击者就是利用 NDN 的上述特征来实施一种 NDN 特有的 DDoS 攻击——Interest 报文泛洪攻击(Interest Flooding Attack,IFA)。在 IFA 中,攻击者控制一组分布式的僵尸机向网络中发送大量的恶意 Interest 报文来耗尽目标结点的 PIT 资源,使其无法为后续进入的合法 Interest 报文创建新的 PIT 条目,导致合法消费者的请求被丢弃而得不到响应,达到攻击目的。由于在 NDN 中 Interest 报文不携带任何源地址信息且没有相关的安全设计(例如没有签名),因此网络在发现攻击后难以准确定位攻击源。

在 IFA 中,为了使攻击效果尽可能地好,攻击者需要确保:(1)恶意 Interest 报文被路由至距离目标内容提供者尽可能近的位置以保证恶意流量的高度聚合;(2)恶意 Interest 报文占据中间路由器的 PIT 资源的时间应尽可能地长。根据 NDN 的转发规则,当路由器收到一个 Interest 报文时,若其 CS 中有所请求的内容或其 PIT 中存在匹配的条目,则该 Interest 报文将被直接丢弃而不会继续向上游转发。此外,每个 PIT 条目都有一个生存期,一般情况下,其时长远大于网络中内容获取的平均往返时间。当路由器在一个 PIT 条目的生存期内收到了对应的 Data 报文时,则将该 PIT 条目移除,否则在该 PIT 条目生存期结束时将其移除。

基于以上分析,为了获得尽可能好的攻击效果,攻击者通常以极高的速度发送携带虚假名称的恶意 Interest 报文来请求根本不存在的内容。一种简单的恶意 Interest 报文名称的构造方式如图 16.1 所示。所有的恶意 Interest 报文都具有相同的名称前缀(即攻击者的目标命名空间),该名称前缀真实存在且可以在路由器的 FIB 中找到匹配的条目。同时,每个恶意 Interest 报文的名称中都有一个由若干个名称组件组成的虚假后缀,其中每个名称组件都是一个随机字符串,这使得恶意 Interest 报文的名称各不相同且所请求的内容不存在,因此不会发生 Interest 报文的聚合,所有恶意 Interest 报文都会被转发向目标内容提供者并且始终不会得到满足,从而长时间地占用中间路由器的 PIT 资源,直到生存期结束时才会释放。这种攻击方式容易实施且对网络的危害极大,是目前最常见的、研究人员最为关注的 IFA 攻击场景。

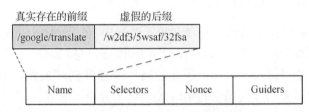

图 16.1　恶意 Interest 报文名称的构造方式

　　图 16.2 通过一个例子来对上述常见的 IFA 攻击场景进行简单说明。假设每个 NDN 路由器的 PIT 最大存储能力均为 4 个 PIT 条目,攻击者发送 4 个携带虚假名称的恶意 Interest 报文来实施攻击。这些恶意 Interest 报文在转发过程中会将沿途中间路由器(即 R_2、R_3、R_4)的 PIT 占满,从而导致 R_3 在收到合法消费者发送的 Interest 报文时无法为其创建新的 PIT 条目,只能将其丢弃。

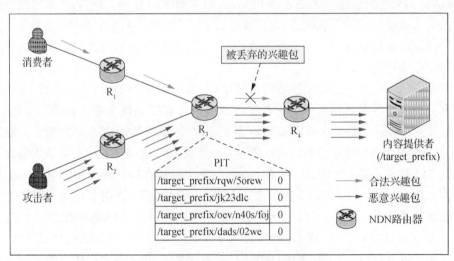

图 16.2　Interest 报文泛洪攻击原理示意图

16.3 Interest 报文泛洪攻击分类

本节主要从两个方面来对 IFA 进行分类,包括攻击者所请求的内容的类型以及攻击者的组成[60-61],具体如图 16.3 所示。

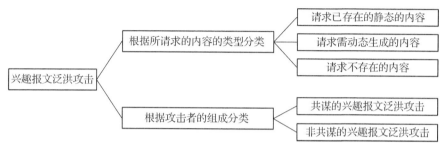

图 16.3 Interest 报文泛洪攻击分类

首先,根据攻击者所请求的内容的类型,可将 IFA 分为以下三类[6]:

1) 请求已存在的静态的内容

这种攻击方式类似于 16.1 节中描述的带宽耗尽型 DDoS 攻击——攻击者向网络中发送大量恶意 Interest 报文来请求已存在的静态的内容。在这种攻击方式下,攻击者发送的第一轮恶意 Interest 报文可能会导致中间路由器中的 PIT 条目数目发生波动,但是由于 NDN 网络内缓存的作用,攻击者之后发送的请求相同内容的恶意 Interest 报文将会直接从中间路由器的缓存中得到满足而不会被路由至目标内容提供者,使得攻击效果有限。

2) 请求需动态生成的内容

在这种攻击方式下,恶意 Interest 报文所请求的内容需要动态生成,因此无法从中间路由器的缓存中得到满足,从而都将被路由至目标内容提供者,这需要在中间路由器中创建大量新的 PIT 条目并且这些 PIT 条目将一直占用路由器的 PIT 资源直至收到对应的 Data 报文时才会被移除。此外,内容提供者需要为这些恶意 Interest 报文动态地生成内容,因此可能浪费大量的计算资源来响应恶意 Interest 报文从而无法响应合法消费者的请求。

3) 请求不存在的内容

在这种攻击方式下,攻击者发送携带虚假名称的恶意 Interest 报文请求不存在的内容。这些恶意 Interest 报文始终不会得到满足,将长时间地占用中间路由器的 PIT 资源直至生存期结束时才会释放,这使得路由器无法处理后续进入的合法 Interest 报文,导致合法消费者的请求得不到响应。这种攻击方式比第 2)种攻击方式的危害更大,因为这种攻击方式下恶意 Interest 报文占用中间路由器的

PIT 资源的时间更长。

在 1)和 2)这两种攻击方式下,由于所请求的内容真实存在,攻击者需要不断地改变恶意 Interest 报文的名称来确保不同恶意 Interest 报文所请求的内容不同,来尽量避免恶意 Interest 报文发生聚合或在中间路由器中得到满足,从而降低 NDN 的相关机制对攻击的削弱作用,实施难度较大。第 3)种攻击方式最容易实施且危害最大,是目前主流的 IFA 类型。

其次,根据攻击者的组成,可将 IFA 分为以下两类[33]:

1)共谋的 Interest 报文泛洪攻击(Collusive Interest Flooding Attack, CIFA)

在这种攻击方式下,恶意终端和恶意服务器共同合作来实施攻击——恶意终端发送大量仅可从恶意服务器处得到满足的恶意 Interest 报文,并且这些恶意 Interest 报文的名称各不相同从而都将被路由至恶意服务器。为了在确保攻击不被检测到的情况下使得恶意 Interest 报文占用中间路由器的 PIT 资源的时间尽可能地长,恶意服务器会在每个 PIT 条目的生存期即将结束时对相应的 Interest 报文回复伪造的 Data 报文,而恶意终端在收到伪造的 Data 报文后会立即发送下一轮恶意 Interest 报文,这可以在保证没有超时的 PIT 条目的情况下使得受攻击路由器的 PIT 大小始终保持在较高水平,从而影响其对合法 Interest 报文的处理。CIFA 的攻击流量呈现周期性和间歇性特征[35]。

2)非共谋的 Interest 报文泛洪攻击(Non-Collusive Interest Flooding Attack,NCIFA)

这种攻击方式中没有恶意服务器的参与。在 NCIFA 中,攻击者控制一组分布式的僵尸机向网络中发送大量恶意 Interest 报文来耗尽目标结点的 PIT 资源,使其无法为后续收到的合法 Interest 报文创建新的 PIT 条目,导致合法 Interest 报文被丢弃,达到攻击目的。

17 一种隐蔽的 Interest 报文泛洪攻击方式

本章节主要介绍了一种隐蔽的 Interest 报文泛洪攻击方式。首先总结并分析了现有的 Interest 报文泛洪攻击检测方法,然后根据已有攻击检测方法的不足,提出了一种较为隐蔽的 Interest 报文泛洪攻击方式,并通过实验分析该攻击方式的特点,以便后续设计相应的攻击检测与防御机制[62]。

17.1 现有 Interest 报文泛洪攻击检测方法分析

17.1.1 典型 Interest 报文泛洪攻击的特征

由 16.3 节的介绍可知,攻击者可以采取多种不同的方式来实施 IFA,其中实施起来最简单且对网络造成的损害最大的攻击方式为:攻击者在攻击开始时直接以极高的速度向网络中发送大量同一名称前缀下的恶意 Interest 报文来请求不存在的内容。这是目前最常见的同时也是相关研究主要关注的 IFA 攻击场景,称为典型的 Interest 报文泛洪攻击(Typical Interest Flooding Attack,TIFA)。

TIFA 主要具有以下三个特征:

(1) 攻击速度是极高的且固定不变。在 TIFA 中,为了取得预期的攻击效果,攻击者需要以极高的固定速度在短时间内发送大量恶意 Interest 报文,来使得目标结点的 PIT 可以在短时间内被快速占满,从而影响其对合法 Interest 报文的处理。

(2) 攻击者针对某一特定的命名空间来实施攻击。在 TIFA 中,所有恶意 Interest 报文都具有相同的名称前缀,因此均被路由向同一个内容提供者,从而保证了分布式的僵尸机所发送的恶意流量的高度聚合。

(3) 恶意 Interest 报文所请求的内容是不存在的。在 TIFA 中,所有恶意 Interest 报文的名称都是虚假的且各不相同,因此不会发生聚合也不会从缓存中得到满足,从而都将被路由向目标内容提供者,这使得每个中间路由器均需要为其接收到的每个恶意 Interest 报文都创建一个新的 PIT 条目。此外,由于所请求的内容不存在,恶意 Interest 报文始终不会得到响应,因此将尽可能长时间地占用中间路由器的 PIT 资源,直到生存期结束时才会释放。

17.1.2　现有攻击检测方法总结

目前,大多数现有的 IFA 检测方法均主要关注于 TIFA 攻击场景,并根据相关攻击检测测度的变化情况来判断是否存在攻击。对现有 IFA 检测方法的总结如表 17.1 所示。根据攻击检测时所采用的测度,现有的 IFA 检测方法主要可以分为两类:基于 PIT 异常状态的攻击检测方法和基于内容请求的分布情况的攻击检测方法。

表 17.1　Interest 报文泛洪攻击检测方法总结

检测方法	相关工作	实施方式	不足
基于 PIT 异常状态的攻击检测方法	文献 [11-23]	●使用 PIT 大小、PIT 条目超时比例、Interest 报文满足率等描述 IFA 的攻击速度较高、攻击者请求的内容不存在等特征 ●通过识别恶意接口或恶意前缀来检测攻击	●主要关注于 TIFA,对低速度攻击的敏感度较低 ●可能会将流量突发、前缀劫持攻击等误判为 IFA ●可能会将合法消费者误判为攻击者
基于内容请求的分布情况的攻击检测方法	文献 [24-27]	●使用信息熵、基尼不纯度等描述网络中内容请求的分布情况 ●使用连续两个检测周期内信息熵或基尼不纯度的变化程度来检测攻击或识别恶意前缀	●主要关注于 TIFA,对低速度攻击的敏感度较低 ●可能会将流量突发误判为 IFA ●可能会将合法前缀误判为恶意前缀

1) 基于 PIT 异常状态的攻击检测方法

这是目前最常见的 IFA 检测方法。根据 PIT 中维护的状态信息,NDN 路由器可以方便地记录其所转发的每个 Interest 报文最终是超时还是得到满足,这使得相对于 IP 路由器,NDN 路由器可以了解更多所传输流量的信息,因此 PIT 异常状态可用来检测攻击。目前,现有的攻击检测方法所采用的 PIT 异常状态相关测度主要可以分为以下两类:

● PIT 使用情况:这类测度主要有两个,分别为 PIT 大小和 PIT 使用比例,其中 PIT 大小是指路由器中 PIT 条目的数目,PIT 使用比例是指 PIT 大小与 PIT 最大存储能力之间的比值,这两个值均反映某一时刻 PIT 的使用情况。正常情况下,路由器中 PIT 条目的数目相对稳定并在一个正常范围内波动。当 TIFA 发生时,攻击者直接以极高的速度向网络中发送恶意 Interest 报文,这将使得受攻击路由器中的 PIT 条目数目在攻击发生后立即出现明显增加。

● Interest 报文满足率:这类测度主要是利用 TIFA 中恶意 Interest 报文所请求的内容不存在从而最终都会超时的特征来检测攻击。正常情况下,消费者发送的 Interest 报文几乎都能得到满足。当在某一个特定的时间间隔内网络中出现大量超时的 Interest 报文,则表示可能发生了攻击。一般情况下,Interest 报文满足

率是指路由器或路由器某接口发送出去的 Data 报文的数目与接收到的 Interest
报文的数目之间的比值,其他类似测度如超时 Interest 报文的数目、PIT 过期条目
数目/比例等也可以反映网络中 Interest 报文满足率的情况。

2) 基于内容请求的分布情况的攻击检测方法

在 NDN 中,消费者通过发送携带指定内容名称的 Interest 报文来请求所需数
据。正常情况下,网络中各个路由器接收到的内容请求的分布(即 Interest 报文的
名称的分布)相对稳定。当攻击发生时,攻击者发送大量位于同一名称前缀下的恶
意 Interest 报文,这会使得网络中受攻击命名空间下的 Interest 报文的数目/比例
发生异常变化。因此,网络中内容请求的分布情况可用来检测攻击。

在检测攻击时,可以只使用某一个测度,也可以同时使用多个测度,每个测度
的粒度可以是每个路由器、每个接口、每个名称前缀、每个接口的每个名称前缀或
者网络的整体状况等。目前大多数已有工作均面向常见的 TIFA 攻击场景来进行
攻击检测方法的设计,并使用上述介绍的攻击检测测度来量化 TIFA 的特征,然后
根据所采用测度的变化情况来判断是否存在攻击并在确定攻击后进一步识别恶意
接口或恶意前缀,以便后续采取相应的防御措施。这些攻击检测方法在面对
TIFA 时性能较好,因为由 17.1.1 节中对 TIFA 的分析可知,在 TIFA 中,攻击者
实施攻击的方式简单直接,即在攻击开始时就直接以极高的且固定不变的速度向
网络中发送恶意 Interest 报文,这使得中间路由器的相关状态数据如 PIT 条目数
目、Interest 报文满足率、接收到的内容请求的分布情况等在攻击开始后会立即发
生十分显著的变化。单个中间路由器独自地根据其本地状态数据,通过判断连续
的两个时间间隔内所采用的攻击检测测度的变化是否异常便可以在攻击发生后及
时检测到攻击的存在进而采取防御措施,这使得从攻击开始到攻击被检测到之间
的时间间隔极短,攻击效果十分有限。因此,为了获得更好的攻击效果,攻击者可
能会尝试调整其攻击方式来保持路由器的相关状态数据逐渐发生轻微的变化而不
易察觉,使得单个中间路由器独自地依靠其本地状态数据难以在攻击发生的早期
阶段及时检测到攻击的存在,从而实施一个较为隐蔽的攻击。

17.2　隐蔽 Interest 报文泛洪攻击的实施方式

在 IFA 中,攻击者针对 NDN 路由器中的 PIT 通过发送大量无法满足的恶意
Interest 报文来实施攻击。当一个路由器的 PIT 被恶意 Interest 报文占满时,则无
法为后续进入的合法 Interest 报文创建新的 PIT 条目,导致合法 Interest 报文被
丢弃。值得注意的是,路由器在创建新的 PIT 条目的同时也会移除部分现有的
PIT 条目(在收到一个 Data 报文时将对应的 PIT 条目移除或者在一个 PIT 条目的

生存期结束时将其移除）。只有当一个路由器创建新的 PIT 条目的速度大于其将 PIT 条目移除的速度时，该路由器中 PIT 条目的数目才会增加，并且恶意 Interest 报文所占用的 PIT 条目数目需要达到一定程度才能明显影响路由器对合法 Interest 报文的处理，从而达到攻击目的。

在实施攻击时，若攻击者一直以固定不变的速度发送恶意 Interest 报文，则在攻击开始后的第一个 Interest 报文生存期的时间内，路由器需要不断地为其接收到的每个恶意 Interest 报文都创建一个新的 PIT 条目而没有任何恶意 Interest 报文所占用的 PIT 条目因超时被移除，这时路由器中 PIT 条目的数目将随着恶意 Interest 报文的到达而不断地累积增多。但是在后续的攻击持续过程中，在某个时间间隔内，一个路由器需要为恶意 Interest 报文创建的新的 PIT 条目的数目与因超时而被移除的恶意 Interest 报文所占用的 PIT 条目的数目基本一致，即路由器创建新的 PIT 条目的速度与其移除超时的 PIT 条目的速度将达到一个相对平衡的状态，这时路由器中 PIT 条目的数目也将维持在一个稳定的状态而不会再继续增加，并且这个稳定值的大小（即恶意 Interest 报文能够占用的 PIT 条目的最大数目）主要取决于攻击者的攻击速度的大小。一方面，若攻击者直接以相对较低的固定速度发送恶意 Interest 报文，则网络中可能没有任何路由器的 PIT 资源会被耗尽，合法消费者的请求不会受到明显的影响，攻击者无法取得其预期的攻击效果。另一方面，由于 NDN 支持有状态的转发，因此相对于 IP 路由器，NDN 路由器可以根据其 PIT 中维护的状态信息来了解更多其所传输的网络流量的信息，这使得 NDN 路由器对其相关状态数据所发生的变化非常敏感。当攻击者直接以一个极高的固定速度发送恶意 Interest 报文时，则在攻击开始前后的连续两个时间间隔内路由器的相关状态数据会立即发生十分明显的变化，例如某个接口的 Interest 报文满足率大幅度下降、路由器中的 PIT 条目数目明显增多、某个名称前缀下的 Interest 报文的比例大幅度增加等，单个中间路由器独自地根据其本地相关状态数据的变化便可以及时察觉到网络的异常进而确定攻击的存在，然后采取相应的防御措施，使得攻击效果十分有限。

基于以上分析，本部分提出一种更加隐蔽的 Interest 报文泛洪攻击方式，称为 SIFA(Sophisticated Interest Flooding Attack)。SIFA 与 TIFA 的相同点在于在 SIFA 中攻击者也是针对特定的命名空间来实施攻击并且恶意 Interest 报文所请求的内容也不存在，而不同点则主要在于攻击者在实施攻击时对于攻击速度的控制方式不同。与 TIFA 中攻击者在攻击开始时就直接以极高的速度向网络中发送恶意 Interest 报文不同，在 SIFA 中，攻击者在攻击开始时会以一个相对较低的初始速度发送恶意 Interest 报文，这可以将在攻击开始前后的连续两个时间间隔内路由器的相关状态数据如 PIT 大小、Interest 报文满足率等所发生的变化维持在一个较低的水平,从而避免所发生的变化过于明显而被路由器察觉。然后,随着攻击的持续,攻击者会在其初始攻击速度的基础上每隔一定的时间间隔就逐渐地增加其恶意 Interest 报文的发送速度,来保证网络中新进入的恶意 Interest 报文的数目大于因生存期超时而被移除的恶意 Interest 报文的数目,从而使得目标路由器中的 PIT 条目可以不断地累积增多并最终耗尽其 PIT 资源,达到攻击目的。在 SIFA 与 TIFA 中攻击者的攻击速度的变化情况如图 17.1 所示,这里假设在 TIFA 发生后,攻击者始终以其能够达到的最大恶意 Interest 报文发送速度来实施攻击,而在 SIFA 发生后,攻击者的恶意 Interest 报文发送速度则从一个较低的初始值开始逐渐增加,直至达到其所能实现的最大攻击速度。

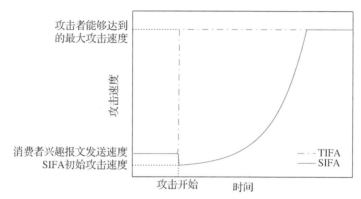

图 17.1 攻击速度变化示意图

在实施 SIFA 时,攻击者需要确定其初始攻击速度的大小以及攻击速度增加的快慢,其中初始攻击速度的大小主要决定着在攻击开始前后的连续两个时间间隔内路由器的相关状态数据的变化情况,攻击速度增加的快慢是指攻击速度增加的频率(即攻击者每次增加其恶意 Interest 报文发送速度之间的时间间隔)以及每次增加的攻击速度的大小,它主要决定着在后续的攻击持续过程中连续的两个时间间隔内路由器的相关状态数据的变化情况。在确定这些参数的值时,攻击者可以综合考虑网络的实际情况以及相关攻击检测与防御机制的设置,例如路由器的 PIT 最大存储能力的大小、网络的拓扑结构和性能、僵尸机的数量和分布情况、攻击检测方法的检测周期以及阈值的设置等,通过调整其初始攻击速度的大小以及攻击速度增加的快慢等来获得尽可能好的攻击效果。例如 Zhi 等[25]利用基尼不纯度来描述路由器接收到的内容请求的分散程度。当在两个连续的检测周期内基尼不纯度的差值超过所设阈值,则路由器判定攻击存在并将使得基尼系数减小的名称前缀判定为恶意前缀。这时,攻击者可以通过调整相关参数的设置来将任意两个连续的检测周期内网络中各个路由器接收到的恶意 Interest 报文的数目的差值控制在一定范围内,从而在确保攻击未被检测到的情况下使得路由器中的 PIT 条目不断累积并最终耗尽其 PIT 资源。类似地,在 Xin 等[24]、韦世红等[27]提出的方案中,在检测到攻击后,路由器根据确定攻击前后的两个连续的检测周期内信息熵的差值来识别恶意前缀。这时,攻击者可以通过调整相关参数的设置来将任意两个连续的检测周期内信息熵的差值维持在所设阈值以内,这使得路由器即使检测到攻击也无法确定恶意前缀,从而无法采取相应的防御措施。

17.3 实验与分析

本节将对 17.2 节中所提出的较为隐蔽的 Interest 报文泛洪攻击方式 SIFA 进行实验结果的分析。

17.3.1 仿真平台简介

本部分的实验部分主要通过 ndnSIM 仿真平台[36]来实现。

作为一种全新的下一代网络体系结构,NDN 目前仍处于研究阶段,还未有大规模的实际部署与应用。因此,为了方便研究人员评估 NDN 各方面的性能以及开展 NDN 相关研究工作,NDN 项目组提供了一个开源的 NDN 网络模拟器 ndnSIM,其总体结构如图 17.2 所示。ndnSIM 使用 ns-3 网络仿真器作为其基础框架,是一个实现了 NDN 网络协议栈的 ns-3 模块。ndnSIM 的设计遵循了 ns-3 中网络仿真的设计理念,采用模块化的设计结构,其使用单独的 C++类对 NDN 中的每个组件进行了最大程度的抽象,包括 PIT、FIB、CS、网络和应用程序接口、转发策略等。在这种模块化结构下,研究人员可以方便地对其中的任意组件进行修改或替换,而不会对其他组件造成较大影响。此外,ndnSIM 还提供了许多基本的流量生成器应用程序和辅助程序以简化仿真场景的创建(例如用于在结点中安装 NDN 协议栈的帮助程序),以及多种统计信息收集工具以方便数据的获取与分析(例如各个结点转发的各类报文的数目/速度、应用程序的数据请求时延等)。

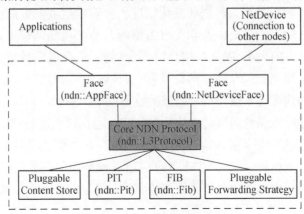

图 17.2 ndnSIM 组件框图

17.3.2 实验环境设置

本节使用 ndnSIM 在一个实际的大型 ISP 网络拓扑环境下进行仿真实验。实验中所使用的网络拓扑是基于 Rocketfuel's AT&T 拓扑模型[37] 所建立,具体如图 17.3 所示。

图 17.3 网络拓扑图

该拓扑中的结点一共可以被划分为三类:用户结点、网关结点和骨干结点。其中:用户结点是指网络中的用户,负责向网络中发送 Interest 报文来请求所需内容;与用户结点直接相连的结点被划分为网关结点,这是用户结点连接到网络的第一跳结点;剩下的结点被划分为骨干结点,不与任何用户结点直接相连。在这种分类方式下,用户结点即为本部分所描述的消费者,网关结点即为本部分所描述的接入路由器,骨干结点即为本部分所描述的中间路由器。该拓扑中一共有 182 个结点,包括 80 个用户结点(红色结点)、25 个网关结点(绿色结点)和 77 个骨干结点(蓝色结点)。拓扑中各条链路的带宽与时延的大小均是在一定范围内取得的随机值,取值范围与链路的类型有关,具体如表 17.2 所示[10]。

实验中随机选择 40% 的用户结点作为攻击者,其余用户结点作为合法消费者,并且随机选择一个网关结点或者骨干结点作为内容提供者。在实验过程中,合法消费者始终以固定不变的平均速度向网络中发送可以被内容提供者满足的合法 Interest 报文。在攻击开始前,被选作为攻击者的用户结点的行为与合法消费者相同,即以相同的速度发送可满足的合法 Interest 报文。在攻击开始时,SIFA 攻击者的初始攻击速度被设置为合法消费者的 Interest 报文发送速度的 1/3。随着攻击的持续,攻击者每秒钟增加一次攻击速度,每次的增加幅度为前一秒的攻击速度的 3%或者 5%。具体的参数设置如表 17.3 所示。

表 17.2　链路带宽与时延参数

链路类型	时延/ms		带宽/Mb/s	
	最小值	最大值	最小值	最大值
骨干结点-骨干结点	5	10	40	100
网关结点-骨干结点	5	10	10	20
网关结点-网关结点	5	10	10	20
用户结点-网关结点	10	70	1	3

表 17.3　实验参数设置

参数	值
仿真时间	0~300 s
攻击持续时间	60~240 s
转发策略	BestRoute
Interest 报文生存期	1 s
PIT 最大存储能力	2 000 个 PIT 条目
合法消费者请求速度	每秒 40 个 Interest 报文
SIFA 初始攻击速度	每秒 13 个 Interest 报文
SIFA 攻击速度增加情况	每秒增加 3%或 5%
TIFA 攻击速度	每秒 600 个 Interest 报文

17.3.3　实验结果分析

本节主要分为两个部分:首先从多个方面对比 SIFA 和 TIFA,然后评估 SIFA 的攻击效果。

1) SIFA 和 TIFA 的对比

主要从三个方面对比当 SIFA 和 TIFA 发生时路由器的相关状态数据的变化情况(即 17.1.2 节中总结的现有 IFA 攻击检测方法所采用的主要测度),包括:

● PIT 使用情况:路由器中 PIT 条目的数目。

● Interest 报文满足率:路由器发送出去的 Data 报文的总数目与接收到的 Interest 报文的总数目之间的比值。

●内容请求的分布情况:以路由器接收到的所有 Interest 报文中恶意 Interest 报文的比例来表示该路由器收到的内容请求的分布情况。

　　当发生攻击时,由于恶意流量的聚集,网络中的所有路由器中与目标内容提供者直接相连的路由器所受到的攻击强度最高,从而也更加容易察觉到其相关状态数据的异常变化进而判定攻击的存在。因此,这里选择实验拓扑中与目标内容提供者直接相连的路由器"bb-579"的相关状态数据的变化来进行对比分析,实验结果分别如图 17.4、图 17.5 和图 17.6 所示,其中,标记"SIFA-3%"表示在 SIFA 攻击下攻击速度每秒增加 3%时的实验结果,标记"SIFA-5%"表示在 SIFA 攻击下攻击速度每秒增加 5%时的实验结果,各个状态数据的变化速度则主要展示了攻击开始前后 10 s 内(即第 50~70s)的实验结果。

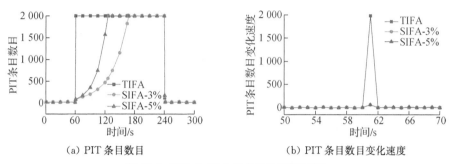

（a）PIT 条目数目　　　　　　　　　　（b）PIT 条目数目变化速度

图 17.4　SIFA 和 TIFA 的 PIT 使用情况对比

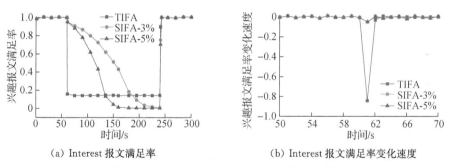

（a）Interest 报文满足率　　　　　　　（b）Interest 报文满足率变化速度

图 17.5　SIFA 和 TIFA 的 Interest 报文满足率对比

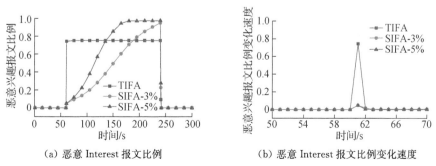

（a）恶意 Interest 报文比例　　　　　　（b）恶意 Interest 报文比例变化速度

图 17.6　SIFA 和 TIFA 的内容请求的分布情况对比

在攻击开始前,网络中不存在恶意 Interest 报文,路由器接收到的所有 Interest 报文均为合法消费者发送的请求并且几乎都能得到满足,因此 Interest 报文满足率接近于 1,路由器中 PIT 条目的数目保持稳定并且处于一个较低水平。

当 TIFA 发生时,大量的恶意 Interest 报文直接以较高的速度进入网络,这将使得路由器的相关状态数据在攻击开始后的极短时间内立即发生显著变化。具体地说,与攻击发生前(即第 60 s)相比,在攻击开始后的 1 s 内(即第 61 s),路由器中 PIT 条目数目的增长速度达到每秒 1 982 个 PIT 条目,路由器整体的 Interest 报文满足率下降 84.22%,在路由器接收到的所有 Interest 报文中恶意 Interest 报文的比例从 0 增加到 74.39%。这些变化十分明显,单个中间路由器独自地根据其本地状态数据的变化情况便可以在攻击发生后及时检测到网络中的异常进而确定攻击的存在,这使得从攻击开始到攻击被检测到之间的时间间隔极短,攻击效果十分有限。

但是在整个 SIFA 持续期间,路由器的各个相关状态数据都是逐渐发生轻微的变化,并且变化速度一直都保持在较低水平。在攻击开始时,由于在攻击速度每秒钟增加 3% 或 5% 这两种情况下攻击者的初始攻击速度相同,因此在攻击开始前后的连续两个时间间隔内路由器的相关状态数据的变化情况也相同。具体地说,与攻击发生前(即第 60 s)相比,在攻击开始后的 1 s 内(即第 61 s),路由器中 PIT 条目数目的增长速度都仅为每秒 62 个 PIT 条目,路由器整体的 Interest 报文满足率也都仅下降 4.89%,路由器接收到的所有 Interest 报文中恶意 Interest 报文的比例也都仅增加 4.80%。此外,在后续的整个攻击持续期间,虽然攻击者的攻击速度增加越快,路由器的相关状态数据的变化速度也会相对较快,但是也都仍然保持在较低水平。这些变化十分隐蔽,单个中间路由器独自地根据其本地状态数据的变化情况较难在攻击开始的早期阶段及时检测到攻击的存在,最终路由器的 PIT 资源被耗尽而无法处理合法消费者的请求。

2) SIFA 的攻击效果

这部分主要评估 SIFA 的攻击效果,包括 SIFA 对路由器中的 PIT 条目数目以及合法消费者的 Interest 报文满足率的影响,实验结果如图 17.7 所示。

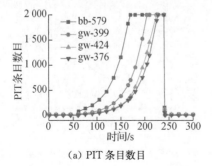
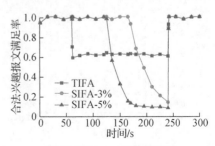

（a）PIT 条目数目　　　　　　（b）合法 Interest 报文满足率

图 17.7　SIFA 攻击效果

图 17.7(a)展示了两种典型的路由器中 PIT 条目数目的变化情况,包括受到的攻击强度最高的与目标内容提供者直接相连的路由器("bb-579"),以及对应的受到的攻击强度最低的与攻击者直接相连的接入路由器("gw-399","gw-424","gw-376")。在 SIFA 发生后,这两种典型的路由器中 PIT 条目的数目均逐渐发生变化,并且由于恶意流量的聚集,靠近内容提供者的路由器中 PIT 条目数目的增长速度更快,同一时刻 PIT 条目的数目也更多。当与内容提供者直接相连的路由器的 PIT 被占满时,接入路由器中的 PIT 条目数目仍处于相对较低的水平。因此,与靠近内容提供者的路由器相比,靠近攻击者的路由器更加难以独自地根据其本地相关状态数据的变化来及时检测到攻击的存在。

在 TIFA 中,部分受攻击强度较高的路由器的 PIT 资源在攻击开始后就会被立即耗尽,因此合法消费者的 Interest 报文满足率也会立即出现明显下降并在后续的整个攻击持续过程中保持稳定。而在 SIFA 中,在攻击发生的早期阶段,尽管路由器中的 PIT 条目数目要比正常情况下多,但是网络中还没有任何路由器的 PIT 资源被耗尽,因此合法消费者的 Interest 报文满足率与网络正常时保持一致即接近于 1,没有受到明显的影响。但是随着攻击的持续,恶意 Interest 报文会在受攻击的路由器中不断累积。在攻击持续一段时间后,部分路由器的 PIT 开始被占满,从而无法为后续进入的合法 Interest 报文创建新的 PIT 条目,导致合法 Interest 报文被丢弃,合法消费者的 Interest 报文满足率开始逐渐下降。

17.4　本章小结

本章介绍了一种较为隐蔽的 Interest 报文泛洪攻击方式 SIFA。首先总结并分析了现有的 Interest 报文泛洪攻击检测方法,然后根据现有方法的特点与不足,提出了一种较为隐蔽的 Interest 报文泛洪攻击方式 SIFA。在 SIFA 中,攻击者通过控制其攻击速度来确保路由器的相关状态数据在任意两个连续的时间间隔内所发生的变化不明显而不易察觉,从而使得现有的主要关注于 TIFA 的攻击检测方法较难在攻击开始的早期阶段及时地检测攻击的存在。最后,通过仿真实验来从多个方面对比 SIFA 和 TIFA 并评估 SIFA 的攻击效果从而分析 SIFA 的特点,以为后续相关攻击检测与防御机制的设计提供参考。

18 隐蔽 Interest 报文泛洪攻击的检测与防御

针对第 17 章中介绍的较为隐蔽的 Interest 报文泛洪攻击方式 SIFA,本章提出了一种基于控制器整体网络视图的 Interest 报文泛洪攻击检测与防御机制 DMNWV(Detecting and Mitigating the sophisticated interest flooding attack from the Network-Wide View)。首先介绍了 DMNWV 的整体框架,然后详细描述了 DMNWV 中的攻击检测与防御方法,最后通过实验来评估 DMNWV 的性能[63-64]。

18.1 整体框架

如图 18.1 所示,DMNWV 采用基于控制器整体网络视图的安全防御框架,其中,与消费者/攻击者直接相连的路由器称为接入路由器,剩余的其他路由器称为中间路由器,控制器和接入路由器之间的双向箭头虚线表示控制器与接入路由器之间攻击相关信息的交互。

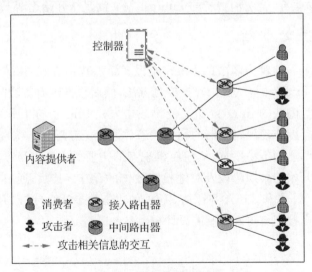

图 18.1　DMNWV 整体框架

DMNWV 中的攻击检测与防御主要包括两个部分,分别为接入路由器和控制器。

1）接入路由器

为了在尽可能靠近攻击源的位置检测到攻击并定位攻击者，进而采取针对性的防御措施，DMNWV 选择所有接入路由器作为监控路由器来实时地监测其各个接口的状态是否异常。根据 SIFA 中攻击者的攻击速度的变化特点，在 DMNWV 中每个接入路由器均实时地监测其各个接口的 Interest 报文到达速度和 Interest 报文满足率来判断是否存在异常情况（具体情况将在 18.2.1 节中详细介绍）。在发现异常后，若接入路由器可以独自确定网络中存在攻击，则可以立即采取防御措施。但是，由于接入路由器是攻击者接入网络的第一跳路由器，距离攻击者较近，因此单个接入路由器所能监测到的攻击流量的规模较小，从而难以独自地根据其有限的本地状态信息来准确地判断是否存在攻击。因此，当一个接入路由器发现了一些异常情况但是无法独自确定是否存在攻击时，可通知控制器并向其上报所检测到的异常信息，然后根据控制器的最终决定来采取相应的措施。网络中所有检测到异常的接入路由器所上报的异常信息共同帮助控制器来从整体网络视图检测攻击。

2）控制器

在 DMNWV 中，控制器负责持续不断地从整体网络视图监控网络，它与网络中的所有路由器都是逻辑上相连的。在收到一个接入路由器的异常通知后，控制器便开始收集其所检测到的异常信息。基于所有发现异常的接入路由器所上报的异常信息，控制器可以更加全面地了解网络中异常流量的相关情况并根据网络的整体状况判断是否存在攻击，在攻击开始的早期阶段即攻击还未对网络造成较大损害前及时检测到攻击并准确定位攻击者。在确定存在攻击后，控制器可以将其攻击判定结果通知相关接入路由器，使其在攻击源处采取针对性防御措施，避免损害合法消费者的数据访问请求。

18.2　攻击检测与防御

在 DMNWV 中，攻击检测主要包括两个部分，分别为基于接入路由器的本地攻击检测和基于控制器整体网络视图的攻击检测，攻击防御则主要是通过接入路由器根据所定位的攻击者在攻击源处采取针对性的防御措施来实现。

18.2.1　基于接入路由器的本地攻击检测

1）攻击检测测度的选择

目前，大多数已有机制均基于 PIT 相关状态数据来检测攻击，例如 PIT 大小、PIT 条目超时比例、Interest 报文满足率等。这类机制可能会导致误判。例如，在前缀劫持攻击中，被攻击者控制的结点会丢弃其接收到的 Interest 报文，这也可能会导致某个名称前缀下的 Interest 报文满足率过低或者某个路由器中的 PIT 条目超时比例较高等,从而被误判为 IFA。此外,在某些 IFA 攻击场景中,由于恶意 Interest 报文的聚集,靠近目标内容提供者的上游路由器的 PIT 会先被占满,然后开始丢弃后续收到的 Interest 报文,这也可能会导致一些未受到攻击的下游路由器出现 Interest 报文满足率降低的情况,从而被误判为受到攻击[24]。

　　基于以上分析以及 SIFA 中攻击者的攻击速度的变化特点,在 DMNWV 中,每个接入路由器在判断其各个接口的状态是否异常时使用接口的 Interest 报文到达速度作为其攻击检测的主要测度,并进一步使用接口的 Interest 报文满足率来避免将流量突发误判为攻击。

　　(1) Interest 报文到达速度:根据第 17 章中对 SIFA 的介绍可知,为确保目标路由器中的 PIT 条目可以不断累积增多并最终耗尽其 PIT 资源,SIFA 攻击者需要以逐渐递增的速度发送恶意 Interest 报文来使得目标路由器创建新的 PIT 条目的速度大于其将 PIT 条目移除的速度。很明显可以看出,对于一个接入路由器来说,一个与 SIFA 攻击者直接相连的恶意接口和一个与消费者直接相连的合法接口中 Interest 报文的到达速度之间存在差异。因此,一个接口的 Interest 报文到达速度可以作为接入路由器判断该接口是否存在攻击的一个测度。但是,由于网络中合法消费者的 Interest 报文发送速度并不是固定不变的而是在一个正常范围内波动,如果只是简单的利用接口的 Interest 报文到达速度大于消费者的平均 Interest 报文发送速度来判定异常接口则可能会导致较高的误判率。因此,本部分使用非参数 CUSUM(cumulative sum,累积和)算法来检测接口的 Interest 报文到达速度的异常变化,以提高攻击检测的准确性(具体方法将在本节的后续部分进行详细介绍)。

　　(2) Interest 报文满足率:若仅基于接口的 Interest 报文到达速度来检测攻击,则可能会导致误判。因为当发生流量突发时,消费者以较高的速度向网络中发送 Interest 报文来请求所需内容,这也可能会导致接入路由器中部分合法接口的 Interest 报文到达速度过高,从而被误判为攻击。但是,流量突发和 SIFA 之间有本质区别。在流量突发中,进入网络的所有 Interest 报文均由消费者发送,因此都是合法的且几乎都可以得到满足。即使可能存在部分 Interest 报文因网络拥塞等原因被丢弃而无法得到满足,但最终这个比例也是极低的。而在 SIFA 中,攻击者发送的所有恶意 Interest 报文均无法得到满足并且最终都会超时,因此对应接入路由器接口的 Interest 报文超时比例应是极高的。因此,在发现某个接口的 Interest 报文到达速度存在异常时,接入路由器可以根据该接口的 Interest 报文满足率来进一步判断造成这个现象的原因是流量突发还是可能存在攻击,从而避免将流量突发误判为攻击。这里 Interest 报文满足率是指接口发送出去的 Data 报文的数目与接收到的 Interest 报文的数目之间的比值。

2) 接入路由器端攻击检测方法

在 DMNWV 中,每个接入路由器都会周期性地统计其各个接口的平均 Interest 报文到达速度和 Interest 报文满足率并判断是否存在异常。在发现异常接口后,接入路由器会将相关异常信息上报给控制器并根据控制器的反馈进行相应操作。接下来对该过程进行详细介绍,主要包括接口异常判定以及接入路由器与控制器之间攻击相关信息的交互。

(1) 接口异常判定

CUSUM 算法[38]是一种常见的变点检测算法,被广泛应用于异常检测中。CUSUM 算法的主要思想是对样本序列进行累积,将序列的小偏移累积起来,达到放大的效果,从而提高检测过程中对于小偏移的灵敏度。为了避免复杂的建模分析并降低攻击检测的资源消耗,本部分使用非参数的 CUSUM 算法来检测接入路由器中各个接口的 Interest 报文到达速度是否异常,以使得攻击检测更加准确和及时[39-40]。

在周期性地统计各个接口的平均 Interest 报文到达速度时,对于每一个接口,接入路由器都会得到一个序列 $\{X_n\}$,表示在一段连续的检测周期 Δt 内该接口的平均 Interest 报文到达速度的序列。假设在正常情况下,合法消费者的平均 Interest 报文发送速度为 $\bar{v}$,平均 Interest 报文发送速度的上限为 β。在此令 $\beta=(\alpha+1)\bar{v}$,其中 α 是一个大于零的常数,表示当接口的 Interest 报文到达速度超过其正常速度的一定程度(由 α 指定)时则被视为一种异常行为,$\bar{v}$ 和 α 的值均可以通过在正常网络情况下(即网络中不存在攻击或拥塞时)进行长时间的观测来得到。然后根据公式 $Z_n=X_n-\beta$ 可以由序列 $\{X_n\}$ 产生一个均值为负的序列 $\{Z_n\}$。此外,还需要根据式(18.1)构造一个新序列 $\{y_n\}$,y_n 表示 Z_n 的累积增加量。

$$\begin{cases} y_n=(y_{n-1}+Z_n)^+, & n>0 \\ y_0=0, & n=0 \end{cases} \tag{18.1}$$

其中,

$$x^+=\begin{cases} x, & x>0 \\ 0, & x\leqslant 0 \end{cases} \tag{18.2}$$

在正常情况下,合法消费者的 Interest 报文发送速度应在一个合理的范围内波动且其值应小于 β,这时 Z_n 应为负值,y_n 的值不会持续地累积增大。当发生 SIFA 时,攻击者以逐渐增加的速度发送恶意 Interest 报文,接入路由器中与攻击者直接相连的恶意接口的平均 Interest 报文到达速度(即 X_n)会逐渐增大并且在攻击持续一段时间后其值会超过 β,这时 Z_n 的值也会随之增大并变为正值,y_n 的值也将开始随着攻击的持续而不断地累积增大。对于接入路由器来说,当其某个接口对应的 y_n 值过大时,则表示该接口的 Interest 报文到达速度异常。假设 $d(y_n)$ 表示第 n 个检测周期内接入路由器中某个接口的 Interest 报文到达速度的状态,则其值可由式(18.3)表示。

$$d(y_n) = \begin{cases} 0, & y_n < T_{\text{suspicious}} \\ 1, & y_n \geqslant T_{\text{suspicious}} \end{cases} \tag{18.3}$$

其中:$d(y_n)=0$ 表示状态正常;$d(y_n)=1$ 表示状态异常;$T_{\text{suspicious}}$ 是用于判断接口的 Interest 报文到达速度是否异常的阈值。

此外,当发生流量突发时,接入路由器中某些合法接口对应的 y_n 值也可能会过大,从而导致其被错误地判定为异常接口。因此,在发现某个接口的 Interest 报文到达速度存在异常后,为避免将流量突发误判为攻击,接入路由器会进一步地判断该接口的 Interest 报文满足率是否低于所设阈值 $T_{\text{satisfaction}}$,若低于,则表示接口状态异常,可能存在攻击,否则表示接口状态正常。

在上述接口异常判定过程中,选择合适的 $T_{\text{suspicious}}$ 值可以有效地降低误报率并缩短异常检测时间。$T_{\text{suspicious}}$ 越大,则误报率就越低,但是在发生攻击时,受攻击接口的 y_n 值累积达到 $T_{\text{suspicious}}$ 所需要的时间就越长。若 $T_{\text{suspicious}}$ 过大,则在接入路由器检测到异常接口时合法消费者的请求可能已经受到了影响,攻击检测不够及时。相应地,$T_{\text{suspicious}}$ 越小,则造成误判的可能性就会越大,但是在发生攻击时,受攻击接口的 y_n 值也会更快地超过 $T_{\text{suspicious}}$,因此接入路由器检测到异常接口的时间也就越早,攻击检测更加及时。但是,由于在检测到异常接口后,接入路由器需要通知控制器并向其上报所检测到的异常信息,因此 $T_{\text{suspicious}}$ 越小,则接入路由器开始与控制器进行攻击相关信息交互的时间就越早并且向控制器上报的其所检测到的异常流量的规模也会相对较小,这可能会使得攻击相关信息交互的时间更长,系统开销也会更大。

综上所述,在一个检测周期内,接入路由器中接口异常判定的整体流程如图 18.2 所示。

(2) 接入路由器与控制器之间攻击相关信息的交互

对于每个接口,接入路由器均根据图 18.2 来判断其状态是否正常。在发现一个异常接口后,若其是该接入路由器所检测到的第一个异常接口,则接入路由器需要发送一个携带特定名称的 Interest 报文来通知控制器,否则,则表示该接入路由器之前已经检测到其他异常接口并且已经通知了控制器,因此不需要再次通知,而只需要在控制器下一次的请求到达时将新检测到的异常接口的信息上报给控制器。上述过程的具体流程如算法 18.1 所示,这里接入路由器发送的 Interest 报文的名称为/ndn/ddos/flooding/controller/<RouterId>/IfaAbnormity,其中,/*ndn*/

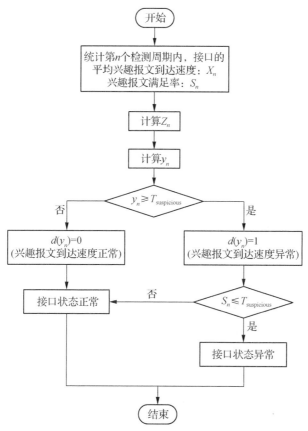

图 18.2 接口异常判定流程

$ddos/flooding$ 表示这是用于进行攻击相关信息交互的报文,$/controller$ 表示这个 Interest 报文是发送给控制器的,$<RouterId>$ 是发送这个异常通知 Interest 报文的接入路由器的标识,通过这个标识控制器可以了解到是哪个接入路由器检测到了异常,$/IfaAbnormity$ 是一个特定标识来表明这个 Interest 报文的作用,即通知控制器检测到异常。

算法 18.1 接入路由器异常通知的发送

输入:每个接口 $face$ 的平均 Interest 报文到达速度 V_{face}

　　　每个接口 $face$ 的 Interest 报文满足率 S_{face}

　　　阈值 $T_{\text{suspicious}}$,阈值 $T_{\text{satisfaction}}$

输出:通知控制器存在异常

1. **Initialization**

2. **for** each interface $face$ **do**

3. 　　$d_{\text{face}} \leftarrow CUSUM(V_{\text{face}})$;判断接口 Interest 报文到达速度的状态

4.　　　**if** $d_{\text{face}}=1$ and $S_{\text{face}}{\leqslant}T_{\text{timeout}}$；接口状态异常

5.　　　Mark *face* as suspicious；将该接口标记为异常接口

6.　　　**if** *face* is the first abnormal interface；该接入路由器第一个异常接口

7.　　　　Construct an Interest packet *interest* with specific name

8.　　　　**Send** *interest* to notify the controller；通知控制器

9.　　　**end if**

10.　　**end if**

11. **end for**

在通知控制器后,接入路由器需要等待控制器的反馈,然后根据控制器的要求来执行相应操作,具体如算法 18.2 所示。在收到一个来自控制器的 Interest 报文后,接入路由器需要根据该 Interest 报文的名称来判断控制器要求其执行的操作。若该 Interest 报文的名称中含有特定标识/*report*,则表示该接入路由器需要向控制器上报其最新检测到的异常信息,即其所有异常接口的信息。对于每个异常接口,需要向控制器上报的信息主要包括接口标识、接收到的 Interest 报文的名称前缀以及每个名称前缀下的 Interest 报文速度,逻辑上类似于一个映射〈接口,〈名称前缀,Interest 报文速度〉〉。若该 Interest 报文的名称中含有特定标识/*IfaAck*,则表示控制器判定该接入路由器受到攻击,因此接入路由器需要进一步解析该 Interest 报文的名称来获取其恶意接口列表,以便后续采取相应的防御措施。若该 Interest 报文的名称中含有特定标识/NoAttack,则表示控制器判定该接入路由器未受到攻击,因此接入路由器应将其所有接口都标识为正常接口。

算法 18.2　接入路由器对控制器通知的处理

输入:来自控制器的通知 Interest 报文 *interest*

输出:执行控制器要求的相应操作

1. **Initialization**

2. *name* ← get the name of *interest*

3. *cmd_type* ← get the command type from *name*；获取操作类型

4. **if** *cmd_type*=*report*；请求异常信息

5.　　Reply with the latest abnormal information of all suspicious interfaces

6. **else**

7.　　Reply with a Data packet；回复一个 Data 报文,表示确认

8.　　**if** *cmd_type*=*IfaAck*；通知攻击存在

9.　　　*face_list* ← get the list of malicious interfaces from *name*

10.　　　Mark all the interfaces in *face_list* as malicious

11.　　**else if** *cmd_type*=*NoAttack*；通知攻击不存在

12.　　　Mark all its interfaces as normal

13.　　**end if**

14. **end if**

18.2.2　基于控制器整体网络视图的攻击检测

1) 链路传输能力

网络中的各类资源如存储空间、链路带宽、处理器处理能力等都是有限的。当用户的请求超过了网络的固有容量和处理能力,网络的性能就有可能下降。网络中每条链路都有其传输能力限制。对于 NDN 网络环境来说,NDN 有一个基本原则——Interest 报文与 Data 报文的流平衡,即一个 Interest 报文至多只能由一个 Data 报文满足,并且每个 Data 报文与对应 Interest 报文的传输路径具有对称性,即一个 Data 报文总是按照对应 Interest 报文的路由路径的反方向返回到其请求者。因此,路由器根据其某个接口发送出去的 Interest 报文的数目便可以估计该接口对应链路所传输流量的总体大小,同时也可以通过控制 Interest 报文的转发来控制网络流量的整体规模。基于以上分析,本部分将 NDN 网络环境中每条链路的传输能力限制量化为每条链路对应接口所能转发出去的 Interest 报文的数目的限制(即 Interest Limit),其值应与链路的时延带宽积成一定比例[41]。Interest Limit 的值可由式(18.4)计算得到[10]。

$$\text{Interest Limit} = Delay[\text{s}] \cdot \frac{Bandwidth[\text{Bytes/s}]}{Data\ packet\ size[\text{Bytes}]} \quad (18.4)$$

其中:$Delay$ 表示时延,是指 Interest 报文收到对应的 Data 报文所需时间;$Bandwidth$ 表示带宽;$Data\ packet\ size$ 表示返回的 Data 报文的大小。在这三个参数中,时延和 Data 报文大小均无法提前确定,在计算时可以分别使用接口发送出去的 Interest 报文的平均往返时延和所观测到的 Data 报文的大小来代替。

2) 控制器端攻击检测方法

在正常情况下,控制器处于等待状态并持续监听是否有来自接入路由器的异常通知。只有在收到至少一个接入路由器的异常通知后,控制器后续的攻击检测与防御操作才会被触发。对于收到的每一个接入路由器的异常通知(即一个携带特定名称的 Interest 报文),控制器会首先对其回复一个 Data 报文表示确认,然后开始周期性地发送名称为/ndn/ddos/flooding/<RouterId>/report/<seq>的 Interest 报文来请求该接入路由器所检测到的异常信息,其中,<RouterId>是该接入路由器的标识,这可以从异常通知 Interest 报文的名称中得到,/report 是一个特定标识,表示控制器要求该接入路由器向其上报所检测到的异常信息,<seq>是序列号,初始值为 0 且逐渐递增。

对于发送的每个用于请求异常信息的 Interest 报文,控制器都会收到对应接入路由器的回复(即一个封装着对应接入路由器所检测到的异常信息的 Data 报文),对其的处理方法如算法 18.3 所示。对于所收到的每个封装着异常信息的

Data 报文,控制器可以从其名称中获得上报该异常信息的接入路由器的标识,并解析其负载部分来获取具体的异常信息。对于异常信息中每个异常接口的每个〈名称前缀,Interest 报文速度〉对,控制器首先确定该名称前缀所对应的内容提供者,然后计算这部分异常流量从接入路由器到对应内容提供者之间的传输路径。然后,控制器会更新该传输路径上每条链路所传输的异常流量的数目,并更新每条链路所传输的异常流量的来源信息(即接入路由器及其对应接口)。当所有检测到异常的接入路由器所上报的异常信息均处理完成后,控制器可以了解到每条链路上所传输的异常流量的总数目及其来源信息。

算法 18.3　控制器对接收到的异常信息的处理

输入:封装着异常信息的 Data 报文 *data*

输出:链路所传输异常流量的信息 *LinkTrafficInfo*

1. **Initialization** *LinkTrafficInfo* ← *null*

2. *name* ← get the name of *data*

3. *gw* ← get the identity of the corresponding access router from *name*

4. *abnormal_info* ← parse *data* to get the abnormal information;解析报文

5. **for each** *face_info* in *abnormal_info* **do**;对于每一个异常接口的信息

6. 　　*face* ← get the identity of the suspicious interface;接口标识

7. 　　**for each** <*prefix*,*speed*> pair in *face_info* **do**;对每一个<前缀,速度>

8. 　　　*producer* ← find out the corresponding producer of *prefix*

9. 　　　*path* ← calculate the path from *gw* to *producer*;计算传输路径

10. 　　　Add *speed* to statistics of each link on *path* in *LinkTrafficInfo*;

11. 　　　Add <*gw*,*face*> to traffic sources of each link on *path* in *LinkTrafficInfo*

12. 　　**end for**

13. **end for**

在处理完所收到的所有异常信息后,控制器将根据各条链路所传输的异常流量的情况来判断网络中是否存在攻击,具体如算法 18.4 所示。对于每条有异常流量经过的链路,当某条链路上所传输的异常流量的数目超过该链路传输能力的一定比例时,即所传输异常 Interest 报文的总数目≥θ·链路传输能力,则控制器判定该链路上存在攻击并根据所记录的异常流量来源信息来定位攻击者,即所上报的异常流量经过该链路的接入路由器及其对应异常接口。当完成攻击判定并确定网络中存在攻击时,控制器将分别发送携带特定名称的 Interest 报文来通知各个受攻击接入路由器其受攻击接口。此时控制器发送的 Interest 报文的名称为/ndn/ddos/flooding/< RouterId >/IfaAck/< MaliciousInterfaceList >,其中,<*RouterId*>是受攻击接入路由器的标识,/*IfaAck* 是特定标识,表示控制器通知该接入路由器受到攻击,<*MaliciousInterfaceList*>是控制器判定的该接入路由器的所有恶意接口的列表。若在一段时间内始终没有链路被判定为受到攻击,则控制器判定网络中不存在攻击并分别发送名称为/ndn/ddos/flooding/<RouterId>/NoAttack 的 Interest 报文来通知相关接入路由器攻击不存在。在通知相关接入路由器其攻击判定结果后,控制器在收到来自某个相关接入路由器的表示确认的 Data 报文后便停止向其发送请求异常信息的 Interest 报文。

此外,为避免因控制器与接入路由器之间攻击相关信息的交互而给网络带来新的安全问题,例如攻击者伪装成控制器来向某个接入路由器发送含有特定名称标识/IfaAck 或/NoAttack 的 Interest 报文,或攻击者伪装成某个接入路由器来向控制器发送异常通知等,在 DMNWV 中所有用于攻击相关信息交互的报文均由其发送者进行签名,接收者可以通过签名验证来确定报文的合法性。

算法 18.4 控制器对链路状态数据的处理

输入:异常流量经过的链路的集合 $SuspiciousLinkSet$
   链路所传输异常流量的信息 $LinkTrafficInfo$
   定位的攻击源信息 $AttackSourceInfo$,参数 θ

输出:攻击判定结果

1. **Initialization** $AttackSourceInfo \searrow null$
2. **for each** $link$ **in** $SuspiciousLinkSet$ **do**;对每一条有异常流量经过的链路
3. $link\_capacity \leftarrow$ the capacity of $link$
4. $interest\_num \leftarrow$ number of suspicious Interests on link in $LinkTrafficInfo$
5.   **if** $interest\_num \geqslant \theta \cdot link\_capacity$
6.   Determine that $link$ is under attack;存在攻击
7. $<gw, face\_list> \leftarrow$ get traffic sources of $link$ in $LinkTrafficInfo$
8.   Add $<gw, face\_list>$ to $AttackSourceInfo$;定位攻击者
9.   **end if**
10. **end for**

18.2.3 攻击防御

在检测到攻击后,路由器应采取一定的防御措施来缓解攻击对网络造成的影响。对现有 IFA 防御方法的总结如表 18.1 所示。目前,大多数现有机制均通过限制恶意接口进入的或者恶意名称前缀下的 Interest 报文接收速度来防御攻击,这虽然可以明显减少网络中转发的恶意 Interest 报文的数目,但也可能会损害合法消费者的数据访问请求。因为恶意接口进入的或者恶意名称前缀下的 Interest 报文也有可能是消费者为请求所需内容而发送的合法 Interest 报文,中间路由器无法准确区分合法 Interest 报文和恶意 Interest 报文,从而导致部分合法 Interest 报文被错误地丢弃。此外,部分已有工作采用攻击检测—防御于一体的机制,路由器在收到一个 Interest 报文后会根据其到达接口或所处命名空间的 Interest 报文满

足率来按照一定概率决定是否转发该 Interest 报文,这种方式同样也会错误地丢弃部分合法 Interest 报文。为避免在防御时损害合法消费者的请求,部分已有机制在检测到攻击后通过调整恶意前缀下的 Interest 报文的转发策略来使得网络在防御攻击的同时仍可响应合法 Interest 报文。但是在这些机制中,网络仍然需要转发大量的恶意 Interest 报文,路由器需要存储大量的相关信息并对其接收到的所有恶意前缀下的报文进行修改,实现复杂且系统开销较大。

表 18.1　Interest 报文泛洪攻击防御方法总结

防御方法	相关工作	实施方式	不足
限制 Interest 报文接收速度	[12-15] [19-20,25,27]	限制恶意接口进入的或者恶意前缀下的 Interest 报文接收速度	损害合法消费者的数据访问请求
检测—防御于一体	[10,23]	按照一定概率来决定是转发还是丢弃所接收到的 Interest 报文	损害合法消费者的数据访问请求
调整转发策略	[14,18]	调整恶意前缀下的 Interest 报文的转发策略,防止其占满 PIT	实现复杂且系统开销大

考虑到已有防御方法存在的问题,DMNWV 通过接入路由器在攻击源处对所定位的攻击者采取针对性的防御措施来防御攻击。由 18.2.1 节的介绍可知,控制器在确定存在攻击后会进一步定位攻击者并通知相关接入路由器其受攻击接口。因此,当一个接入路由器收到控制器的通知表示其某些接口受到攻击时,它可以从该通知 Interest 报文的名称中获取其恶意接口列表,然后立即开始丢弃所有从其恶意接口进入的 Interest 报文,从而在攻击源处直接阻止恶意 Interest 报文进入网络,避免在防御时损害合法消费者的数据访问请求。这是因为接入路由器是与攻击者直接相连的路由器,也是恶意 Interest 报文进入网络的第一跳路由器,因此对于一个接入路由器来说,与恶意接口直接相连的结点一定是攻击者,其发送的所有 Interest 报文都是恶意的,而与合法接口直接相连的结点一定是消费者,其发送的所有 Interest 报文都是合法的。

18.3　实验与分析

本节通过实验来评估 DMNWV 的性能,分析不同参数设置对接入路由器端攻击检测算法的影响,并评估了控制器的通信开销。

18.3.1　实验环境设置

本节仍使用 ndnSIM 仿真平台来进行仿真实验,实验中所使用的网络拓扑与 17.3.2 节中图 17.3 所示拓扑一致,这里不再赘述。需要注意的是,在本节的实验中,控制器并不是部署在图 17.3 所示拓扑的原有结点中,而是额外创建了一个新的结点作为控制器结点并将其与一个随机选择的骨干结点相连接。通过这种方式,控制器可以与拓扑中的所有结点通信并且不影响原有拓扑结点间的报文转发。

本节的实验中仍随机选择 40% 的用户结点作为攻击者,其余用户结点作为合法消费者。在实施攻击时,攻击者的初始攻击速度为合法消费者的 Interest 报文发送速度的 1/3,并随着攻击的持续每秒钟增加一次攻击速度,每次的增加幅度均为前一秒的攻击速度的 3%。实验中 DMNWV 的接入路由器端与控制器端的相关参数的值均是通过多轮实验测试来确定,具体的参数设置如表 18.2 所示。

表 18.2 实验参数设置

	参数	默认值
整体参数	仿真时间	0~300 s
	攻击持续时间	60~240 s
	转发策略	BestRoute
	合法消费者请求速度	每秒 40 个 Interest 报文
	Interest 报文生存期	1 s
	PIT 最大存储能力	2 000 个 PIT 条目
	检测周期 Δt	1 s
	Data 报文大小	1 100 字节
接入路由器端参数	参数 α	0.5
	阈值 $T_{\text{suspicious}}$	120
	阈值 $T_{\text{satisfaction}}$	0.8
控制器端参数	参数 θ	0.7
	式(18.4)中的 Delay	300 ms(拓扑中的最大 RTT)

18.3.2 DMNWV 性能评估

这部分主要评估 DMNWV 的性能并将其与 satisfaction-based Interest acceptance[10](SBA)和 satisfaction-based pushback[10](SBP)策略进行对比,同时使用 BestRoute 转发策略来表示无防御措施时网络的状态,实验结果如图 18.3 所示。对 DMNWV 的性能评估主要使用两个测度,包括:

• 中间路由器中的平均 PIT 条目数目:所有中间路由器中 PIT 条目数目的总和/中间路由器的个数。

• 合法 Interest 报文满足率:所有合法消费者发送的 Interest 报文中得到满足的 Interest 报文的比例。

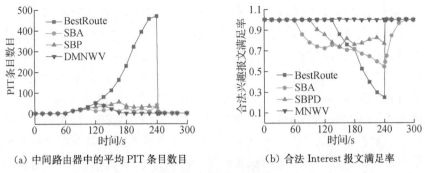

(a) 中间路由器中的平均 PIT 条目数目　　(b) 合法 Interest 报文满足率

图 18.3　DMNWV 的性能

在 SBA 和 SBP 中,路由器接受一个 Interest 报文的概率与该 Interest 报文到达接口的 Interest 报文满足率有关。在 SIFA 发生的早期阶段,尽管网络中还没有任何路由器的 PIT 资源被耗尽,但是随着恶意 Interest 报文进入网络,其所经过的所有路由器接口的 Interest 报文满足率便开始下降。由于 SBA 和 SBP 无法准确区分合法 Interest 报文和恶意 Interest 报文,因此一些合法 Interest 报文将被错误地丢弃,导致 SBA 和 SBP 比无防御措施(即 BestRoute)时会更早地出现合法 Interest 报文满足率下降的情况。此外,虽然 SBA 和 SBP 改善了路由器的 PIT 使用情况,但是随着攻击的持续,网络中仍然存在部分恶意 Interest 报文被成功地转发,部分合法 Interest 报文被错误地丢弃,这些 Interest 报文将会长时间地占用路由器的 PIT 资源直至超时才会释放,使得路由器中的 PIT 条目数目仍高于其正常水平。

但是,在 DMNWV 中,合法 Interest 报文的满足率始终与攻击开始前保持一致,没有受到明显影响。尽管在攻击开始后的一段时间内,中间路由器中的 PIT 条目数目会逐渐增多,但也仍处于较低水平,并且在攻击被检测到后逐渐恢复到其正常值。这是因为 DMNWV 可以在受攻击路由器的 PIT 资源被耗尽前及时检测到攻击并准确定位攻击者,然后在攻击源处采取针对性的防御措施(即接入路由器丢弃所有从其恶意接口进入的 Interest 报文),从而准确区分合法 Interest 报文和恶意 Interest 报文并直接在攻击源处阻止恶意 Interest 报文进入网络,避免损害合法消费者的数据访问请求。

18.3.3　参数设置对接入路由器端攻击检测算法的影响

这部分主要通过对比非参数 CUSUM 算法在不同参数设置下的性能来分析参数设置对接入路由器端攻击检测算法的影响。图 18.4 展示了不同参数设置下的 y_n 值的变化,包括检测周期 Δt、参数 α 以及攻击速度。

由图 18.4 可知,在攻击开始前即第 0～60 s 内,网络中不存在攻击,接入路由器的各个接口均为合法接口,消费者的 Interest 报文发送速度相对稳定且其值小于 β,因此 y_n 的值始终为 0 而不会持续地累积增大。在攻击开始时,SIFA 攻击者以相对较低的初始速度发送恶意 Interest 报文,因此在攻击发生的早期阶段,攻击者的攻击速度仍处于较低水平且其值未超过 β,这时 y_n 的值仍为 0。但是,随着攻击速度的不断增加,接入路由器中受攻击接口的平均 Interest 报文到达速度将不断增大并且在攻击持续一段时间后其值会超过 β,这时 y_n 的值也开始大于 0 并随着数据的累积而不断增大。在不同的参数设置下,y_n 值开始累积的时间以及累积的速度快慢会有不同,因此接入路由器可以检测到一个受攻击接口的 Interest 报文到达速度存在异常的时间也会不同。

图 18.4(a)所示为不同检测周期下 y_n 值的变化情况。由于 y_n 的值是在每个检测周期结束时进行计算并加以累积的,因此检测周期越小,y_n 值累积的频率就越高,增长速度就越快,同一时刻 y_n 的值就越大。

图 18.4(b)所示为不同参数 α 下 y_n 值的变化情况。由于在 DMNWV 中,β 的取值为 $\beta = (\alpha + 1)$,因此 α 的值越小,则 β 就越小,y_n 值开始大于 0 的时间就越早并且增长速度也越快。在攻击持续一段时间后,攻击速度将明显大于合法消费者的 Interest 报文发送速度(即),不同参数 α 下 y_n 值的差异也将逐渐缩小。

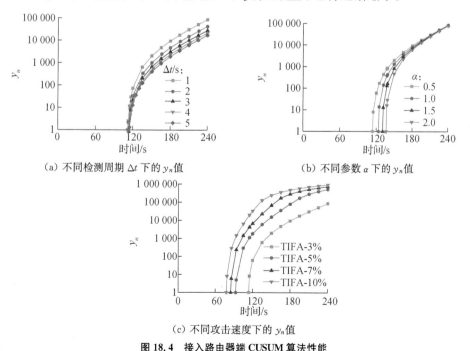

(a) 不同检测周期 Δt 下的 y_n 值

(b) 不同参数 α 下的 y_n 值

(c) 不同攻击速度下的 y_n 值

图 18.4 接入路由器端 CUSUM 算法性能

图 18.4(c)所示为不同攻击速度下 y_n 值的变化情况,其中攻击速度分别为每秒钟增加 3%、5%、7% 和 10%。很明显可以看出,攻击速度增长得越快,y_n 值开始大于 0 的时间就越早并且增长速度也越快,同一时刻 y_n 的值就越大,接入路由器就可以更早地检测到其受攻击接口的 Interest 报文到达速度存在异常。

18.3.4　控制器通信开销评估

这部分主要评估控制器的通信开销并分析不同参数设置对其的影响,包括检测周期 Δt、参数 θ 和阈值 $T_{suspicious}$,实验结果如图 18.5 所示。这里主要使用控制器发送的攻击相关 Interest 报文的数目来表示控制器的通信开销,包括:

- 用于请求接入路由器所检测到的异常信息的 Interest 报文;
- 用于通知相关接入路由器攻击判定结果的 Interest 报文。

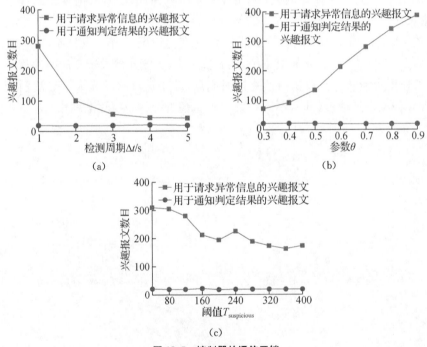

图 18.5　控制器的通信开销

1) 用于请求异常信息的 Interest 报文

图 18.5(a)所示为不同检测周期 Δt 下控制器通信开销的变化情况。随着检测周期的增大,控制器发送的用于请求异常信息的 Interest 报文的数目将逐渐减少。这是因为在收到一个接入路由器的异常通知后,控制器便开始周期性地发送 Interest 报文来请求该接入路由器所检测到的异常信息。因此,检测周期越大,控制器发送请求的频率就越低,所发送的 Interest 报文的数目就越少。

图 18.5(b)所示为不同参数 θ 下控制器通信开销的变化情况。在 DMNWV 中,控制器根据一条链路上所传输的可疑 Interest 报文的数目是否超过该链路传输能力的一定比例(即参数 θ)来判断该链路上是否存在攻击。因此对于一条有可疑 Interest 报文通过的链路来说,参数 θ 的值越大,控制器能够判定该链路存在攻击的时间就越晚,控制器需要发送的用于请求接入路由器所检测到的异常信息的 Interest 报文的数目就越多。

图 18.5(c)所示为不同阈值 $T_{suspicious}$ 下控制器通信开销的变化情况,其中 $T_{suspicious}$ 的取值范围为 40～400(即合法消费者的平均 Interest 报文发送速度 $\bar{v}$ 的 1～10 倍)。在 DMNWV 中,在未收到任何接入路由器的异常通知前,控制器后续的攻击检测与防御相关操作均未被触发,因此不会发送任何 Interest 报文。只有在至少一个接入路由器检测到异常并通知控制器后,控制器才开始周期性地发送 Interest 报文来请求所检测到的异常信息。很明显可以看出,$T_{suspicious}$ 的值越小,则接入路由器检测到异常并通知控制器的时间就越早,控制器开始发送 Interest 报文来请求异常信息的时间也就越早。因此,一般情况下,控制器发送的用于请求异常信息的 Interest 报文的数目随着 $T_{suspicious}$ 的增大而减少。但是,在某些情况下,当参数设置不当时,例如图 18.5(c)中 $T_{suspicious}=240$ 时,一个较大的 $T_{suspicious}$ 值却可能会导致控制器发送的用于请求异常信息的 Interest 报文的数目增多。这是因为在 DMNWV 中,在确定网络中存在攻击后,控制器会进一步定位攻击者并通知相关接入路由器其受攻击接口。在收到控制器的通知后,对于已经被控制器判定为受到攻击的恶意接口,接入路由器不再将这些恶意接口的相关信息上报给控制器。这时,上报给控制器的异常 Interest 报文的总数目将会减少,因此控制器需要发送更多的 Interest 报文来请求最新检测到的其他异常接口的相关信息,直到链路上传输的可疑 Interest 报文的数目足够多时才能确定存在攻击,这会使得控制器的通信开销增多并且控制器总体的攻击检测时间也会更长。

2) 用于通知攻击判定结果的 Interest 报文

由图 18.5 可知,在不同的参数设置下,控制器发送的用于通知攻击判定结果的 Interest 报文的总数目较为平稳。这是因为在 DMNWV 中,控制器在检测到攻击后会进一步定位攻击者,而对于每一个受到攻击的接入路由器,无论其有多少个受攻击接口,控制器也只会发送一个 Interest 报文来通知其所有恶意接口(通过 Interest 报文名称中的恶意接口列表来实现)。但是由于不同僵尸机的攻击开始时间以及攻击速度并不完全一致,因此一个接入路由器可能会先在其部分接口检测到异常,并在这些异常接口被控制器判定恶意接口后又检测到其他新的异常接口。在这种情况下,接入路由器需要重新发送一个 Interest 报文来通知控制器以便向其上报新检测到的异常接口的信息,控制器之后也需要再次发送一个 Interest 报文来通知该接入路由器这些新上报的异常接口的判定结果,这时控制器发送的用于通知攻击判定结果的 Interest 报文的总数目会有少量增加。但是上述情况发生的概率是十分有限的。一般情况下,控制器发送的用于通知攻击判定结果的 Interest 报文的总数目与受到攻击的接入路由器的数目相等,在某些情况下可能会有少量增加。

由以上结果可以看出,DMNWV 可以有效地检测与防御 SIFA 并且控制器的通信开销也保持在较低水平。在整个实验过程中,控制器发送的用于请求异常信息的 Interest 报文的总数目不超过 400,用于通知攻击判定结果的 Interest 报文的总数目大约为 20,因此控制器的引入不会为网络带来过多的负担。

18.4　本章小结

本章介绍了一种隐蔽 Interest 报文泛洪攻击的检测与防御机制 DMNWV。首先介绍了 DMNWV 的整体设计框架;接着详细介绍了 DMNWV 中的攻击检测与防御方法,其中攻击检测主要包括基于接入路由器的本地攻击检测和基于控制器整体网络视图的攻击检测,攻击防御则主要是通过接入路由器在攻击源处采取针对性的防御措施来实现;最后通过实验来评估 DMNWV 的性能,分析参数设置对接入路由器端攻击检测算法的影响,并评估了控制器的通信开销,实现结果表明 DMNWV 可以及时检测到 SIFA 的存在并准确定位攻击者,进而在攻击源处采取针对性防御措施,避免损害合法消费者的数据访问请求,并且系统开销较低。

19 系统设计与实现

本章描述了基于 DMNWV 的 Interest 报文泛洪攻击检测与防御原型系统。首先介绍了系统的开发环境,接着介绍了系统的整体设计框架,然后详细描述了系统中各个模块的设计与实现,最后展示了系统的运行结果。

19.1 系统开发环境

为了帮助研究人员搭建真实的 NDN 运行和开发环境,NDN 项目组提供了一组代码库[42],这里主要介绍本部分的原型系统的设计与实现中所需要的关键代码库。

19.1.1 ndn-cxx 库

ndn-cxx 库(NDN C++ library with eXperimental eXtensions)[43]是一个实现了 NDN 各基本模块的原型的 C++库,可以被用来实现各种 NDN 应用程序。ndn-cxx 库为应用程序提供的基本功能主要包括[44]:

- 发送/接收 Interest 报文和 Data 报文,并对其进行编码/解码和签名/验证;
- 多种传输通道下的异步 I/O;
- 管理证书和签名密钥,目前实现的签名类型有 RSA-SHA256 和 ECDSA-SHA256;
- 在本地 NFD 中注册名称前缀,监控和管理 NFD;
- 用于验证签名和信任模型的验证器;
- 实现了 NDN 的网络内缓存,并提供了多种缓存替换策略;
- 提供了常用的 NDN 应用开发工具,包括系统日志记录工具、配置文件、安全管理工具 ndnsec 等。

19.1.2 NFD

NFD(NDN Forwarding Daemon,NDN 转发守护进程)[45]是一个实现了 NDN 协议的网络转发器,其主要功能是转发 Interest 报文和 Data 报文。为了实现报文转发,NFD 将低层次的网络传输机制抽象为 NDN 接口,并维护 NDN 结点中的 FIB、PIT、CS 等基本数据结构,同时还实现了报文的处理逻辑。除了基本的报文转发功能,NFD 还支持多种转发策略并提供了用于配置、监控和控制 NFD 的管理接口。NFD 的设计强调模块化和可扩展性，以方便研究人员在 NDN 网络架构下对新的协议、算法、应用程序等进行各种实验。

NFD 的整体结构如图 19.1 所示，它由一组相互依赖的模块组成[46]：

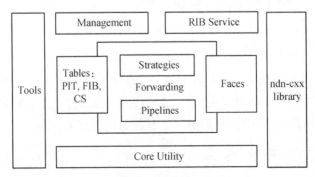

图 19.1　NFD 整体结构

● ndn-cxx 库、核心模块（Core Utility）和工具（Tools）：提供了需要在不同 NFD 模块之间共享的各种服务，包括哈希计算程序、配置文件、接口监控等；

● 接口模块（Faces）：在各种低层次传输机制的基础上实现了 NDN 接口的抽象。在 NFD 中，一个接口可以是用于在物理链路上进行通信的物理接口、NFD 与远程结点之间的覆盖通信信道或者 NFD 与本地应用进程之间的进程间通信信道。NFD 的转发模块可以通过接口发送或接收 Interest/Data/Nack 报文，然后接口处理底层的通信机制并隐藏转发过程中不同底层协议之间的差异；

● 表结构（Tables）：实现了 NFD 中的主要数据结构，包括 FIB、PIT、CS、转发策略选择表（用于记录为每个名称前缀所选择的转发策略）以及 NFD 转发报文时所需要的其他数据结构；

● 转发模块（Forwarding）：实现了基本的报文处理流程，需要与接口模块、表结构和转发策略进行交互。转发策略是转发模块的主要部分，它决定结点如何转发一个 Interest 报文，即是否转发、什么时候转发以及从哪个接口转发所收到的每个 Interest 报文；

● 管理模块（Management）：实现了 NFD 的管理协议，允许应用程序获取 NFD 的状态数据集以及查询或修改 NFD 的内部状态，其通信过程是通过 Interest 报文/Data 报文的交换来实现的。NFD 管理模块可以被划分为若干个部分，其中每个部分负责管理 NFD 的一个模块，例如接口管理模块为应用程序提供了创建/销毁接口的命令以及一个包含所有活跃接口的统计数据的接口数据集，FIB 管理模块提供了插入、更新或删除 FIB 条目的命令以及一个包含所有 FIB 条目的相关信息的数据集；

- RIB(Routing Information Base)管理模块(RIB Service):NFD 的 RIB 中存储着应用程序、管理员或 NFD 本身通过静态或动态方式注册的路由信息,而 FIB 中则只存储转发策略所需要的部分路由信息。RIB 中的路由信息可用于计算 FIB 中各个 FIB 条目的下一跳接口。RIB 管理模块负责管理 RIB 并在需要时更新 FIB。

19.1.3 NLSR

NLSR 协议(Named-data Link State Routing protocol,命名数据链路状态路由协议)[47-48] 是 NDN 中的一个域内路由协议,主要负责计算 NFD 中的 RIB 和 FIB。NLSR 工作于应用层,利用 NDN 中 Interest 报文和 Data 报文的交换来传播路由信息。NLSR 支持基于名称的路由,它会为每个名称前缀计算多个下一跳并将其按照优先级排序,从而为转发策略提供基于名称的多路径转发表。此外,在安全性方面,NLSR 设计了一个层次信任模型来确保每个路由器只能产生其自身的路由更新。

NLSR 主要通过 LSA(Link State Advertisement)来传播路由信息。LSA 是封装着路由信息的 Data 报文,其格式如图 19.2 所示。每个 NLSR 路由器(即运行 NLSR 协议的路由器)都会产生一个名称 LSA(Name LSA)和一个邻接 LSA(Adjacency LSA)。在每个 LSA 的名称中,<router>是产生该 LSA 的路由器的名称,/name 和/adjacency 是特定标识,用于表示 LSA 的类型,<version>是版本号,每当路由器产生新版本的 LSA,<version>就会增加 1。每个 NLSR 路由器产生的名称 LSA 中存储着其本地内容提供者静态配置或者动态注册的名称前缀的信息。每当添加或删除一个名称前缀时,NLSR 路由器都会向网络中传播一个新版本的名称 LSA。每个 NLSR 路由器产生的邻接 LSA 中存储着其每个邻居结点的名称以及路由开销。每当一个 NLSR 路由器检测到其某个邻居结点失效或者恢复,它都会生成一个新版本的邻接 LSA 并将其传播到整个网络中。

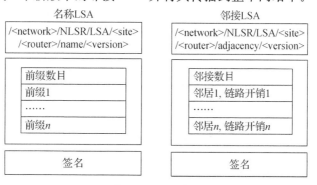

图 19.2　LSA 格式

　　此外,每个 NLSR 路由器中都含有一个 LSDB(Link State Database)模块来负责生成和获取 LSA 并触发路由表的计算。LSDB 中还存储着网络中所有路由器发布的最新版本的 LSA,称为 LSDB 数据集。NLSR 利用 ChronoSync 协议[49]来同步网络范围内各个路由器中的 LSDB 数据集。

19.2　系统整体框架

　　本部分的 Interest 报文泛洪攻击检测与防御原型系统是在真实的 NDN 运行和开发环境下实现所设计的攻击检测与防御机制 DMNWV,其整体设计框架如图 19.3 所示。

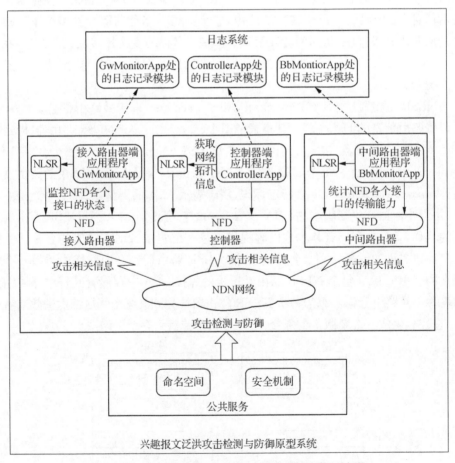

图 19.3　Interest 报文泛洪攻击检测与防御原型系统设计框架

　　在原型系统中,每个结点均需要安装 19.1 节中介绍的三个代码库,其中 ndn-cxx 库和 NFD 为结点提供了基础的 NDN 运行和开发环境,NLSR 则实现了路由的自动更新,避免手动添加大量路由信息。根据 DMNWV 的设计,原型系统中主要实现了三种 NDN 应用程序:接入路由器端应用程序 GwMonitorApp、中间路由器端应用程序 BbMonitorApp 和控制器端应用程序 ControllerApp。网络中各个结点通过安装对应的应用程序来执行相应的攻击检测与防御操作,即所有接入路由器均需安装 GwMonitorApp,所有中间路由器均需安装 BbMonitorApp,而 ControllerApp 则可以部署在任意一个接入路由器或中间路由器中,也可以部署在一个单独的 NDN 结点中,系统中只能部署一个 ControllerApp。各个应用程序均根据自身需要不断地与本地 NFD 或 NLSR 交互并在必要时对其进行修改来获取所需数据,以便进行后续的攻击检测与防御操作。原型系统中各个应用程序之间的攻击相关信息的交互都是通过 Interest 报文/Data 报文的交换来实现的。

为了保证系统的正常运行,原型系统中各种应用程序还应遵循统一的命名规则来为系统中的所有内容命名以及相同的安全模型来确保系统的安全性。此外,为方便系统的使用人员了解系统的运行情况,原型系统中基于 ndn-cxx 库提供的日志记录工具实现了与 NFD 和 NLSR 类似的日志系统。该日志系统支持多个层次的日志记录,可以在终端中实时地展示各个应用程序所进行的攻击检测与防御相关操作。

19.3　模块设计与实现

本部分在第 18 章中已经详细介绍过 DMNWV 中的攻击检测与防御方法并通过仿真实验评估了其性能。本节主要描述在真实的 NDN 运行和开发环境下实现 DMNWV 中的攻击检测与防御方法时,原型系统中各个模块的设计与实现,包括命名空间、安全机制、三种主要应用程序、关键数据结构、日志系统等。

19.3.1　命名空间

NDN 使用类似于 URL 的层次命名结构,这有利于表示网络中各个内容的含义以及不同内容之间的关系[50]。因此,Interest 报文泛洪攻击检测与防御原型系统也采用层次命名结构来标识系统中的所有内容。

表 19.1 所示为原型系统中所有内容的名称均遵循相同的命名格式"统一名称前缀(系统名称)+应用程序标识+内容标识",各个部分的含义分别为:

表 19.1　系统命名空间

统一名称前缀	应用程序标识	内容标识
/ndn/ddos/flooding	控制器:/controller 接入/中间路由器:/\<RouterName\>	/xxx/xx/…

1）统一名称前缀

统一名称前缀 $/ndn/ddos/flooding$ 表示原型系统的名称，系统中的所有内容均位于该命名空间下。

2）应用程序标识

应用程序标识表示该内容的拥有者和发布者（即系统中的各个应用程序），其中，ControllerApp 的标识是一个特定值 $/controller$，它在整个系统内是唯一的，GwMonitorApp 和 BbMonitorApp 的标识则为应用程序所在路由器的名称 $<RouterName>$。通过这种方式，原型系统可以方便地建立路由器与运行在路由器上的应用程序之间的对应关系。需要注意的是，同一个路由器在原型系统中的名称应与其在 NLSR 中所配置的名称保持一致，因为 ControllerApp 需要根据 NLSR 所维护的路由信息来建立整体网络视图（详细情况将在 19.3.5 节介绍）。

3）内容标识

内容标识表示应用程序所发布的具体内容。例如，若一个内容的完整名称为 /ndn/ddos/flooding/router1/report/1，则表示该内容是 Interest 报文泛洪攻击检测与防御原型系统中路由器 router1 上运行的应用程序所检测到的 router1 中的攻击相关信息。

19.3.2　安全机制

原型系统在检测与防御攻击的同时也需要确保其自身的安全性。在原型系统中，各个应用程序之间攻击相关信息的交互都是通过 Interest 报文和 Data 报文的交换来实现的，并且 NDN 的设计中每个 Data 报文都携带一个签名。因此，在收到一个攻击相关报文后，应用程序可以对其进行签名验证来确定其合法性，避免恶意攻击者冒充系统中的应用程序发送报文或者篡改各个应用程序之间传递的报文的内容。为了确保各个应用程序可以有效地进行签名验证，原型系统中设计并实现了一个信任模型来管理密钥之间的信任关系。

1）命令 Interest 报文

签名 Interest 报文[51]是一种用于发送经过身份验证的 Interest 报文的机制。命令 Interest 报文[52]是签名 Interest 报文的扩展，其格式如图 19.4 所示。

命令 Interest 报文与普通 Interest 报文的区别主要在于报文的名称部分。相对于普通 Interest 报文，命令 Interest 报文的名称中含有四个额外的名称组件，其中 $<timestamp>$ 是时间戳，用于防止重放攻击，<random-value>是一个 32 位的随机数，可进一步确保每个命令 Interest 报文的唯一性，$<SignatureInfo>$ 是命令 Interest 报文的签名信息，例如签名算法、签名密钥的名称等，$<SignatureValue>$

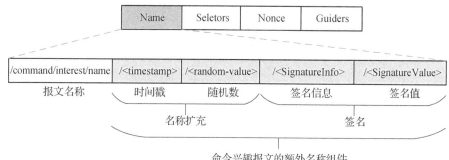

图 19.4　命令 Interest 报文的格式

是具体的签名值,是基于该名称组件前的所有名称组件计算得到。在收到一个命令 Interest 报文后,应用程序可以通过验证其名称中的签名来确定其合法性。

　　在原型系统中,所有可能改变系统状态的 Interest 报文均为命令 Interest 报文,包括 GwMonitorApp 发送的用于通知 ControllerApp 存在异常的 Interest 报文以及 ControllerApp 发送的用于通知 GwMonitorApp 攻击判定结果的 Interest 报文。其他只请求攻击相关信息而对系统状态无影响的 Interest 报文则无须使用命令 Interest 报文机制,从而尽量降低签名验证带来的系统开销。

　　2) 信任模型

　　在收到一个携带签名的报文后,应用程序需要对其进行签名验证来确定其合法性。在签名验证过程中,除了获取签名验证所需密钥以及验证签名值外,应用程序还需要根据所使用的信任模型来判断该密钥是否可以信任[53]。

　　(1) 信任关系

　　原型系统中密钥之间的信任关系如图 19.5 所示。在原型系统中,每个应用程序均使用自己的私钥来对其产生的攻击相关报文(包括部分 Interest 报文和所有 Data 报文)签名,每个 GwMonitorApp 或 BbMonitorApp 的密钥证书都必须由 ControllerApp 签发,ControllerApp 的证书则通过自签名产生,是整个信任模型的信任锚。

　　(2) 密钥的命名与获取方式

　　原型系统中密钥的名称如表 19.2 所示。密钥的命名结构为“密钥所有者的命名空间＋KEY 关键字＋密钥标识”,这种命名机制可以明确地表达密钥与密钥所有者之间的关系。

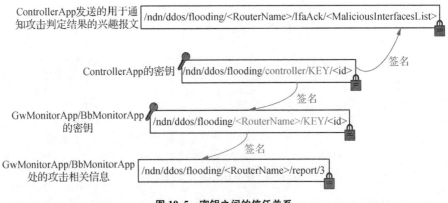

图 19.5　密钥之间的信任关系

表 19.2　密钥名称

密钥所有者	密钥所有者命名空间	密钥名称
ControllerApp	/ndn/ddos/flooding/controller	/ndn/ddos/flooding/controller/KEY/<id>
GwMonitorApp 或 BbMonitorApp	/ndn/ddos/flooding/<RouterName>	/ndn/ddos/flooding/<RouterName>/KEY/<id>

原型系统中,各个应用程序的密钥和证书的创建与安装均可以使用 ndn-cxx 库提供的安全管理工具 ndnsec[54] 来实现。在 NDN 中,密钥也是一种命名内容(即 Data 报文)。与其他 Data 报文类似,封装着密钥的 Data 报文也携带着一个签名,这使其等价于一个证书[55]。在原型系统中,每个应用程序在启动时均会向网络中注册其所拥有的密钥的名称前缀,其他应用程序在收到其签名的报文后可以通过发送 Interest 报文来获取签名验证所需密钥。在签名验证成功后,应用程序可将所获取的密钥缓存在本地,以供后续使用。

(3)信任模型的实现

为了使得应用程序可以根据所设计的信任模型来对报文进行签名和验证,原型系统中还需要按照一定的格式在配置文件中实现所设计的信任模型[56]。在 NDN 中,一个信任模型包含一组链接起来的信任规则和一个或多个信任锚,其中信任规则表示报文名称与其签名密钥的名称之间的关系,信任锚是信任模型中信任的起点[53]。根据信任模型中密钥之间的信任关系以及密钥的命名方式,原型系统中信任模型的具体实现如图 19.6 所示,一共含有四个信任规则和一个信任锚,具体含义为:

· 信任规则 1:ControllerApp 在收到 GwMonitorApp 的异常通知后对其进行签名验证,该信任规则确保每个 GwMonitorApp 只能发送其自身的异常通知;

· 信任规则 2:GwMonitorApp 在收到 ControllerApp 的攻击判定结果后对其

信任规则1

```
rule
{
id "Gw's Ifa Notification Rule"
for Interest
filter
{
  type name
  regex ^<ndn><ddos><flooding><controller>(<>*)$
}
checker
{
  type customized
  sig-type rsa-sha256
  key-locator
  {
    type name
    hyper-relation
    {
      k-regex ^<ndn><ddos><flooding>(<>)<KEY><>$
      k-expand \\1
      h-relation equal
      p-regex ^<ndn><ddos><flooding><controller>
              <IfaAbnormity>(<>)<><>$
      p-expand \\1
    }
  }
}
}
```

信任规则2

```
rule
{
id "Controller's Ifa Notification Rule"
for Interest
filter
{
  type name
  regex ^<ndn><ddos><flooding>[^<controller>]<>(<>*)$
}
checker
{
  type customized
  sig-type rsa-sha256
  key-locator
  {
    type name
    regex ^<ndn><ddos><flooding><controller><KEY><>$
  }
}
}
```

信任规则3

```
rule
{
id "Regular Data Validation Rule"
for Data
filter
{
  type name
  regex ^<ndn><ddos><flooding>(<>)[^<KEY>](<>*)$
}
checker
{
  type customized
  sig-type rsa-sha256
  key-locator
  {
    type name
    hyper-relation
    {
      k-regex ^<ndn><ddos><flooding>(<>)<KEY><>$
      k-expand \\1
      h-relation equal
      p-regex ^<ndn><ddos><flooding>(<>)[^<KEY>](<>*)$
      p-expand \\1
    }
  }
}
}
```

信任规则4

```
rule
{
id "Key Data Validation Rule"
for Data
filter
{
  type name
  regex ^<ndn><ddos><flooding><><KEY>(<>*)$
}
checker
{
  type customized
  sig-type rsa-sha256
  key-locator
  {
    type name
    regex ^<ndn><ddos><flooding><controller><KEY><>$
  }
}
}
```

信任锚

```
trust-anchor
{
  type file
  file-name "controller.cert"
}
```

图 19.6　信任模型的实现

进行签名验证,该信任规则要求用于通知攻击判定结果的 Interest 报文必须由控制器签名(即只能由 ControllerApp 通知攻击判定结果);

　　• 信任规则 3:应用程序在收到除密钥之外的 Data 报文后对其进行签名验证,该信任规则要求除密钥之外的 Data 报文均由其发布者签名;

● 信任规则 4：应用程序在收到封装着密钥的 Data 报文后对其进行签名验证，该信任规则要求所有应用程序的密钥证书都必须由 ControllerApp 签发；

● 信任锚：ControllerApp 的密钥证书。

19.3.3　接入路由器应用程序设计与实现

由第 18 章的介绍可知，在 DMNWV 中，每个接入路由器根据其各个接口的 Interest 报文到达速度和 Interest 报文满足率来判断接口是否异常并在检测到异常后将相关信息上报给控制器。在真实的 NDN 运行和开发环境下实现 GwMonitorApp 的难点主要在于如何获取满足需要的接口统计数据以便进行异常判定。

由 19.1.2 节中对 NFD 的介绍可知，NFD 的接口管理模块[57]提供了创建、更新或销毁接口的命令，同时也提供了一个接口数据集，其中记录着 NFD 所有活跃接口的属性以及发送/接收的各种报文的计数器信息。在接口数据集中，每个接口都由一个 FaceStatus 块表示，接口数据集即为 NFD 中各个活跃接口对应的 FaceStatus 块的集合。NFD 接口管理模块将接口数据集发布在/localhost/nfd/faces/list 命名空间下，应用程序可以通过发送携带特定名称的 Interest 报文来获取其中的内容。此外，NFD 接口管理模块也提供了查询操作，应用程序可以根据自身需要来设置一些过滤条件，从而只获取接口数据集中满足过滤条件的接口的数据。

虽然接口数据集中已经提供了 NFD 中各个活跃接口的计数器信息，但其并不能完全满足 GwMonitorApp 攻击检测时的需要，主要问题在于计数器的粒度。因为在 DMNWV 中，接入路由器在发现异常接口后需要向控制器上报的异常信息为每个异常接口收到的 Interest 报文的名称前缀以及对应名称前缀下的 Interest 报文速度，而接口数据集所提供的计数器中只有各种报文的数目而没有统计报文的名称前缀信息。即 GwMonitorApp 需要的计数器粒度为接口＋名称前缀，而目前 NFD 的实现中只提供了每个接口粒度下的计数器。因此，为满足 GwMonitorApp 攻击检测时的需要，原型系统中需要对 NFD 的接口模块和接口管理模块进行适当修改，主要是在 NFD 原有实现的基础上实现满足 GwMonitorApp 需要的计数器并为 GwMonitorApp 提供获取该计数器的接口。

原型系统中 GwMonitorApp 的设计与实现框架如图 19.7 所示，主要包括三个部分：在 NFD 接口模块中实现所需要的计数器、在 ndn-cxx 库中定义相应的存储结构以及在 NFD 接口管理模块中提供获取所实现的计数器的接口，具体为：

(1) NFD 接口模块：为 NFD 接口增加每个名称前缀下的计数器，称为 CountersPerPrefix(具体结构将在 19.3.6 节介绍)。

(2) ndn-cxx 库：定义并实现 FaceStatusPerPrefix 类来表示含有每个名称前缀下的计数器 CountersPerPrefix 的接口状态数据(具体结构将在 19.3.6 节介绍)。

FaceStatusPerPrefix 块与 FaceStatus 块类似,一个 FaceStatusPerPrefix 块也代表一个接口,二者对于接口属性部分的定义完全相同,主要区别在于 FaceStatusPerPrefix 块中的计数器是接口接收/发送的每个名称前缀下的计数器 CountersPerPrefix。NFD 中所有活跃接口对应的 FaceStatusPerPrefix 块的集合即为 NFD 的每个名称前缀下的接口数据集。

（3）NFD 接口管理模块:为 GwMonitorApp 提供获取所需计数器的接口。原型系统需要在 NFD 的接口管理模块中注册并实现对每个名称前缀下的接口数据集的请求的处理程序,包括 faces/listPerPrefix 和 faces/queryPerPrefix,这样 GwMonitorApp 通过发送名称为/localhost/nfd/faces/listPerPrefix 或/localhost/nfd/faces/queryPerPrefix/<filter>（<filter>为过滤条件）的 Interest 报文便可获取所需数据。在收到 GwMonitorApp 发送的用于请求每个名称前缀下的接口数据集的 Interest 报文后,接口管理模块中新实现的处理程序会收集相关接口的含有每个名称前缀下的计数器的状态数据从而得到一个由 FaceStatusPerPrefix 块组成的集合,然后将其封装在 Data 报文中返回给 GwMonitorApp。在收到所返回的 Data 报文后,GwMonitorApp 可以解析其 Content 部分来获取所需数据,并对其进行必要的处理以便进行后续的攻击检测与防御相关操作。

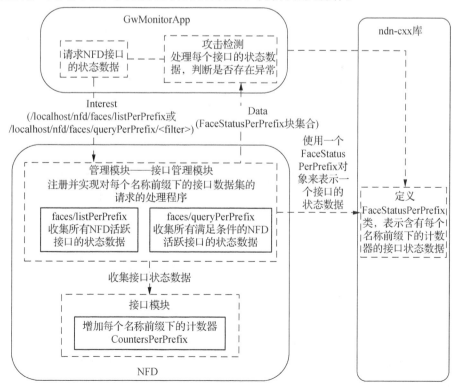

图 19.7　GwMonitorApp 设计与实现框架

19.3.4 中间路由器应用程序设计与实现

由第 18 章的介绍可知,在 DMNWV 中,控制器在检测攻击时需要了解网络中各条链路的传输能力。在原型系统中,BbMonitorApp 的主要功能就是不断地计算其各个接口所连接链路的传输能力并根据 ControllerApp 的需要将其上报给 ControllerApp,从而帮助 ControllerApp 进行攻击判定。由式(18.4)可知,计算一条链路的传输能力所需要的参数有带宽、时延以及 Data 报文大小。在真实的 NDN 运行和开发环境下实现 BbMonitorApp 的难点主要在于如何获取计算链路传输能力所需要的三个参数的值。

原型系统中 BbMonitorApp 的设计与实现框架如图 19.8 所示,主要可分为两个部分:参数值的统计和参数值的获取。

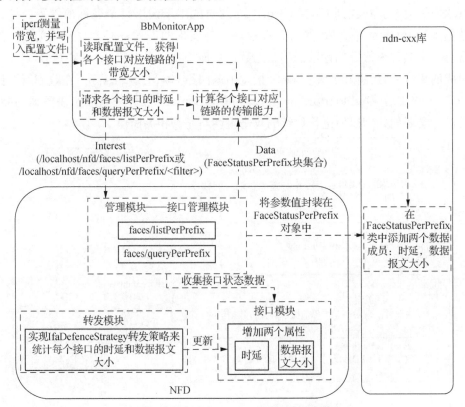

图 19.8 BbMonitorApp 设计与实现框架

1) 参数值的统计

(1) 带宽

在真实的 NDN 运行和开发环境下,一条链路中可以用于传输 NDN 报文(即

Interest/Data/Nack 报文）的带宽可能并不能达到链路的实际带宽。因为根据
NFD 接口所使用的底层协议的不同,NDN 报文可以直接在物理链路上传输,也可
以封装在 TCP 报文段或 UDP Data 报文等其他报文中进行传输。如图 19.9 所
示,当两个 NFD 的接口之间通过 UDP 隧道连接时,则在这两个接口之间传递的所
有 NDN 报文都将封装在 UDP Data 报文中作为 UDP Data 报文的数据部分进行
传输。因此,在原型系统中,用于计算链路传输能力的带宽值应为一条链路中可以
用于传输用户数据（即报文的数据部分）的带宽的大小,这个值可以使用网络性能
测试工具 iperf 测量得到。

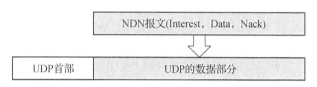

图 19.9   通过 UDP 隧道连接时 NDN 报文的传输

（2）时延与 Data 报文大小

当 NFD 将一个 Interest 报文从其某个接口发送出去后,链路带宽、存储空间、
处理器性能、NDN 的网络内缓存、Interest 报文的聚合等因素都有可能影响该
Interest 报文的处理速度和响应时间,因此在计算链路传输能力时 Interest 报文的
时延无法提前确定,也不能被设置为固定值。在原型系统中,为了在保持计算简单
的情况下尽量考虑到历史 RTT（Round-Trip Time,往返时延）,BbMonitorApp 使
用从一个接口发送出去的 Interest 报文的 RTT 的平滑值 SRTT（Smoothed RTT）
来作为计算该接口对应链路的传输能力的时延值。与时延类似,一个接口收到的
Data 报文的大小也无法提前确定,这与每个 Interest 报文所请求的具体内容有关,
因此在计算链路传输能力时可以使用平常观测到的 Data 报文大小的平均值来代
替。为了可以实时地统计这两个参数的值,原型系统中设计并实现了一个新的转
发策略 IfaDefenceStrategy 来统计 NFD 各个接口对应的 SRTT 值和 Data 报文大
小的平均值。

2）参数值的获取

在根据上述方法统计得到所需参数的值后,原型系统中还需要进一步为
BbMonitorApp 提供获取这些参数值的接口。在这三个参数中,链路带宽相对固
定,因此可以将其写入配置文件,BbMonitorApp 通过解析配置文件便可获取其各
个接口对应链路的带宽大小。但是时延和 Data 报文大小均在转发策略
IfaDefenceStrategy 中计算得到,其值一直随着报文的到达而不断变化,并且 NFD
管理模块中也没有提供任何可以获取 NFD 转发模块中的统计数据的接口。因此,

为了使这两个参数的值可以被 BbMonitorApp 成功获取,原型系统中修改了 NFD 的接口模块,为每个接口增加了时延和 Data 报文大小这两个属性,转发策略 IfaDefenceStrategy 在每次计算得到一个新的参数值后便会更新对应接口的属性值。此外,原型系统中还需要修改 19.3.3 节中定义的 FaceStatusPerPrefix 类来在其中添加表示这两个参数的数据成员,这样 BbMonitorApp 通过发送携带特定名称的 Interest 报文便可获取这两个参数的值。

在成功获取所需参数的值后,BbMonitorApp 便可计算其所在路由器中各个 NFD 接口对应链路的传输能力,并根据需要将其上报给 ControllerApp。

19.3.5　控制器应用程序设计与实现

由第 18 章的介绍可知,在 DMNWV 中,控制器负责从整体网络视图监控网络,并根据所有检测到异常的接入路由器所上报的异常信息来判断网络中是否存在攻击。在真实的 NDN 运行和开发环境下实现 ControllerApp 的难点主要在于如何建立对网络的整体视图。

在原型系统中,在基于整体网络视图检测攻击时,ControllerApp 需要了解的网络信息主要包括网络的拓扑结构以及网络中各个名称前缀对应的内容提供者的分布情况,以便在收到 GwMonitorApp 上报的异常信息后可以计算异常流量的传输路径和整体分布情况等。由 19.1.3 节中对 NLSR 的介绍可知,NLSR 通过 LSA 传播路由信息,并且每个 NLSR 路由器的 LSDB 数据集中均存储着网络中所有路由器产生的最新版本的 LSA。因此,ControllerApp 获取所需网络信息的最简单的方法就是不断地与 NLSR 交互来获取其 LSDB 数据集中存储的内容,并对其进行必要的处理以满足 ControllerApp 攻击检测的需要。通过这种方式可以避免在原型系统中重复实现已有的复杂功能,简化系统的实现。

原型系统中 ControllerApp 的设计与实现框架如图 19.10 所示。为方便其他应用程序获取 LSDB 数据集中存储的内容,NLSR 将其发布在/＄ROUTER_ NAME/lsdb 命名空间下,应用程序通过发送携带特定名称的 Interest 报文便可获取所需内容[58]。应用程序可以选择请求本地路由器或者远端路由器中存储的 LSDB 数据集,也可以选择只获取某一特定类型的 LSA 或者获取所有类型的 LSA。由于 NLSR 一直在不断地同步网络中各个路由器中存储的 LSDB 数据集,因此应用程序从不同路由器处获取的 LSDB 数据集应基本一致。在原型系统中,为了尽可能地降低因获取 LSDB 数据集而带来的时延、系统开销等,ControllerApp 选择请求本地路由器中存储的 LSDB 数据集中的所有邻接 LSA 和名称 LSA。这里 ControllerApp 发送的 Interest 报文的名称为/localhost/nlsr/ lsdb/＜dataset type＞,其中＜dataset type＞表示所请求的 LSA 的类型,取值分别

为 *names*(请求所有名称 LSA)或 *adjacencies*(请求所有邻接 LSA)。

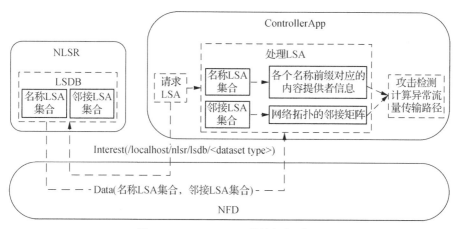

图 19.10　ControllerApp 设计与实现框架

在获取所有邻接 LSA 和名称 LSA 后,ControllerApp 需要对其进行进一步的处理,主要包括基于所有邻接 LSA 建立网络拓扑的邻接矩阵以及基于所有名称 LSA 确定网络中各个名称前缀对应的内容提供者的信息,以便计算异常流量的传输路径以及整体分布情况,为后续的攻击检测与防御操作奠定基础。

19.3.6　关键数据结构定义

在真实的 NDN 运行和开发环境下,每个 NDN 报文均以 TLV(Type-Length-Value)格式进行编码[59]。一个 NDN 报文就是一组 TLV 块的集合(见表 19.3)。一些 TLV 块中可能含有多个子 TLV 块,每个子 TLV 块中也有可能进一步嵌套。在原型系统中,由于不同应用程序之间攻击相关信息的交互都是通过 Interest 报文/Data 报文的交换来实现的,因此所有需要封装在 NDN 报文中进行传输的攻击相关信息都需要有相应的 TLV 编码格式的定义,主要包括 GwMonitorApp 需要获取的 NFD 接口状态数据即 FaceStatusPerPrefix、GwMonitorApp 需要向 ControllerApp 上报的其所检测到的异常信息 IfaInfo 以及 BbMonitorApp 需要向 ControllerApp 上报的链路传输能力信息 LinkCapacity。

19.3.7　日志系统设计与实现

为了方便系统的使用人员了解系统的运行情况,原型系统中的三种主要应用程序即 GwMonitorApp、BbMonitorApp 和 ControllerApp 中均基于 ndn-cxx 库提供的日志记录工具实现了日志记录模块,在终端中实时地展示其所进行的攻击检测与防御相关操作。原型系统中,各种应用程序定义的用于日志记录的宏和辅助函数如图 19.11 所示,其中每个层次的日志记录的含义如表 19.4 所示(按照层次由高到低的顺序）。

表 19.3　关键数据结构的 TLV 编码格式定义

类型名称及含义	类型定义	
FaceStatusPerPrefix 接口状态数据	FaceStatusPerPrefix　　　∷＝	FACE-STATUS -PER-PREFIX-TYPE TLV-LENGTH FaceId Uri LocalUri ExpirationPeriod? FaceScope FacePersistency LinkType BaseCongestionMarkingInterval? DefaultCongestionThreshold? Mtu? CountersPerPrefix＋ FaceSrtt FaceDataSize Flags
	CountersPerPrefix　　　∷＝	COUNTERS-PER-PREFIX-TYPE TLV-LENGTH Name NInInterests NInData NInNacks NOutInterests NOutData NOutNacks
IfaInfo 接入路由器需要 上报的异常信息	IfaInfo　　　　　∷＝	IFA-INFO-TYPE TLV-LENGTH ProducedTimeStamp SuspiciousFaceInfo＋
	SuspiciousFaceInfo　　　∷＝	SUSPICIOUS-FACE-INFO-TYPE TLV-LENGTH FaceId SuspiciousInterestsInfo＋
	SuspiciousInterestsInfo ∷＝	SUSPICIOUS-INTERESTS-INFO-TYPE TLV-LENGTH Name InterestSpeed
LinkCapacity 链路传输能力	LinkCapacity　　　　∷＝	LINK-CAPACITY-TYPE TLV-LENGTH FaceUri Capacity

```
#define INIT_LOGGER(name) NDN_LOG_INIT(DMNWV.name)

#define DDOS_IFA_LOG_DEBUG(x) NDN_LOG_DEBUG(x)
#define DDOS_IFA_LOG_INFO(x)  NDN_LOG_INFO(x)
#define DDOS_IFA_LOG_WARN(x)  NDN_LOG_WARN(x)
#define DDOS_IFA_LOG_ERROR(x) NDN_LOG_ERROR(x)
```

图 19.11　日志记录模块定义

表 19.4 日志记录层次及含义

日志记录层次	含义
DEBUG	用于通知开发人员应用程序中的方法调用和重要的变量值,方便调试程序
INFO	用于通知用户应用程序中的攻击检测与防御相关信息
WARN	用于通知用户可能影响应用程序运行的事件或通知开发人员存在异常变量值
ERROR	用于通知用户应用程序在运行期间出现的意外情况或错误

为了在终端中实时地展示各个应用程序的运行情况,系统使用人员需要使用准确的前缀和日志记录层次来设置环境变量 NDN_LOG。例如,如果想要实时地展示 ControllerApp 中 INFO 及其以下层次的日志记录,则在运行 ControllerApp 时需要执行 $export\ NDN\_LOG = DMNWV. * = INFO\ \&\&. /controller\text{-}app$ 命令。

19.4 系统运行结果

19.4.1 网络拓扑的搭建

图 19.12 展示了原型系统的实验拓扑。该拓扑中共含有四个 NDN 结点,包括两个接入路由器(名称分别为 gw1 和 gw2)和两个中间路由器(名称分别为 bb1 和 bb2),其中每个接入路由器均分别连接一个合法消费者和两个恶意攻击者,内容提供者和控制器则均部署在 bb2 结点中。每个 NDN 结点中均需要安装真实的 NDN 运行和开发环境,包括 ndn-cxx 库、NFD 和 NLSR,具体参数如表 19.5 所示。拓扑

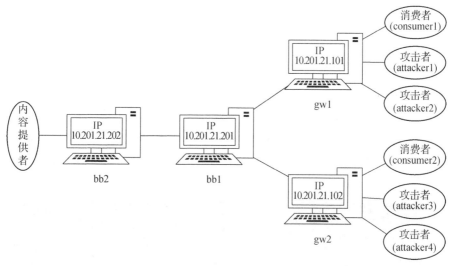

图 19.12 网络拓扑示意图

中任意两个相邻 NDN 结点的接口均通过 UDP 隧道连接。此外,每个 NDN 结点中均需要安装原型系统中所实现的应用程序来执行对应的攻击检测与防御操作,其中 gw1 和 gw2 结点均需要安装 GwMonitorApp,bb1 和 bb2 结点均需要安装 BbMonitorApp,并且 bb2 结点中还需要安装 ControllerApp。

表 19.5　NDN 结点运行和开发环境

操作系统	Ubuntu 16.04.3 LTS
CPU	Intel Core i5-7500(3.40 GHz)
内存	2 GB
硬盘	50 GB
ndn-cxx 库	0.6.3 版本
NFD	0.6.3 版本
NLSR	0.4.3 版本
开发语言	C++ 14

19.4.2　攻击场景的模拟

为了模拟 SIFA 攻击场景,实验中主要实现了三种应用程序来分别表示攻击过程中所涉及的三个主要部分,分别为内容提供者应用程序(表示目标内容提供者)、攻击者应用程序(表示 SIFA 攻击者)和消费者应用程序(表示合法消费者)。其中,内容提供者应用程序会向网络中注册两个名称前缀/good 和/evil,消费者应用程序以固定不变的平均速度向网络中发送名称前缀为/good 的 Interest 报文,而攻击者应用程序则以逐渐递增的速度发送名称前缀为/evil 的 Interest 报文,这些 Interest 报文最终都会到达内容提供者应用程序。为了模拟攻击场景中合法 Interest 报文可满足而恶意 Interest 报文不可满足的特点,内容提供者应用程序在收到一个/good 前缀下的 Interest 报文时会向其回复一个 Data 报文,而在收到一个/evil 前缀下的 Interest 报文时则会将其直接丢弃。

图 19.13 所示为这三种应用程序的运行结果示例,其中消费者应用程序发送的 Interest 报文会获得对应的 Data 报文,而攻击者应用程序发送的 Interest 报文则会因无法得到满足而超时。图 19.14 展示了攻击效果,即在攻击持续一段时间后,消费者应用程序发送的合法 Interest 报文将无法得到响应并最终超时。

```
<< Interest: /good/consumer1/%FE%02%0C?ndn.MustBeFresh=1&ndn.InterestLifetime=2000&ndn.Nonce=2914572660
>> Data: Name: /good/consumer1/%FE%02%0C
MetaInfo: ContentType: 0, FreshnessPeriod: 2000 milliseconds
Content: (size: 3)
Signature: (type: SignatureSha256WithRsa, value_length: 256)

<< Interest: /evil/attacker1/%FE%85?ndn.MustBeFresh=1&ndn.InterestLifetime=2000&ndn.Nonce=3125678970
# No content with name: /evil/attacker1/%FE%85
```

(a) 内容提供者应用程序运行结果示例

```
Sending Interest:/good/consumer1/%FE%02%0C?ndn.MustFresh=1&ndn.InterestLifetime=2000
Received Data: Name: /good/consumer1/%FE%02%0C
MetaInfo: ContentType: 0, FreshnessPeriod: 2000 milliseconds
Content: (size: 3)
Signature: (type: SignatureSha256WithRsa, value_length: 256)
```

（b）消费者应用程序运行结果示例（consumer1）

```
Sending Interest: /evil/attacker1/%FE%A5?ndn.MustBeFresh=1&ndn.InterestLifetime=2000
Timeout: /evil/attacker1/%FE%85?ndn.MustBeFresh=1&ndn.InterestLifetime=2000&ndn.Nonce=3125678970
Sending Interest: /evil/attacker1/%FE%A6?ndn.MustBeFresh=1&ndn.InterestLifetime=2000
```

（c）攻击者应用程序运行结果示例（attacker1）

图 19.13　攻击场景的模拟

```
Sending Interest:/good/consumer1/%FE%22%8C?ndn.MustBeFresh=1&ndn.InterestLifetime=2000
Timeout: /good/consumer1/%FE%22Q?ndn.MustBeFresh=1&ndn.InterestLifetime=2000&ndn.Nonce=4274181500
Sending Interest:/good/consumer1/%FE%22%8D?ndn.MustBeFresh=1&ndn.InterestLifetime=2000
```

图 19.14　攻击效果（consumer1 的请求超时）

19.4.3　系统性能分析

这部分主要使用结点中的 PIT 条目数目和合法消费者的 Interest 报文满足率这两个常见的性能评价指标来分析系统的性能。系统实验中相关参数的设置如表 19.6 所示，系统的运行结果如图 19.15 所示，其中攻击在第 30 s 时开始。

表 19.6　系统实验参数设置

	参数	值
系统整体参数	转发策略	IfaDefenceStrategy
	Interest 报文生存期	2 s
	检测周期	2 s
消费者应用程序	Interest 报文发送速度	每秒 30 个 Interest 报文
攻击者应用程序	初始攻击速度	每秒 10 个 Interest 报文
	攻击速度增加快慢	每 2 秒增加 3%
GwMonitorApp	参数 α	0.5
	阈值 $T_{suspicious}$	120
	阈值 $T_{satisfaction}$	0.8
BbMonitorApp	各个接口测量得到的链路带宽	95.2 Mb/s
ControllerApp	参数 θ	0.7

如图 19.15 所示，在系统未部署时（即无防御措施时），结点中的 PIT 条目数目在攻击开始后会逐渐累积增多并且最终会达到其 PIT 最大存储能力，合法消费者

的 Interest 报文满足率也会在攻击持续一段时间后发生大幅度下降。而在部署了所提出的原型系统时,虽然在攻击开始后的一段时间内结点中的 PIT 条目数目也会出现少量增加,但是在系统检测到攻击并采取相应的防御措施后,结点中的 PIT 条目数目就会恢复到其正常水平。在整个过程中,消费者的 Interest 报文满足率没有受到明显影响,始终与攻击开始前保持一致。

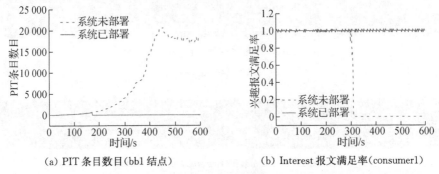

(a) PIT 条目数目(bb1 结点)   (b) Interest 报文满足率(consumer1)

图 19.15　系统性能

19.4.4　系统日志模块展示

这部分主要展示了系统运行过程中各个应用程序的日志记录模块所输出的攻击检测与防御相关信息,主要包括对所需数据的获取与处理以及进行的攻击判定与防御操作。

图 19.16 所示为 GwMonitorApp 日志记录模块的关键部分的输出,其中图 19.16(a)所示为 GwMonitorApp 的攻击检测过程,包括攻击检测测度的获取与处理、向 ControllerApp 发送异常通知、在收到请求后向 ControllerApp 上报异常信息等,图 19.16(b)所示为 GwMonitorApp 的攻击防御过程,即在收到 ControllerApp 的通知后解析报文名称来获取其各个恶意接口的标识,然后销毁其所有恶意接口。

图 19.17 所示为 BbMonitorApp 日志记录模块的关键部分的输出。BbMonitorApp 不断地获取所需参数的值以计算其各个接口对应链路的传输能力,并在收到 ControllerApp 的请求后向其上报相应接口的链路传输能力。

图 19.18 所示为 ControllerApp 日志记录模块的关键部分的输出,其中图 19.18(a)所示为 ControllerApp 对异常通知和异常信息的处理,包括在收到异常通知后开始请求异常信息、根据所收到的异常信息来更新相关链路的异常流量信息、请求可疑链路的传输能力等,图 19.18(b)所示为 ControllerApp 的攻击判定和攻击通知过程,即在发现某条链路上存在攻击后立即查明异常流量的来源(即攻击者)并通知相应的 GwMonitorApp。

```
1589516688.433773 INFO: [DMNWV.gw1] Fetching face dataset per prefix in 2 seconds
1589516688.436266 INFO: [DMNWV.gw1] Successfully received face dataset per prefix
-FaceId: 286
--<1> InterestSpeed(Xn): 65.5, value of Yn: 131.5
--<2> Satisfaction ratio: 0
NOTE: Face(FaceId: 286) is abnormal!
-FaceId: 287
--<1> InterestSpeed(Xn): 29.5, value of Yn: 0
--<2> Satisfaction ratio: 1
-FaceId: 288
--<1> InterestSpeed(Xn): 64.5, value of Yn: 123.5
--<2> Satisfaction ratio: 0
NOTE: Face(FaceId: 288) is abnormal!
1589516688.438898 INFO: [DMNWV.gw1] Sending Interest to notify controller: /ndn/ddos/floodi
ng/controller/IfaAbnormity/gw1/%00%00%01r%16%93%DC4/%81%B9q%2B%98%1A7n/%160%1B%01%01%1C%2B%
07%29%08%03ndn%08%04ddos%08%08flooding%08%03gw1%08%03KEY%08%081%B1%F8%C2%FD%29%C0%AB/%17%FD
%01%00%BF%F2-%F2%3F%C3%8F1%04%F33kn%E0%BE%A8%08o%C3T%29%C9%1C%15%1Ae%9F%FF%E1G%C5N%88Q%AB%
E8p%0C%AB4%3F%3A%7F%CE2%88%2B%03%85%D0%9A%F1%8D%8B%7%E4%17e%8E%A7%07%97v%3B%E3%DEB%FC%60w%
29J1%05%21%E0%FD%D5%0Bk%BA%08%BAf%21%C2%03%14%F9%9F%22%81D%F5kJ%19%D3%1C%B7%84id%17%8D%BE.%
D4%DDx%E4%1D%5C%80u%3F%EE%FA%BE%B2%5C%DCr%01Nv%15%A0%AD%7F%BC%82%98%16%E5%ADv%BB%CF%B0%A54%
AD%89%B0%BE%C3%8A%1D%ECYL%20%E3%04%BB%92%099%84%7C-%208%9AK%25%22%F2%20%FE%3Cy%91%CA%AD%EF%
87%C4%D0%FF%94%21%1C%04%C2%C1%8F%E6%F8%D5%87%85%9Fb%83%95%5DT%04%XED%DE9%C%FAl%D4N%3Cv%C8%F
8x%C2hX%DEh%B5%99W%AF%ACmy%3Cl%28%2B%DB%07U%FC%BDFg%E7%07u%3A%B9%9F%BBU%B8%94w%C9Q%CC%24%8A
%9D%E3z
1589516688.450909 INFO: [DMNWV.gw1] Received Data(ACK) for IFA notification
1589516688.450958 INFO: [DMNWV.gw1] Data(ACK) from controller validation successful
1589516688.450997 INFO: [DMNWV.gw1] Interest received: /ndn/ddos/flooding/gw1/report/%FE%00
1589516688.451016 DEBUG: [DMNWV.gw1] Command type: report
1589516688.451027 INFO: [DMNWV.gw1] Replying with latest information of all abnormal faces
-TimePoint: 1589516688436365488 nanoseconds since Jan 1, 1970
-Suspicious faces:
-FaceId: 286, <Prefix: /evil, InterestSpeed: 65.5>
--FaceId: 288, <Prefix: /evil, InterestSpeed: 64.5>
1589516688.451882 INFO: [DMNWV.gw1] Sending out Data: /ndn/ddos/flooding/gw1/report/%FE%00
```

(a) GwMonitorApp 攻击检测

```
1589516699.452148 INFO: [DMNWV.gw1] Interest received: /ndn/ddos/flooding/gw1/IfaAck/286
x288/%00%00%01r%16%93%EC%13/%83n%96l%D2%1C%E3Q/%167%1B%01%01%1C2%070%08%03ndn%08%04ddos%
08%08flooding%08%0Acontroller%08%03KEY%08%08%FDK%94%A3K%18%8Fj/%17%FD%01%00C%3F%99A%1F%9
5%F4%98L%09%81P%A4%60%FC%10p%DA%CE-%89%93%3A%D6%C3%CFRg%A2%B7%0As%D9%29%8A2%1F%15%D7%96u
%60%18%1E%A3%F9%A5zr%5E%9D%9%A4%08%A7%8D%86%F2%C3%E2%C3%8C5%2B%Cbs%ED0%29%1C%D2Xq%904%C8%A7IA
%D9iF%1A%AE6M%19%1B%DD%9C%E9p%E5%11%D1%89%95%85-%7D%90%B1%D6%AE%7B%ADy%2F%15%0B%95J%94%A
D%EC%E3%96%88R%B5%D8%E0%86%22-%91%C1R9%95%A4%85%AC%60%2A%FFc%BD9%0B%98e%0D9%E%FBv%91%BD%
82%3EKe%8D%EB%C7%25VR-%DA%2B%A8%BE9U%BA%9F%A7%81S%07%13c%98%F7%8D%C3%9B%F6%D4%C4klD%AA
%C4%C9%FD%F3KI%F0%60I2%DD-%053Ec%0Bn%89%A1%BD%11%27%F1%E5t%8A%B8%B71%84%FE%ABv0%F8%06%B1
%86%CAq%8C%BEi%25%89yV%3A%0A%3BD%20%C0%96lH%950-%7D-f0%02%95%F8%07%06%0D%16%F0j
1589516699.452228 DEBUG: [DMNWV.gw1] Command type: IfaAck
1589516699.452684 INFO: [DMNWV.gw1] Interest validation successful
1589516699.453397 INFO: [DMNWV.gw1] Sending out Data(ACK) for IfaAck notification
1589516699.453698 DEBUG: [DMNWV.gw1] ***Taking targeted measures on malicious faces***
1589516699.453786 INFO: [DMNWV.gw1] Malicious faces determined by controller: 286, 288
1589516699.462402 INFO: [DMNWV.gw1] Successfully destroying malicious face(FaceId: 286)
1589516699.468522 INFO: [DMNWV.gw1] Successfully destroying malicious face(FaceId: 288)
```

(b) GwMonitorApp 攻击防御

图 19.16　GwMonitorApp 日志模块的部分输出（gw1 结点）

```
1589516686.849781 INFO: [DMNWV.bb1] Fetching srtt and average Data size of each face in 2 seconds
1589516686.852884 INFO: [DMNWV.bb1] Successfully received srtt and average Data size of each face
--FaceUri: udp4://10.201.21.101:6363, Parameters: (95.2, 7.28645, 249.859), LinkCapacity: 347.031
--FaceUri: udp4://10.201.21.102:6363, Parameters: (95.2, 7.14487, 243.471), LinkCapacity: 349.216
--FaceUri: udp4://10.201.21.202:6363, Parameters: (95.2, 8.10368, 232.009), LinkCapacity: 415.647
1589516688.308834 INFO: [DMNWV.bb1] Interest received: /ndn/ddos/flooding/bb1/request/udp4/10.201
.21.202/6363/%FE%00
1589516688.308891 DEBUG: [DMNWV.bb1] Command type: request
1589516688.308975 INFO: [DMNWV.bb1] The requested Face(FaceUri: udp4://10.201.21.202:6363
--FaceUri: udp4://10.201.21.202:6363, LinkCapacity: 415.647
1589516688.310291 INFO: [DMNWV.bb1] Sending out Data: /ndn/ddos/flooding/bb1/request/udp4/10.201.
21.202/6363/%FE%00
```

图 19.17　BbMonitorApp 日志模块的部分输出（bb1 结点）

```
1589516521.203325 DEBUG: [DMNWV.controller] ---Listening for IFA notification---
1589516681.491078 INFO: [DMNWV.controller] Interest received: /ndn/ddos/flooding/controller/IfaAbnormit
y/gw1/%00%00%01r%16%93%DC4/%81%B9q%2B%98%1A7n/%160%1B%01%01%1C%2B%07%29%08%03ndn%08%04ddos%08%08floodin
g%08%03gw1%08%03KEY%08%08%0B1%B1%F8%C2%FD%29%C0%AB/%17%FD%01%00%BF%F2-%F2%3F%C3%BF1%04%F33kn%E0%BE%A8%08o
%C3T%29%C9%1C%15%1Ae%9F%FF%E1G%C5N%88Q%AB%E8p%0C%AB4%3F%3A%7F%CE2%88%2B%03%85%D0%9A%F1%BD%8B%B7%E4%17e%
8E%A7%07%97v%3B%E3%DEB%FC%60w%29Jl%05%21%E0%FD%D5%0Bk%BA%08%BAf%21%C2%03%14%F9%9F%22%81D%F5kJ%19%D3%1C%
B7%84id%17%8D%BE.%D4%DDx%E4%1D%5C%80u%3F%EE%FA%8B%21%C5Dr%01Nv%15%AA%ED%0E9C%FAl%04N%3Cv%C8%F8x%C2hX%DEh%B5%99W
%AF%ACny%3Cl%28%2B%DB%07U%FC%BDfg%E7%07u%3A%B9%9F%BBU%BB8%94w%C9Q%CC%24%BA%9D%E3z
1589516681.491163 DEBUG: [DMNWV.controller] Command type: IfaAbnormity
1589516681.491180 DEBUG: [DMNWV.controller] Origin router: /gw1
1589516681.491195 INFO: [DMNWV.controller] Validating signature of notification Interest
1589516681.492508 INFO: [DMNWV.controller] Interest validation successful
1589516681.495725 INFO: [DMNWV.controller] Sending out Data(ACK) for notification from /gw1
1589516681.495860 DEBUG: [DMNWV.controller] Marking /gw1 as SUSPICIOUS
1589516681.495969 DEBUG: [DMNWV.controller] ***Begining to request abnormal information***
1589516681.496096 INFO: [DMNWV.controller] Sending Interest: /ndn/ddos/flooding/gw1/report/%FE%00
1589516681.511424 INFO: [DMNWV.controller] Received Data: /ndn/ddos/flooding/gw1/report/%FE%00
1589516681.511494 INFO: [DMNWV.controller] Data validation successful
-Origin router: /gw1
-Timestamp: 1589516688436000000 nanoseconds since Jan 1, 1970
-Suspicious faces:
-FaceId: 286, <Prefix: /evil, InterestSpeed: 65.5>
-FaceId: 288, <Prefix: /evil, InterestSpeed: 64.5>
1589516681.511739 DEBUG: [DMNWV.controller] Updating traffic information of each link on path
1589516681.511891 INFO: [DMNWV.controller] Traffic: 65.5, Face: </bb1, udp4://10.201.21.202:6363>
1589516681.511952 INFO: [DMNWV.controller] Source: </gw1, 286>, Face: </bb1, udp4://10.201.21.202:6363>
1589516681.512041 INFO: [DMNWV.controller] Marking </bb1, udp4://10.201.21.202:6363> as SUSPICIOUS
1589516681.512150 INFO: [DMNWV.controller] Traffic: 64.5, Face: </bb1, udp4://10.201.21.202:6363>
1589516681.513464 INFO: [DMNWV.controller] Source: </gw1, 288>, Face: </bb1, udp4://10.201.21.202:6363>
1589516681.513528 INFO: [DMNWV.controller] Sending Interest: /ndn/ddos/flooding/bb1/request/udp4/10.201
.21.202/6363/%FE%00
1589516681.518831 INFO: [DMNWV.controller] Received Data: /ndn/ddos/flooding/bb1/request/udp4/10.201.21
.202/6363/%FE%00
1589516681.518978 INFO: [DMNWV.controller] Data validation successful
--Router:/bb1, FaceUri: udp4://10.201.21.202:6363, LinkCapacity: 415.647
1589516682.496425 INFO: [DMNWV.controller] Determining state of each suspicious link
-Traffic on each suspicious link:
--Router: /bb1, FaceUri: udp4://10.201.21.202:6363, InterestSpeed: 130, Threshold: 290.953
```

（a）ControllerApp 对异常通知和异常信息的处理

```
1589516692.498896 INFO: [DMNWV.controller] Determining state of each suspicious link
-Traffic on each suspicious link:
--Router: /bb1, FaceUri: udp4://10.201.21.202:6363, InterestSpeed: 294, Threshold: 290.953
1589516692.498985 INFO: [DMNWV.controller] NOTE: An IFA on </bb1, udp4://10.201.21.202:6363>
1589516692.499002 INFO: [DMNWV.controller] Finding out the traffic sources
--Router: /gw1, FaceIds: 286, 288
--Router: /gw2, FaceIds: 283, 284
1589516692.500403 INFO: [DMNWV.controller] Sending Interest to notify /gw1 of IFA: /ndn/ddos/floo
ding/gw1/IfaAck/286x288/%00%00%01r%16%93%EC%13/%83n%96l%02%1C%E3Q/%167%1B%01%01%1C%2%070%08%03ndn%
08%04ddos%08%08flooding%08%0Acontroller%08%03KEY%08%08%FDK%94%A3K%18%8Fj/%17%FD%01%00C%3F%99A%1F%
95%F4%98L%09%81P%A4%60%FC%10p%DA%CE-%89%93%3A%D6%C3%CFRg%A2%B7%0As%D9%29%8A2%1F%15%D7%96u%60%18%1
E%A3%F9%A5zr%5E%9D%9A%0B%01%3C%2E2%C3%8CS%B%EDo%29%1C%D2Xq%904%C8%A7IA%D9iF%1A%AE6M%19%
1B%DD%9C%E9p%E5%11%D1%89%95%B5-%7D%90%D1%D6%AE%7B%ADy%2F%15%0B%95J%94%AD%EC%3%96%88R%B5%D8%E0%86
%22-%91%C1R9%95%A4%85%AC%60%2A%FFc%BD9%0B%98e%0D%9E%F8v%91%BD%82%3EKe%8D%EB%C7%25VR-%DA%2B%AB%B6%
E9U%BA%9F%A7%81%S%07%13c%98%F7%8D9%B%F6%04%C4k1D%AA%C4%7F%3KI%F0%60I2%DD-%053Ec%0Bn%89%A1%B
D%11%27%F1%E5t%8A%B8%B7i%84%FE%A8vO%FB%06%B1%86%CAq%8C%BEi%25%89yV%3A%0A%3BD%20%C0%96lH%950-%7D-f
0%02%95%F8%07%06%0D%16%F0j
1589516692.502095 INFO: [DMNWV.controller] Sending Interest to notify /gw2 of IFA: /ndn/ddos/floo
ding/gw2/IfaAck/283x284/%00%00%01r%16%93%EC%14/%E1%2AmNC%F8%A4%01/%167%1B%01%01%1C%2%070%08%03ndn%
08%04ddos%08%08flooding%08%0Acontroller%08%03KEY%08%08%FDK%94%A3%18%8Fj/%17%FD%01%00fldD%2C5%00%B
Ag%D4%08-%23%7B%EBf%8D%F7l%18ga%01%5Et%3B%18%09%17%84%B5%ADK%DE%AE%9DK%ED%3E%CE%23%1C%D0%2C%8V%3
C%DE%AA%1EH%A5X%A5%EE0j%E4%0Fk%8B%82%08K%13%B5%AC%FEc%BF%5C%C8%D5%40%0E%81Y%94%0Ae%C1l%286K%F7%23
%1C%BA%7F%B5%0A%A1%E0f%F6P%9C%3A%05%87%A4%C8%F4%FD%8A7%F0%9%16%01%0C%E4%91%E3%EE2%B7%E0d%60%1Ci%
B9%81%A3%11%07%CE%E4 %E7%BAk%82G%C5%BB%CDb%19%D0%9En%29P%7C%E0%FE%EA%3C%C8%A1e%EF%BD%14%F5%1Bg%3
Dw7j%04d%92%40%2A%DC%F7%E3%80s%09%5D%EB%8Fk%60%F6%16%40%D7%E0%A1%B1%27%E8%0D%CB9A%CC%EB%1E%98%22
%8F%E6C%9Ayq%13%C9%E1%B4%C6%05%DC%E3%0C%E5a9%FA%7B%87.%B3%3B%25%EF%9B%DBS%1B%40%B5%14%AE%FB%D
3%B3%FB%CC%15%D0%D3%1D%1D%CD%84%FF%1E%D3%89%9DY%D6%E2%A5
1589516692.510173 INFO: [DMNWV.controller] Received Data(ACK) from /gw1
1589516692.510246 INFO: [DMNWV.controller] Data(ACK) validation successful
1589516692.511121 INFO: [DMNWV.controller] Received Data(ACK) from /gw2
1589516692.511178 INFO: [DMNWV.controller] Data(ACK) validation successful
```

（b）ControllerApp 的攻击判定和攻击通知

图 19.18　ControllerApp 日志模块的部分输出

19.5 本章小结

本章节主要介绍了基于 DMNWV 的 Interest 报文泛洪攻击检测与防御原型系统。首先介绍了系统的开发环境,包括 ndn-cxx 库、NFD 和 NLSR;接着介绍了系统的整体设计框架;然后详细描述了系统中各个模块的设计与实现,包括命名空间、安全机制、三种主要应用程序即 GwMonitorApp、BbMonitorApp 和 ControllerApp 以及关键数据结构的定义、日志系统等;最后展示了系统的运行结果,分析了系统的性能并展示了系统运行过程中各个应用程序的日志记录模块所输出的攻击检测与防御相关信息。

20 总结与展望

本章对命名数据网络中 Interest 报文泛洪攻击检测与防御工作进行了总结和展望。总结了本部分所做的工作,指出了本部分的不足,并对该领域今后的研究方向进行了展望。

20.1 总结

本部分的主要研究目标是设计一个命名数据网络中 Interest 报文泛洪攻击检测与防御机制来防御较为隐蔽的 Interest 报文泛洪攻击,在攻击开始的早期阶段即攻击还未对网络造成较大损害前及时检测到攻击并准确定位攻击者,然后在攻击源处采取针对性防御措施,避免损害合法消费者的数据访问请求。本部分完成的主要工作如下:

(1) 提出一种较为隐蔽的 Interest 报文泛洪攻击方式 SIFA。目前,大多数现有的 IFA 检测方法均主要关注于常见的高速攻击场景 TIFA。通过对 TIFA 的特征以及现有攻击检测方法的总结与分析,针对现有攻击检测方法的不足,提出一种较为隐蔽的 Interest 报文泛洪攻击方式 SIFA。在 SIFA 中,攻击者在攻击开始时以较低的初始速度发送恶意 Interest 报文,之后逐渐增加其攻击速度,从而在确保目标路由器中的 PIT 条目不断累积增多的同时使得在整个攻击持续期间路由器的相关状态数据在任意两个连续的时间间隔内发生的变化不明显而不易察觉,使得现有的主要关注于 TIFA 的攻击检测方法较难在攻击开始的早期阶段及时检测到攻击。

(2) 提出一种隐蔽 Interest 报文泛洪攻击的检测与防御机制 DMNWV。针对所提出的较为隐蔽的 Interest 报文泛洪攻击方式 SIFA,提出一种基于控制器整体网络视图的攻击检测与防御机制 DMNWV。在 DMNWV 中,网络中各个接入路由器负责实时监测其各个接口的状态是否异常。在发现异常但无法独自确定是否存在攻击时,接入路由器将通知控制器并根据控制器的要求向其上报所有异常接口的信息。控制器则负责从整体网络视图监控网络。基于所有检测到异常的接入路由器所上报的异常信息,控制器计算网络中异常流量的整体分布情况并根据网络的整体状态来综合地判断网络中是否存在攻击。若确定攻击存在,则控制器会进一步地定位攻击者并通知相关接入路由器采取防御措施。通过这种方式,DMNWV 可以在攻击的早期阶段即攻击还未对网络造成较大损害前及时检测到攻击并准确定位攻击者,从而在攻击源处采取针对性防御措施,避免损害合法消费者的数据访问请求。

(3) 设计并实现了 Interest 报文泛洪攻击检测与防御原型系统。根据 DMNWV 中攻击检测与防御方法的设计,原型系统中主要实现了三种应用程序 GwMonitorApp、BbMonitorApp 和 ControllerApp 来分别执行对应的攻击检测与防御操作,同时提供了这三种应用程序之间需要共享的公共服务,包括命名空间、安全机制等。此外,为了方便系统的使用人员了解系统的运行情况,这三种应用程序中均基于 ndn-cxx 库提供的日志记录工具实现了日志记录模块来在终端中实时地展示其所进行的攻击检测与防御相关操作。

20.2 展望

本部分由于时间和设备的受限,还有些许的不足需要改进。对命名数据网络中 Interest 报文泛洪攻击检测与防御的研究主要存在以下不足:

(1) 在 SIFA 中,为了获得尽可能好的攻击效果,攻击者应根据网络的实际情况以及相关攻击检测与防御机制的设置,例如路由器的 PIT 最大存储能力的大小、网络的拓扑结构和性能、攻击检测方法的设置等,来调整其初始攻击速度的大小以及攻击速度增加的快慢等。攻击者如何获取这些值以及如何根据这些值来确定攻击过程中相关参数的设置是未来研究的重点之一。

(2) 在 DMNWV 中,控制器与所有接入路由器共同合作来检测与防御攻击,两者之间是否能够保持良好的合作关系对 DMNWV 的性能至关重要。其中最关键的影响因素为接入路由器何时通知控制器存在异常以及控制器何时判定攻击存在并通知相关接入路由器采取防御措施,而这主要取决于两个参数 $T_{suspicious}$ 和 θ 的设置,参数设置不当则可能导致 DMNWV 的性能下降。目前,DMNWV 中各个参数的值均是通过多轮实验测试来确定,因此,未来研究需要制定一个更加合理的、全面的参数设置方法来改善控制器与接入路由器之间的合作关系以使得 DMNWV 的性能尽可能的好。

参考文献

[1] Cisco. Visual Networking Index: Forecast and Trends, 2017—2022 White Paper[R]. 2019. https://www. cisco. com/c/en/us/solutions/collateral/service-provider/visual-networking-indexvni/white-paper-c11-741490. html

[2] Pan J, Paul S, Jadin R. A survey of the research on future internet architectures[J]. IEEE Communications Magazine, 2011, 49(7): 26 - 36.

[3] Jacobson V, Smetters D K, Thornton J D, et al. Networking named content[C]//ACM Conference on Emerging Networking Experiments and Technology. Rome, Italy, 2009: 1 - 12.

[4] Zhang L, Estrin D, Burke J, et al. Named Data Networking (NDN) Project[R]. 2010. http:// named-data. net/techreports. html

[5] Zhang L, Afanasyev A, Burke J, et al. Named Data Networking[J]. ACM SIGCOMM Computer Communication Review, 2014, 44(3): 66 - 73.

[6] Gasti P, Tsudik G, Uzun E, et al. DoS & DDoS in Named-Data Networking[C]//IEEE International Conference on Computer Communication and Networks. Nassau, Bahamas, 2013: 1 - 7.

[7] Waehlisch M, Schmidt T C, Vahlenkamp M. Backscatter from the Data Plane—Threats to Stability and Security in Information-Centric Network[J]. Computer Networks, 2013, 57 (16): 3192 - 3206.

[8] Abdallah E G, Hassanein H S, Zulkernine M. A Survey of Security Attacks in Information-Centric Networking[J]. IEEE Communications Surveys & Tutorials, 2015, 17(3): 1441 - 1454.

[9] Kumar N, Singh A K, Aleem A, et al. Security attacks in named data networking: A review and research directions[J]. Journal of Computer Science and Technology, 2019, 34(6): 1319 - 1350.

[10] Afanasyev A, Mahadevan P, Moiseenko I, et al. Interest flooding attack and countermeasures in Named Data Networking[C]//IFIP Networking Conference. New York, USA, 2013: 1 - 9.

[11] Dai H, Wang Y, Fan J, et al. Mitigate ddos attacks in ndn by interest traceback[C]//IEEE Conference on Computer Communications Workshops. Turin, Italy, 2013: 381 - 386.

[12] Compagno A, Conti M, Gasti P, et al. Poseidon: Mitigating interest flooding ddos attacks in named data networking[C]//IEEE Conference on Local Computer Networks. Sydney, Australia, 2013: 630 - 638.

[13] Tang J, Zhang Z, Liu Y, et al. Identifying Interest Flooding in Named Data Networking

[C]//IEEE International Conference on Green Computing and Communications and IEEE Internet of Things and IEEE Cyber, Physical and Social Computing. Beijing, China, 2013: 306 - 310.

[14] Wang K, Zhou H, Qin Y, et al. Decoupling malicious Interests from Pending Interest Table to Mitigate Interest Flooding Attacks[C]//IEEE Globecom Workshops. Atlanta, GA, USA, 2013: 963 - 968.

[15] Wang K, Zhou H, Qin Y, et al. Cooperative-Filter: Countering Interest flooding attacks in named data networking[J]. Soft Computing, 2015, 18(9): 1803 - 1813.

[16] 唐建强, 周华春, 刘颖, 等. 内容中心网络下基于前缀识别的 Interest 报文泛洪攻击防御方法[J]. 电子与信息学报, 2014, 36(7): 1735 - 174.

[17] Vassilakis V G, Alohali B A, Moscholios I D, et al. Mitigating Distributed Denial-of-Service Attacks in Named Data Networking [C]//Advanced International Conference on Telecommunications. Brussels, Belgium, 2015: 18 - 23.

[18] Ding K, Liu Y, Cho H, et al. Cooperative detection and protection for Interest flooding attacks in named data networking[J]. International Journal of Communication Systems, 2016, 29(13): 1968 - 1980.

[19] Salah H, Wulfheide J, Strufe T. Lightweight coordinated defence against interest flooding attacks in NDN[C]//IEEE Conference on Computer Communications Workshops. Hong Kong, China, 2015: 103 - 104.

[20] Salah H, Wulfheide J, Strufe T. Coordination supports security: A new defence mechanism against interest flooding in NDN[C]//IEEE Conference on Local Computer Networks. Clearwater Beach, FL, USA, 2015: 73 - 81.

[21] Benmoussa A, Tahari A K, Lagraa N, et al. A Novel Congestion-Aware Interest Flooding Attacks Detection Mechanism in Named Data Networking [C]//IEEE International Conference on Computer Communication and Networks. Valencia, Spain, 2019: 1 - 6.

[22] Benarfa A, Hassan M, Compagno A, et al. ChoKIFA: A New Detection and Mitigation Approach Against Interest Flooding Attacks in NDN[C]//International Conference on Wired/Wireless Internet Communication. Bologna, Italy, 2019: 53 - 65.

[23] Pu C, Payne N, Brown J. Self-Adjusting Share-Based Countermeasure to Interest Flooding Attack in Named Data Networking[C]//International Conference on Internet of Things (iThings) and IEEE Green Computing and Communications (GreenCom) and IEEE Cyber, Physical and Social Computing(CPSCom) and IEEE Smart Data(SmartData). Atlanta, GA, USA, 2019: 142 - 147.

[24] Xin Y, Li Y, Wang W, et al. A novel interest flooding attacks detection and countermeasure scheme in NDN[C]//IEEE Global Communications Conference. Washington, DC, USA, 2016: 1 - 7.

[25] Zhi T, Luo H, Liu Y. A Gini Impurity-Based Interest Flooding Attack Defence Mechanism in

NDN[J]. IEEE Communications Letters,2018,22(3):538 - 541.

[26] 侯睿,韩敏,陈璟,等.命名数据网络中基于信息熵的 Interest 洪泛攻击检测与防御[J]. 中南民族大学学报(自然科学版),2019,38(2):273 - 277.

[27] 韦世红,朱红梅,陈翔,等. 内容中心网络中基于熵率的攻击防御方法[J]. 重庆邮电大学学报(自然科学版),2020,32(1):129 - 137.

[28] Nguyen T,Mai H L,Cogranne R,et al. Reliable Detection of Interest Flooding Attack in Real Deployment of Named Data Networking[J]. IEEE Transactions on Information Forensics and Security,2019,14(9):2470 - 2485.

[29] Zhang Z, Vasavada V, Reddy K S K, et al. Expect More from the Networking: DDoS Mitigation by FITT in Named Data Networking [J]. arXiv preprint arXiv: 1902. 09033,2019.

[30] Dong J,Wang K,Lyu Y,et al. InterestFence:Countering Interest Flooding Attacks by Using Hash-Based Security Labels[C]//International Conference on Algorithms and Architectures for Parallel Processing. Guangzhou,China,2018:527 - 537.

[31] Dong J,Wang K,Quan W,et al. InterestFence:Simple but efficient way to counter interest flooding attack[J]. Computers & Security,2020,88:101628.

[32] Benmoussa A,Tahari A K,Kerrache C A,et al. MSIDN:Mitigation of Sophisticated Interest flooding-based DDoS attacks in Named Data Networking[J]. Future Generation Computer Systems,2020,107:293 - 306.

[33] Salah H,Strufe T. Evaluating and mitigating a Collusive version of the Interest Flooding Attack in NDN[C]//IEEE Symposium on Computers and Communication. Messina, Italy, 2016:938 - 945.

[34] Signorello S,Marchal S,Francois J,et al. Advanced interest flooding attacks in named-data networking[C]//IEEE International Symposium on Network Computing and Applications. Cambridge,MA,USA,2017:1 - 10.

[35] Xin Y,Li Y,Wang W,et al. Detection of Collusive Interest Flooding Attacks in Named Data Networking Using Wavelet Analysis[C]//IEEE Military Communications Conference. MD, USA,2017:557 - 562.

[36] Afanasyev A,Moiseenko I,Zhang L. ndnSIM:NDN simulator for NS-3[R]. 2012. http:// named-data. net/techreports. html

[37] Spring N,Mahajan R,Wetherall D. Measuring ISP Topologies with Rocketfuel[C]//ACM SIGCOMM 2002 Conference on Applications,Technologies,Architectures,and Protocols for Computer Communication. Pittsburgh,PA,USA,2002:133 - 145.

[38] Page E S. Continuous Inspection Schemes[J]. Biometrika,1954,41:100 - 115.

[39] Siris V A,Papagalou F. Application of anomaly detection algorithms for detecting SYN flooding attacks[C]//IEEE Global Communications Conference,Dallas,Texas,USA,2004: 2050 - 2054.

[40] Takada H H,Hofmann U. Application and Analyses of Cumulative Sum to Detect Highly Distributed Denial of Service Attacks using Different Attack Traffic Patterns[J]. IST INTERMON Newsletter,2004,7:1-14.

[41] Afanasyev A,Tilley N,Reiher P,et al. Host-to-Host Congestion Control for TCP[J]. IEEE Communications Surveys and Tutorials,2010,12(3):304-342.

[42] NDN Project Team. The NDN Platform [OL]. https://named-data. net/codebase/platform/

[43] NDN Project Team. ndn-cxx library [OL]. http://named-data. net/doc/ndn-cxx/

[44] Zhang B. An Overview of NDN Codebase[R/OL]. 2016. https://named-data. net/wp-content/uploads/2016/10/2-codebase-overview. pdf

[45] NDN Project Team. NFD—NDN forwarding daemon [OL]. http://named-data. net/doc/nfd/

[46] Lehman V, Chowdhury M, Gordon N, et al. NFD Developer's Guide[R]. 2016. http://named-data. net/techreports. html

[47] NDN Project Team. NLSR—Named Data Link State Routing Protocol [OL]. http://named-data. net/doc/NLSR/

[48] Lehman V,Hoque A K M,Yu Y,et al. A Secure Link State Routing Protocol for NDN[R]. 2016. http://named-data. net/techreports. html

[49] Zhu Z, Afanasyev A. Let's ChronoSync: Decentralized Dataset State Synchronization in Named Data Networking[C]//IEEE International Conference on Network Protocols, G? ttingen,Germany,2013:1-10.

[50] NDN Project Team. NDN Technical Memo: Naming Convention[R/OL]. 2014. http://named-data. net/techreports. html

[51] NDN Project Team. Signed Interest [OL]. https://redmine. named-data. net/projects/ndn-cxx/wiki/SignedInterest

[52] NDN Project Team. Command Interest [OL]. https://redmine. named-data. net/projects/ndn-cxx/wiki/CommandInterest

[53] Yu Y,Afanasyev A,Clark D,et al. Schematizing Trust in Named Data Networking[C]// ACM International Conference on Information-Centric Networking. San Francisco, USA, 2015:177-186.

[54] NDN Project Team. Ndnsec [OL]. http://named-data. net/doc/ndn-cxx/current/manpages/ndnsec. html

[55] NDN Project Team. NDN Certificate Formate Version 2. 0[OL]. http://named-data. net/doc/ndn-cxx/current/specs/certificate-format. html

[56] NDN Project Team. Validator Configuration File Format [OL]. http://named-data. net/doc/ndn-cxx/current/tutorials/security-validator-config. html

[57] NDN Project Team. NFD Face Management [OL]. https://redmine. named-data. net/projects/nfd/wiki/FaceMgmt

［58］Lehman V,Chowdhury M,Gordon N,et al. NLSR Developer's Guide［OL］. 2017. https://github. com/named-data/NLSR/blob/developers-guide/NLSR-Developers-Guide. pdf

［59］NDN Project Team. NDN Packet Format Specification［OL］. http://named-data. net/doc/NDN-packet-spec/current/

［60］赵丽侠,程光,胡晓艳,等. 兴趣包泛洪攻击检测与防御研究综述［C］//2018 中国信息通信大会——首届互联网体系结构会议. 2018.

［61］Zhao L,Cheng G, Hu X, et al. Detection and Mitigation of Interest Flooding Attack：A Survey［C］//IEEE International Conference on Information and Automation(ICIA),2019.

［62］Zhao L,Cheng G,Hu X,et al. An Insightful Experimental Study of A Sophisticated Interest Flooding Attack in NDN［C］//IEEE International Conference on Hot Information Centric Networking(HotICN),2018：121－127.

［63］Cheng G,Zhao L,Hu X,et al. Detecting and mitigating a sophisticated Interest flooding attack in NDN from the network-wide view［C］//IEEE International Conference on Distributed Computing System Workshops(ICDCS Workshops),2019：7－12.

［64］Cheng G. ,Zhao L,Hu X,et al. A Network-wide View Based Detection and Mitigation of A Sophisticated Interest Flooding Attack［J］. EURASIP Journal on Wireless Communications and Networking,2020(1)：1－18.

第4部分

内容毒害攻击检测与防御

简 介

命名数据网络(NDN)是最有希望的未来网络体系结构之一,其支持基于内容名称的路由与缓存来对整个网络中的内容进行传输,从而能够快速、可靠、高效节能地传输内容。但内容毒害攻击的存在以及缺乏相应的防御措施减缓了 NDN 应用于内容传输的步伐。内容毒害攻击通过将具有合法名称的毒害内容注入网络,使得用户无法获取真实有效的数据内容。当使用 NDN 传输内容时,若路由器对毒害内容进行缓存、传递和签名验证等操作会削弱 NDN 在能效方面的优势。本部分着重于探索内容毒害攻击的缓解措施。首先分析了缓解内容毒害攻击的最新技术和挑战,然后提出基于名称密钥转发和多路径转发带内探测这种增强型 NDN 以缓解内容毒害攻击:基于名称密钥的转发会将 Interest 转发到用户信任的内容源,以减少毒害内容的注入;若毒害内容仍存在于路径上,则将重传 Interest 的多路径转发作为带内探测(重传的 Interest 报文会声明网络不能用刚收到的毒害报文响应重传的 Interest 报文),并在中间路由器上按需调用签名验证、清除缓存的毒害内容。这样便可尽快地从缓存中清除毒害内容,将合法内容交付给当前的用户,并为后续 Interest 请求恢复合法的内容传输,而无须任何的带外通信。实验结果表明,本部分提出的内容毒害攻击的缓解机制可以在中间路由器上以相对较小的验证开销快速恢复合法的内容传输,并可以很好地适应各种网络设置,从而可以加快 NDN 部署的步伐,进而高效地传输内容。

本部分的安排如下:第 21 章为内容毒害攻击检测与防御结论;第 22 章分析了缓解内容毒害攻击的最新技术和挑战;第 23 章详细介绍了我们的缓解机制的设计细节,从理论上分析了其开销,并进行了实验研究;最后,我们在第 24 章对本部分进行总结,并给出了对未来工作的展望。合法的内容传输,并可以很好地适应各种网络设置,从而可以加快 NDN 部署的步伐,进而高效地传输内容。

21 内容毒害攻击检测与防御绪论

现今,通过用户分享而生成的数据(如 YouTube)和互联网提供的多媒体内容(如 Netflix)越来越受欢迎,内容分发在当今互联网的使用中占了很大一部分,其中也包括智慧城市中的流量使用[1,3]。为了从根本上满足不断增长的内容的交付需求,研究人员提出了一个最有希望的以信息为中心的未来网络,即命名数据网络(NDN)[4]。NDN 侧重于命名数据,而不是命名主机,两个突出特征是拥有网络内缓存的能力和接收者驱动的内容传输形式。NDN 按照内容名称转发路由每个报文。每个 NDN 内容路由器都具有缓存功能,可以缓存所经过的 Data 报文。具有相匹配 Data 报文的任何结点都可以响应 Interest。因此便可以在不诉诸较远的原始内容提供者的情况下来满足 Interest。这种网络内缓存功能可实现快速、可靠且高效节能的内容分发[5],[6]。NDN 的能效通过仿真[1,7-9]进行了验证,研究团队[10,11]对网络内高速缓存方案的能效进行了广泛研究。

但是,NDN 中还存在着一种严重的攻击方式,即内容毒害攻击,这减缓了将NDN 应用于高效内容传输的进程。NDN 通过内容提供者签署每个 Data 报文以及通过中间路由器验证签名来提供基于内容的安全性。用户必须验证签名,以确保他们收到的是正确的内容。然而,签名验证过程给路由器增加了对每个 Data 进行多次验证的负载,还有可能其还必须了解对于特定应用程序的信任语义和密钥的撤销过程。因此在中间路由器上,签名验证不是强制性的而是可选的。路由器验证所有的转发或缓存 Data 报文上的签名是不切实际的,因而路由器一般不验证Data 报文的签名,这为内容毒害攻击打开了大门[12]。如果 Data 报文的签名无效,则表示其已损坏;或者虽具有有效的签名,却是由错误的(私有)密钥生成伪造的,这些损坏和伪造的 Data 报文被视为毒害的内容。内容毒害攻击会注入毒害内容,并将有效的内容隔离在网络之外。这种攻击是通过使毒害 Data 报文的名称与该Interest 中指定的名称相匹配来满足该 Interest 的。毒害的内容在转发给用户的同时会污染中间路由器的缓存,并可能被进一步用于满足以后的 Interest。更糟糕的是,尽管接收者可以在验证签名后重传声明排除毒害内容的 Interest,但重传的Interest 可能不会传递到合法的内容源,并还可能会被其他的毒害内容所满足。毒害内容的缓存、传递和签名验证削弱了 NDN 在内容传输能效方面的优势[13]。

为了从内容毒害攻击中恢复合法内容的传输,网络必须从缓存中清除毒害内容,并将 Interest 转发到其他的内容源。现有的内容毒害缓解的解决方案着眼于三个方向:防止用户在未察觉的情况下收到毒害内容;从缓存中清除毒害内容;探索 Interest 报文的其他转发路径来恢复合法的内容传输。但是他们的方案都没有努力做到同时让毒害内容进入网络的机会减少、清除缓存中现有的毒害内容并探索其他的转发路径,且其中一些缓解方案的开销比较大。

通过综合考虑上述因素,本部分的工作提出了一种轻量级的内容毒害攻击缓解机制。该缓解机制使用基于名称密钥转发和多路径转发带内探测以增强 NDN 对内容毒害攻击的防御能力。基于名称密钥的转发将 Interest 转发到用户信任的内容源,从而减少了毒害内容进入网络的机会。如果在 Interest 到达其合法内容来源之前,毒害内容仍被注入其中,则收到毒害内容的 Interest 发送者(即用户)将在验证工作后重新发送声明不包括毒害内容的 Interest。即刻重传的 Interest 在中间路由器处进行多路径转发并调用按需签名验证。这种多路径转发的 Interest 充当带内探测,以清除缓存的毒害内容,并探索其余转发选项以恢复合法的内容传输,无须任何带外通信。在基于多路径转发的带内探测期间,中间路由器上会对以下两种情况调用签名验证:一是被相匹配 Interest 所排除的缓存内容;二是从一个最近带回毒害内容的接口而返回的 Data 报文且其可以响应一个声明排除毒害内容的 Interest。这种按需签名验证仅在必要时实施签名的验证,一方面可以减少毒害内容进入网络,另一方面路由器的验证负载不至于过大。该内容毒害攻击缓解机制简单且无须路由器之间的协调,是防御内容毒害攻击的实用解决方案。本部分的研究工作总结如下:

• 对缓解内容毒害的现有工作进行了深入分析,并确定了在设计缓解机制时仍需要解决的问题;

• 提出了基于名称密钥转发和多路径转发带内探测的内容毒害攻击缓解机制,阐述了设计细节并从理论上分析了开销;

• 实验验证了所提出的内容毒害攻击缓解机制的性能和开销。

实验结果表明,基于名称密钥转发和多路径转发带内探测的内容毒害攻击缓解机制可以在中间路由器上以相对较小的验证开销快速恢复合法的内容传输,并可以很好地适应各种网络设置,因而可以加快 NDN 的部署以高效节能地传输内容。

22 缓解内容毒害攻击的相关工作及挑战

22.1 相关工作

近来,如何缓解内容毒害攻击引起了研究界的广泛关注[12,14]。这种攻击类似于智能电网中的 DDoS 攻击[15]。它将有效的内容与合法的用户隔离开来,并迫使路由器缓存传输毒害内容。Nguyen 等人[16]对在实际网络中进行攻击的可行性及其影响进行了深刻的分析,通过一项实验性的评估方法证明了内容毒害攻击很容易对 NDN 造成广泛的影响。缓解内容毒害攻击的一种方法是强制使用自我认证的内容名称,其最后一个组成部分为内容的哈希值[12,17,18]。根据 Interest 中嵌入的哈希值,可以在不执行签名验证的情况下检查 Data 报文的有效性。然而,对于动态生成的内容而言,无法事先创建哈希值并报告,因此该方法只能应用于静态内容。

前缀劫持[12]是发生内容毒害攻击的一个重要原因。如果没有任何形式的受信任的身份验证和授权,任何人都可以随意在任何名称前缀下发布内容,这为内容毒害攻击的产生创造了便利。Mosko 等人[19]提出了一个初步的设计和一个完整的端到端工作流程,使数据提供者只能在被他们授权使用的命名空间下才能开始提供内容。本部分的缓解机制设计中也借用了这个安全名称的配置和前缀的登记方案。

Ghali 等人[20],[21]提出了 Interest 密钥绑定(IKB)策略,以防止用户在未觉察的情况下收到毒害内容。IKB 强制每个使用者在发布 Interest 时指定发布者公钥摘要(PPKD),每个内容提供者将其公钥包含在其 Data 报文的 KeyLocator 字段中。如此路由器不需要执行公钥证书的获取、存储或解析以及证书吊销或到期检查,但它们仍必须验证通过的每个 Data 报文,这对 NDN 路由器来说依然是一个沉重负载。因此,本部分设计的内容毒害攻击缓解机制引入了按需签名验证,以平衡缓解内容毒害攻击的即时验证需求和路由器的验证负载。此外,尽管 IKB 可以防止用户在未察觉的情况下收到毒害内容,但却无法保证合法内容的可达性。这是因为 NDN 仅使用名称进行转发(即 FIB 表项和下一跳选择)。选择器(如 KeyLocator)仅会在 Interest 与 Data 的匹配过程中被考虑,而不是在转发过程中。

因此,本部分设计的内容毒害攻击缓解机制引入了基于名称密钥的转发功能,以将 Interest 转发到用户指定的数据源。

Ghali 等人[22]还提出了基于排序算法的内容毒害攻击缓解机制。其目的是根据观察到的用户行为概率地区分有效内容和毒害内容,并根据用户的 Interest 对有效内容和毒害内容进行优先级排序。较低的等级被分配给最近被多次声明排除在外的内容,而不是数量较少或较旧的内容。但是在当前 NDN 中声明排除内容的语义并不是唯一的。用户除了声明排除毒害内容之外,还可以从不需要的内容发布者或不需要的版本中排除内容。因此,基于最近声明排除的历史记录而计算出内容的排名可能难以准确地描述内容毒害攻击。

Kim 等人[23]提出路由器应接受缓存其转发的所有 Data 报文,但仅在出现缓存命中时才对其签名进行验证。签名被成功验证的 Data 报文无须进一步验证便可以转发,且在缓存时受偏爱。该机制确实可以减轻路由器的负载,但缓存命中的内容一般为比较热点的内容,路由器仍需对热点内容 Data 报文的签名进行验证,因而签名验证的开销应该依然不小。此外,恶意的客户端可以再次请求毒害的内容并使得毒害的 Data 报文在沿途路由器缓存,或者发送 Interest 请求非热点的内容以在沿途路由器命中缓存以增加路由器签名验证的开销即签名验证攻击。Kim 等人[24]进一步仔细研究了他们工作中可能存在的问题,特别是对于上述签名验证攻击,他们提出了可利用服务内容的数量和缓存命中事件的数量之间的关系来防范这种验证攻击。

Ribeiro 等人[25],[26]提出了 CCNCheck,一种使网络中路由器概率性验证内容签名的机制。在文献[27]和[28]中,作者提出了一种类似的策略,称为"有损缓存(Lossy Caching)",此策略以一定的概率验证和缓存内容。路由器通过降低概率来最大限度地减少验证开销。但是,该概率也会影响命中率以及网络缓存内容的新近度。随着签名验证概率的降低,策略将只会验证和缓存更流行的内容,但是缓存更有可能被过时的内容填满,因此难以寻找到最佳的概率值。此外,Lossy Caching 与概率高速缓存紧耦合,难以将此方案应用于不同类型的高速缓存替换策略中。

DiBenedetto 等人[29]解决了路径上内容毒害的问题。他们提出了一种新颖的系统来用于检测、报告和避免毒害内容。该系统利用了用户必须执行的签名验证工作以及 NDN 自适应、有状态的转发平面[30]。其主动探索了其他的转发选项,并根据用户对毒害内容的报告恢复对合法内容的传输。此系统还要求用户向路由器发送额外的报告,并且路由器必须维护到达 Data 报文的名称列表以及到达的接口,并积极发送流量以探索其他的合法路径,这将会给用户和路由器都增加额外的负载。

Wu 等人[31]提出了一种与文献[29]类似的方法,称为面向路由器的内容毒害攻击缓解机制(ROM)。ROM 通过暂时将恶意路由器排除在传输路径之外并消除(或显著降低)在传输过程中内容被毒害的可能性来防范内容毒害攻击。此方法还引入了路由器的信誉指标,路由器的信誉越好则越可能被包含在传输路径中。其目的是消除或至少绕开网络传输路径上的攻击者。信誉的计算基于以下假设:所有 Interest 都是多路径转发的;用户都可信,不会发回误导性的验证结果,因而此方法可能不切实际。

文献[32]和[33]的研究工作设计了基于能力(capability)的安全实施体系结构,通过在 NDN 包中嵌入各种能力来实施不同的安全策略,使用基于 Merkle 哈希树[34],[35]的一次性签名算法,实现了轻量级的能力生成和验证。每个 Data 报文都附带一个能力,以便每个 NDN 结点都可以通过验证其能力来验证该 Data 报文。任何伪造或恶意的 Data 报文都会因无法被验证而被丢弃。从路由器负载的角度来看,这种基于能力的安全实施体系结构不能使路由器免于验证每个途经的 Data 报文(即使与 NDN 相比,验证开销相对较小),且维护能力信息会给路由器带来额外的负载。

22.2　挑　战

基于对现有工作的上述分析,在设计内容毒害攻击缓解机制时,仍然需要解决面临的三个困难:

• 如何向用户指定的合法内容源转发 Interest? 如果将 Interest 转发给用户指定的合法内容源,以减少返回不想要的内容和攻击者散布毒害内容的机会。在 IKB 中,尽管用户在 Interest 中指定了 PPKD,但该 Interest 可能不会转发给指定的发布者,其可能是以下两个原因:首先,没有任何形式的受信任的身份验证和授权,任何人都可以随意在任何名称前缀下发布内容,路由器不确定它们是否将 Interest 转发给合法的内容源;其次,NDN 路由器上的每个 FIB 表项仅记录一个命名前缀和下一跳,以转发该前缀下的 Interest,而路由器仅根据名称转发 Interest。路由器无法确定 Interest 转发到的下一跳是否会到用户指定的内容提供者。

• 如何从内容毒害攻击中恢复合法内容传输? 即使将 Interest 向用户指定的合法内容源转发可以减少攻击者实施内容毒害攻击的机会,也无法消除路径上的内容毒害攻击。在路径上发生内容毒害攻击时,网络结点必须能够探索其他转发选项以恢复对合法内容的传输。否则,只要网络路由器偏好的是至毒害内容源的路径,Interest 便会继续被转发至毒害内容数据源并被毒害 Data 报文响应。

• 如何才能让缓解内容毒害攻击的过程更加轻量化? 路由器以线速转发和缓存 Data 报文已经是一个挑战。因此,缓解内容毒害攻击不应再给它们带来沉重负载。尽管 IKB 可以使路由器减少对每个 Data 报文进行的多次验证,也许更重要的是减少对每个 Data 报文的应用程序特定信任语义的理解、密钥撤销和多次密钥传输的过程,但是即使对每个接收到的 Data 报文进行签名验证依然会给路由器带来沉重的负载。假若内容毒害攻击是偶然的事件,那么这些签名验证的成本就变得不那么合理了。

23 基于名称密钥转发和多路径转发带内探测的内容毒害攻击缓解机制

23.1 系统设计

本节提出了一种轻量级的内容毒害攻击缓解机制,将 Interest 转发给用户指定的合法内容源,并探索其他的转发选项,由此可在路径上仍存在毒害内容时恢复合法内容传输。图 23.1 给出本部分提出的内容毒害攻击缓解机制的框架。为了将 Interest 转发给用户指定的合法内容源,在路由构建阶段对每个路由通告的授权进行身份验证,并在 NDN 路由器上启用基于名称密钥的转发。如果路径上仍然存在内容毒害攻击,则 NDN 路由器执行基于多路径转发的带内探测,即将重传 Interest 的多路径转发作为带内探测,重传的 Interest 报文会声明网络不能用刚收到的毒害报文响应重传的 Interest 报文,并对以下两种情况调用按需签名验证:一是被重传 Interest 所排除的缓存内容;二是与重传 Interest 相匹配并来自最近带来毒害内容的接口返回的 Data 报文。一方面,这种多路径转发增加了将期望的合法内容带回当前用户的机会。另一方面,探索了的其他转发选项以恢复后续合法内容的传输。与此同时,毒害内容会立即从网络缓存中被清除。

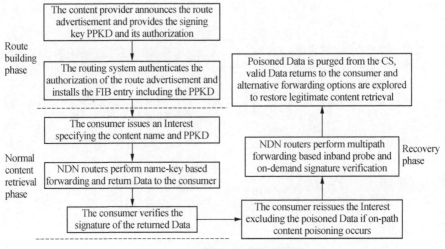

图 23.1　内容毒害攻击缓解机制框架

23.1.1　验证路由通告的授权

验证路由通告的授权是减少毒害内容注入网络的有效方法。每个内容前缀通告者,即内容提供商,被强制要求声明其提供内容的 PPKD(内容发布者公钥摘要),并在通告其内容前缀时出示被授权在该前缀下提供内容的证书。假定存在某些负责协调名称空间的分配机构来管理名称空间。命名空间分配权限机构的签名密钥将公布于众,并预先安装在每个 NDN 结点上。像 NDNS[36]这样的系统会将前缀分配给授权的内容提供商,并提供必要的查找机制来确定所有权。任何结点都可以利用这样的目录来确定给定名称空间[19,29]的授权密钥。

路由通告者的接入路由器负责检查通告者是否被授权提供所声明前缀下的内容。图 23.2 显示了授权检查的基础,相关细节不在本部分讨论范围之内。如果通告者通过了检查,则其接入路由器会记录已通告的前缀和相应的 PPKD 以生成 FIB 表项,然后将其通告转发到路由系统中的其他路由器。否则,该通告将被丢弃。由于路由系统中的路由器通过 NDN 的内置安全性建立了相互信任的基础,因此这样便不会发生前缀劫持事件。这试图从根本上防止内容毒害攻击,以使用户不会在验证毒害内容的签名上浪费资源[37]。

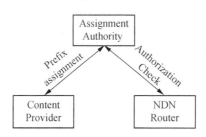

图 23.2　验证路由通告的授权

23.1.2　基于名称密钥的转发

当需要发送 Interest 时,用户会在 Interest 中指定其所需内容的发布者[21]。也就是说,用户需要在发出 Interest 来请求提供者所产生的任何内容之前,先获取并验证该提供者的公钥。这可以通过以下两种途径来实现:

• 上述提到的命名空间分配权限机构响应用户请求内容名字或内容名字前缀公钥信息的 Interest,提供相应的一个或多个公钥证书;

• 另一种类似的方法是基于全球搜索的服务,即类似于当今的 Google 的服务。用户将向搜索引擎发出搜索查询(通过 Interest),搜索引擎将用代表一组(如一次一页)查询结果的签名内容进行答复。这些结果中的一个或多个将指向与用户感兴趣的公钥证书相对应的内容。请注意,用户需要首先以某种方式安全地获取搜索引擎的根公钥。

在 Interest 到达后,路由器将执行基于名称密钥的 Interest 转发。也就是说,使用与 Interest 的内容名称和 PPKD 均匹配的 FIB 表项来转发 Interest。为了执行基于名称密钥的转发,除名称(前缀)外,每个 CS、FIB 和 PIT 表项还应记录在名称(前缀)下签名内容的 PPKD。图 23.3 阐述了 NDN 路由器上的自定义转发状态,算法 23.1 说明了基于名称密钥的 Interest 转发方式。通过这种方式,Interest 将被转发给用户指定和信任的内容提供者。内容提供者被强制在响应 Data 报文的 KeyLocator 字段中添加其发布者的密钥。为了避免过多的签名验证开销,中间路由器不会验证每个通过的 Data 报文的签名,只会检查 Data 报文中的发布者公钥的哈希摘要是否等于相匹配 Interest 中指定的 PPKD。

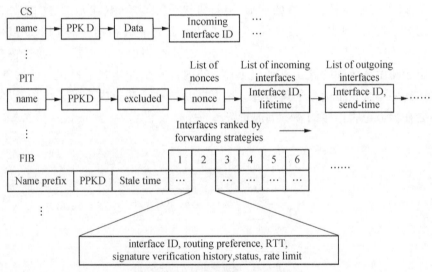

图 23.3　NDN 路由器上的转发状态

算法 23.1　基于名称密钥的 Interest 转发

输入:Interest 报文 $INT(cname, PPKD, nonce, iface)$

输出:Interest 报文处理结果

25.　$CsEntry \leftarrow CS.find(cname, PPKD)$

26.　**IF** $CsEntry \neq \emptyset$ **THEN**

27.　　Return the cached copy to consumer(s)

28.　**ELSE**

29.　　$PitEntry \leftarrow PIT.find(cname, PPKD)$

30.　　**IF** $PitEntry \neq \emptyset$ and the nonce is not seen before **THEN**

31.　　　Add $iface$ to the incoming faces of $PitEntry$

32.　　**ELSE**

33.　　　$FibEntry \leftarrow FIB.find(cname, PPKD)$

34.　　　IF *FibEntry*≠∅ **THEN**

35.　　　　Choose the best next hop to forward the *INT*

36.　　　**ELSE**

37.　　　　Drop the Interest *INT*

38.　　　**END IF**

39.　　**END IF**

40.　　**END IF**

23.1.3　基于多路径转发的带内探测和按需签名验证

但是基于名称密钥的转发无法消除路径上的内容毒害攻击。更具体地说,尽管 Interest 会被转发给用户指定的发布者,但攻击者仍可能操纵路径上的路由器,使用毒害内容响应 Interest。请注意,由于中间路由器会检查 Data 报文的 PPKD 是否与 Interest 发布者指定的 PPKD 相匹配,因此在进行路径上内容毒害攻击时,只有损坏的 Data 报文(伪造的 Data 报文会被路由器发现进而丢弃)才有可能返回给使用者。为了缓解路径上的内容毒害攻击,进一步提出了基于多路径转发的带内探测和按需签名验证,以探索其他的转发选项恢复合法的内容传输。

用户应用程序可以验证收到的 Data 报文并可进行毒害内容检测。应用程序应该配置好信任锚和其他任何所需的信息(任何密钥)来验证一个特定 Data 报文。当检测到毒害 Data 报文并仍希望获取合法 Data 报文时,用户会重传 Interest,并在其 exclusion filter 字段排除掉毒害 Data 报文的哈希摘要。在收到排除毒害 Data 报文的 Interest 后,可能的话,中间路由器会通过多条路径而不是一条路径转发该 Interest。此外,如果被排除的 Data 报文在本地已经缓存,则会在路由器上按需调用签名验证。请注意,由于指定了每个 Data 报文的 PPKD,路由器仅会通过一次签名验证来验证每个 Data 报文。如果验证为毒害 Data 报文,则将此 Data 报文从路由器缓存中清除。由于用户检测到毒害内容后会立即重传排除毒害内容的 Interest,因此缓存的毒害副本很可能会在响应其他用户请求之前被清除。算法 23.2 给出了用于重传 Interest 的多路径转发的伪代码。

算法 23.2　重传 Interest 的多路径转发

输入:Interest 报文 *INT*(*cname*,*PPKD*,*nonce*,*iface*,*excluded*)

输出:Interest 报文处理结果

39. *CsEntry* ← *CS*. *find*(*cname*,*PPKD*)

40. IF *CsEntry*≠∅ **THEN**

41.　　**IF** *CsEntry* records Data not excluded by *INT* **THEN**

42.　　　Return the cached copy to Interest issuer

43.　　**ELSE**

44.　　　Verify the cached excluded Data

45.　　　　Notify the FIB entry that brings back the cached copy of the verification result

46.　　　**IF** Verified to be poisoned **THEN**

47.　　　　Purge the cached copy from the CS

48.　　　　Demote and flag the next hop in the FIB entry that brought back the poisoned Data as a poisoning face if necessary

49.　　　**END IF**

50.　　**END IF**

51. **ELSE**

52.　　$PitEntry \leftarrow PIT.\ find(cname, PPKD, excluded)$

53.　　**IF** $PitEntry \neq \varnothing$ and the nonce is not seen before **THEN**

54.　　　Add $iface$ to the incoming faces of $PitEntry$

55.　　**ELSE**

56.　　　$FibEntry \leftarrow FIB.\ find(cname, PPKD)$

57.　　　**IF** $FibEntry \neq \varnothing$ **THEN**

58.　　　　**IF** only one next hop h in $FibEntry$ **THEN**

59.　　　　　forward INT via h

60.　　　　**ELSE**

61.　　　　　**FOR All** next hop h in $FibEntry$ and not flagged as a poisoning face Do

62.　　　　　　Forward INT via h

63.　　　　　**END FOR**

64.　　　　**END IF**

65.　　　**END IF**

66.　　**END IF**

67. **END IF**

　　当一个返回的 Data 报文消耗 PIT 表项时,中间路由器应确保该 Data 报文非 Interest 发送者所排除的毒害 Data 报文。此外,除攻击者以外的中间路由器会验证从最近已带回毒害内容的下一跳返回且可满足此类已排除毒害内容 Interest 的 Data 报文。算法 23.3 给出了中间路由器处理 Data 报文过程的伪代码。重传 Interest 的多路径转发和此类按需签名验证可确保将合法 Data 传递给当前用户,只需要该用户与任何合法前缀声明者之间存在一条路径,并且该路径上没有攻击者即可。因此这种按需的签名验证避免了毒害内容的传输,同时节省了不必要的验证开销。

算法 23.3　Data 报文在中间路由器的处理过程

输入:Data 报文 $DATA(cname, PPKD, iface)$

输出:Data 报文处理结果

1. $CsEntry \leftarrow CS.\ find(DATA)$

2. **IF** *CsEntry* ≠ ∅ **THEN**

3. 　Drop the duplicate *DATA*

4. **ELSE**

5. 　*PitEntry* ← *PIT.find*(*cname*, *PPKD*, *excluded*)

6. 　**IF** *PitEntry* ≠ ∅ **THEN**

7. 　　Discard the unsolicited *DATA*

8. 　**ELSE**

9. 　　**IF** The Interest recorded by PitEntry excludes a Data packet and *iface* has recently brought back poisoned content and *DATA* is verified to be poisoned **THEN**

10. 　　　Drop the poisoned *DATA*

11. 　　　Notify the FIB entry that brings back *DATA* of the verification result

12. 　　　Demote and flag the next hop in the FIB entry that brought back the poisoned Data as a poisoning face if necessary

13. 　　**ELSE**

14. 　　　Forward DATA towards downstream

15. 　　　Cache DATA according to local cache policy

16. 　　**END IF**

17. 　**END IF**

18. **END IF**

　　此外,重传 Interest 的多路径转发充当带内探测的作用以恢复合法内容传输。有状态的转发平面①[30]在此恢复阶段起着重要的作用。如 0 所示,在每个 FIB 表项的每个下一跳的滑动时间窗口中记录了按需签名验证结果的历史记录。请注意,对于一个已缓存的 Data 报文,将其带回的下一跳也被记录在 CS 中,以便其按需签名验证结果可以反馈在下一跳的签名验证结果历史中。如果在一个时间窗口中最近返回的毒害 Data 报文的数量超过配置的阈值,则将该下一跳降级为其 FIB 表项的最不推荐的一跳,并标记为"投毒"接口。"投毒"接口不会被用于 Interest 转发,甚至不会用于重传 Interest 的多路径转发。如文献[30]中所述,有状态的转发平面会定期探测每个 FIB 表项的下一跳。对于一个"投毒"接口,路由器将会验证从其返回的响应探测的 Data 报文。此接口将会一直维持着不推荐的状态直到其带回合法 Data 报文。因此,当"投毒"接口的下一跳再次开始恢复正常时,一旦被探测到,它就可以重新添加到普通的接口列表中。

　　请注意,仅当用户与任何合法内容源之间除了受毒害路径之外还存在另一条路径时,基于多路径转发的带内探测才能恢复合法内容的传输。对于仅具有一个

---

　　① 其每个转发策略都是(潜在地)一个有状态的,每个前级的"程序",根据历史内容的交付表现以及可能影响转发决定的外部输入来决定应为 Interest 转发选择哪个下一跳。

下一跳的内容传输的路由器,如果它仍希望将 Data 报文交付给用户,则别无选择,只能继续将 Interest 转发到"投毒"接口,而寄希望于上游路由器会切换到其他转发选项。通过以下设计减少了按需签名验证的开销:

- 首先,只有被排除的毒害 Data 报文缓存命中时才会调用按需签名验证过程。如果恶意用户故意用排除不存在内容的 Interest 来淹没网络,则可以避免不必要的验证开销。

- 其次,对于一个"投毒"接口,被重传 Interest 带回的 Data 报文以及那些被带回来缓存在 CS 中但被 Interest 所排除的 Data 报文将被丢弃,而无须签名验证。

- 最后,对于仅具有一个下一跳的内容传输的路由器,一旦下一跳开始带回合法的 Data 报文,其按需签名验证过程即宣告结束。这种按需签名验证使 NDN 路由器能够发现内容毒害攻击的同时尽可能减少签名验证的开销。

23.2　开销分析

基于名称密钥转发和多路径转发带内探测的内容毒害攻击缓解机制的主要开销来自以下几个方面:

- 记录每个名称前缀的 PPKD;
- 记录缓存的 Data 报文的到达接口;
- 如果存在内容毒害攻击,则记录每一跳每个前缀的按需签名验证历史记录;
- 按需签名验证;
- 重传 Interest 的多路径转发。

记录每个名称前缀的 PPKD 的空间占用大小与其数量多少成比例。记录已缓存 Data 报文到达接口的空间占用大小与路由器的缓存大小成比例。无论如何都会存在上述的空间开销,但仅当网络中发生内容毒害攻击时,才会存在以下的开销:记录按需签名验证历史记录的空间占用大小与从用户到内容毒害攻击者路径上路由器的数量成比例。调用路由器中按需签名验证次数的上限是判断一个"投毒"接口所配置的阈值。在路由器处多路径转发的重传 Interest 数量上限等于接收到的这种重传 Interest 数量与匹配 FIB 表项可用下一跳数量的乘积。简而言之,当网络中没有内容毒害攻击时,信息维护的开销可以忽略不计;而当网络中发生内容毒害攻击时,按需签名验证和重传 Interest 的多路径转发的开销是相对较小并可控的。因此,与现有的缓解机制相比,本部分提出的缓解机制更为理想、轻量。

23.3　实验评估

本节开展实验研究,定量地评估基于名称密钥转发和多路径转发带内探测的内容毒害攻击缓解机制的有效性,并研究影响其性能的因素。基于名称密钥的转发显然可减轻内容毒害攻击,因此本节重点研究基于多路径转发的带内探测和按需签名验证在缓解内容毒害攻击方面的有效性。

23.3.1　实验设置

实验所使用机器的配置为 2.70 GHz 的 CPU 和 4.0 GB 的内存。实验平台使用开源的 ndnSIM[38] 程序包对各种场景进行仿真,该程序包利用 NS-3 网络仿真器 (http://www.nsnam.org/)实现了 NDN 协议栈。基于名称密钥转发和多路径转发带内探测的内容毒害攻击缓解机制的实现需要对 ndnSIM 进行扩展,在内容存储和转发策略中添加了按需签名验证,并在转发策略中添加了基于多路径转发的带内探测。

1) 网络拓扑

实验在如图 23.4 所示的拓扑上运行了仿真。内容服务器连接到路由器 0,内容服务器与每个用户之间都存在两条路径。例如,内容服务器和用户 0 之间存在两条路径:路由器 0—1—2—4—6—7—8(7 跳) 和路由器 0—1—3—5—7—8(6 跳)。较短的路径优于较长的路径。请注意,尽管该拓扑结构简单且可能没有拓扑结构更小的网络,但足以模拟多路径转发场景并对所提出的缓解机制提供一个基本的验证。

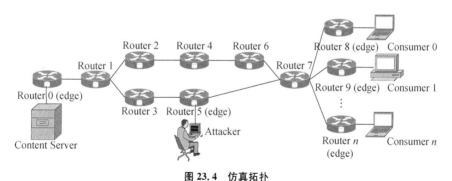

图 23.4　仿真拓扑

2) 实验方法

排除毒害内容的重传 Interest 被缓存命中之前,路由器上的按需签名验证是不会被调用的,因此实验研究了缓存替换策略,即路由器缓存 Data 报文的概率与路由器的缓存容量对于路由器基于多路径转发的带内探测有效性的影响。此外,研究了用户数量对其影响。对于每个测试周期,假设用户以 10 Interests/秒的平均速度发送 Interest。网络中同样大小但内容不同的单元数量为 1×10^3,并且用户对这些单元的访问遵循着形状参数为 0.7 的 Zipf 分布。正如 Rossi 和 Rossini[39]

所建议的那样,根据内容单元的数量在所有路由器上设置了相同的缓存空间大小,并且每个路由器都以配置好的概率来缓存经过的内容单元。拓扑中的每个链路被分配了 1 Gb/s 的带宽,其传输延迟为 1 ms。当系统达到稳定状态时,内容毒害攻击者从路由器 5 发起内容毒害攻击,并在内容服务器到用户的较短路径上生成毒害 Data 报文,从而模拟路径上的内容毒害攻击。如果有下一跳发现其带回了 3 个以上的毒害 Data 报文,则会将其视为一个"投毒"接口。请注意,仅将数值 3 作为判断的阈值示例以对本部分缓解机制进行理解。实际判断的阈值应根据管理人员的经验或动态地适应流量负载来进行配置。表 23.1 显示了仿真中主要参数的设置。每次模拟会重复运行 10 次取其平均结果,且每次运行都设置了不同的 NS-3 "RngRun"参数作为种子,以随机化分配请求流量和概率缓存。

表 23.1　仿真实验参数设置

参数	默认值	取值范围
"毒害"接口判定阈值	3	—
请求速率	10 Interests/s	—
请求数据集大小	1×10^3	—
Zipf 形状参数	0.7	$[0.05, 0.2]$
缓存置换策略	LRU	LRU,LFU,FIFO,RANDOM
内容缓存概率	0.7	$[0.1, 1.0]$
结点缓存大小	5 units	$[5, 45]$
用户数	5	$[5, 45]$

3）性能指标

从以下两个方面对内容毒害攻击缓解机制的性能进行量化:

• 在恢复合法内容传输之前,由用户重传的排除毒害内容 Interest 报文的数量;

• 用于恢复合法内容传输的按需签名验证的数量。

它们分别反映了网络恢复合法内容传输的速度以及中间路由器从内容毒害攻击中恢复合法内容传输的开销。

23.3.2　结果与讨论

1）缓存替换策略的影响

如图 23.5 所示,分别使用最近最少使用(LRU)、最不经常使用(LFU)和先进先出(FIFO)这三个缓存替换策略时,重传的排除毒害内容 Interest 的平均数量和用于恢复合法内容传输的按需签名验证的平均数量均为 5 与 10,而使用随机数策略(RANDOM)则为 45 和 20。这是因为直到被排除的毒害 Data 报文的缓存命中时,才会调用按需签名验证过程。使用 LRU、LFU 或 FIFO 的缓存替换策略时,当攻击者开始进行内容毒害攻击后,前 5 个重传的排除毒害内容 Interest 就会在路由器 7 处获得对所排除的毒害 Data 的缓存命中,并调用按需签名验证过程。路由器 7 便很快将其下一跳路由器 5 判断为"投毒"接口,并通过切换到另一个下一跳路由器 6 来恢复合法内容传输。而在使用 RANDOM 缓存替换策略时,只用前 5 个排除毒害内容的 Interest 在路由器获得缓存命中的可能性就要小得多。

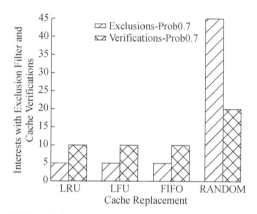

图 23.5 评估缓存替换策略如何影响内容毒害攻击缓解机制有效性的仿真结果

接着,额外的毒害 Data 报文会发送给用户,然后更多排除毒害内容的 Interest 将进一步发出。并且由于与路由器 7 相比,用户接入的路由器上的缓存空间竞争较少,因此这些接入路由器上的按需签名验证过程会比路由器 7 上的更早开始。在路由器 7 的按需签名验证过程开始前,转发给用户的毒害 Data 报文会在这些开始签名验证的接入路由器上进行验证。而与使用 LRU、LFU 或 FIFO 缓存替换策略进行的验证相比,这些验证是额外的。由于在使用 LRU、LFU 和 FIFO 缓存替换策略时,考虑的两项指标均没有区别,因此在其他模拟中将缓存替换策略统一设置为 LRU。

2) 缓存概率的影响

如图 23.6 所示,随着缓存概率从 0.1 增加到 1.0,重传排除毒害内容的 Interest 数量开始减少并最终达到最小值 5,即当缓存的概率增加到 0.4 时,每个用户会重传一个 Interest 来恢复合法内容传输。随着缓存概率的增加,按需签名验证的数量也会增加。这是因为毒害 Data 报文缓存在内容存储中的可能性增加了,并且在这些路由器上更早地调用了按需签名验证过程。然后路由器 7 可以更早地将下一跳路由器 5 视为一个"投毒"接口。也就是说,排除毒害内容的 Interest

数量将会更少,但不会少于每个用户重传的一个 Interest。在恢复阶段,路由器 7
无论如何都会调用签名验证,并参与 4 次验证。但是签名验证中涉及的接入路由
器的数量主要随缓存概率而增加,这将会导致更多的验证。当缓存概率增加到
1.0 时,5 个接入路由器将均会调用验证,每个路由器参加 2 次验证。请注意在其
他模拟实验中缓存概率设置为默认值 0.7。

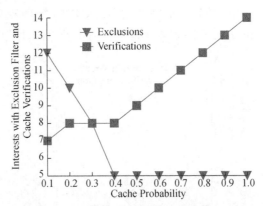

图 23.6　评估缓存概率如何影响内容毒害攻击缓解机制有效性的仿真结果

3) 缓存大小的影响

如图 23.7 示,随着缓存大小的增加,排除毒害内容的 Interest 数量保持为 5,
而按需签名验证的数量有所减少。这是因为以 0.7 的缓存概率时,只要缓存大小
在 5~45 个内容单元范围内,排除毒害内容的前 5 个 Interest 足以使路由器 7 判断
下一跳路由器 5 为"投毒"接口。如果缓存大小更大的话,路由器 7 会较早地调用
按需签名验证过程并做出判断。因此,接入的路由器会较少参与按需签名验证,这
会有助于减少按需签名验证的数量。

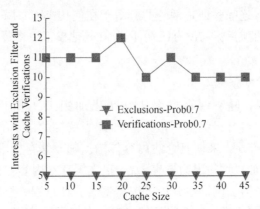

图 23.7　评估缓存能力如何影响内容毒害攻击缓解机制有效性的仿真结果

4）用户数量的影响

如图 23.8 所示，随着用户数量的增加，排除毒害内容的 Interest 数量和按需签名验证数量几乎都呈线性增加。这是因为在内容毒害攻击发生之后，每个用户都会发布一个排除毒害内容的 Interest，并且每个接入路由器都可能调用按需签名验证过程。因此，这两个测度会随着用户数量的增加而线性增加。但是实验也发现，随着用户数量的增加，路由器 7 处的签名验证次数会一直保持为 4 却并不改变，这是因为路由器 7 一旦给出判断后就会立即结束其按需签名验证的过程。

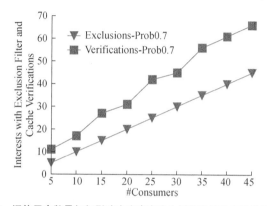

图 23.8　评估用户数量如何影响内容毒害攻击缓解机制的有效性仿真结果

24　总结与讨论

　　这项工作提出通过使用基于名称密钥转发和多路径转发带内探测增强 NDN，以缓解内容毒害攻击的影响。根据实验研究结果的分析，一方面，基于名称密钥转发和多路径转发带内探测的内容毒害攻击缓解机制很快恢复了合法内容传输；另一方面，在不同的缓存替换策略、缓存空间竞争和请求流量负载下，核心路由器的验证开销相对较小且稳定。结果表明，我们提出的内容毒害攻击缓解机制在各种网络设置下都有较好的适应能力，这将加速 NDN 的部署，从而高效节能地传输内容。

　　本部分研究了在具有概率缓存的小型拓扑情况下，基于名称密钥转发和多路径转发带内探测的内容毒害攻击缓解机制的有效性。未来计划将评估范围扩展到更实际的网络场景中，如在其他缓存策略[40-43]下使用 Rocketfuel 拓扑[44]以及真实的网络请求流量。

　　用户和路由器都可能会被攻击者操纵，从而做出有害行为。也就是说，受操纵的用户可能发布排除不存在或未毒害内容的伪造 Interest，抑或是受操纵的路由器可能会间歇性地用毒害内容来响应 Interest。因此，未来的工作有以下几个方向：

　　• 完善缓解机制，以防范攻击者间歇性地返回合法和毒害内容的攻击情形。可以根据攻击者的行为动态地调整判断"投毒"接口或滑动时间窗口的阈值；

　　• 进一步考虑防范网络中恶意用户洪泛发送排除不存在或非毒害内容的 Interest 攻击。潜在的对策可能是这样的：对于 Interest 到达的接口，如果从中排除 Data 报文的 Interest 缓存未命中概率超过正常范围，或者被 Interest 所排除却连续验证其为非毒害 Data 报文的数量超过配置的阈值，则将其中排除 Data 报文的 Interest 视为攻击行为。路由器通过暂时丢弃此接口接下来的排除 Data 报文的 Interest，来回应此类攻击。丢弃的时间由网络运营商来决定。如果过早地恢复有异常行为的接口，则路由器会将被多路径转发和按需签名验证所困扰。或者对于从这样的接口到达的重传 Interest，路由器可以通过多条路径按概率转发它，并按概率验证它所排除的内容以减少其负面影响。

参考文献

[1] Lee U, Rimac I, Hilt V. Greening the Internet with content-centric networking[C]//e-Energy. 2010:179 – 182.

[2] He X, Wang K, Huang H, et al. QoE-driven big data architecture for smart city[J]. IEEE Communications Magazine. IEEE, 2018, 56(2):88 – 93.

[3] Wang K, Wang Y, Hu X, et al. Wireless big data computing in smart grid[J]. IEEE Wireless Communications. IEEE, 2017, 24(2):58 – 64.

[4] Jacobson V, Smetters D K, Thornton J D, et al. Networking named content[C]//CoNEXT. 2009:1 – 12.

[5] Jiang H, Wang K, Wang Y, et al. Energy big data: A survey[J]. IEEE Access. IEEE, 2016, 4: 3844 – 3861.

[6] Wang K, Yu J, Yu Y, et al. A survey on energy Internet: Architecture, approach, and emerging technologies[J]. IEEE Systems Journal. IEEE, 2018, 12(3):2403 – 2416.

[7] Guan K, Atkinson G, Kilper D C, et al. On the energy efficiency of content delivery architectures[C]//ICC. 2011:1 – 6.

[8] Fang C, Yu F, Huang T, et al. A survey of green information-centric networking: Research issues and challenges[J]. IEEE Communications. Surveys Tuts. IEEE, 2015, 17(3):1455 – 1472.

[9] He X, Wang K, Huang H, et al. Green resource allocation based on deep reinforcement learning in content-centric IoT[J]. IEEE Transactions on Emerging Topics in Computing. IEEE, 2018:1 – 1.

[10] Fang C, Yu F R, Huang T, et al. An energy-efficient distributed in-network caching scheme for green content-centric networks[J]. Computer Networks. 2015, 78:119 – 129.

[11] An Y, Luo X. An in-network caching scheme based on energy efficiency for content-centric networks[J]. IEEE Access. IEEE, 2018, 6:20184 – 20194.

[12] Gasti P, Tsudik G, Uzun E, et al. DoS and DDoS in named data networking[C]//ICCCN. 2013:1 – 7.

[13] Wang K, Ouyang Z, Krishnan R, et al. A game theory based energy management system using price elasticity for smart grids[J]. IEEE Transaction on Industrial Informatics. IEEE, 2015, 11(6):1607 – 1616.

[14] AbdAllah E G, Hassanein H S, Zulkernine M. A survey of security attacks in information-centric networking[J]. IEEE Communications Surveys and Tutorials. IEEE, 2015, 17(3):

1441 - 1454.

[15] Wang K, Du M, Maharjan S, et al. Strategic honeypot game model for distributed denial of service attacks in the smart grid[J]. IEEE Transactions on Smart Grid. IEEE, 2017, 8(5): 2474 - 2482.

[16] Nguyen T, Marchal X, Doyen G, et al. Content poisoning in named data networking: Comprehensive characterization of real deployment[C]//IFIP/IEEE IM. 2017: 72 - 80.

[17] Baugher M, Davie B, Narayanan A, et al. Self-verifying names for read-only named data [C]//INFOCOM Workshop. 2012: 274 - 279.

[18] Ghodsi, Shenker S, Koponen T, et al. Information-centric networking: Seeing the forest for the trees[C]//HOTNETS. 2011: 1 - 6.

[19] Mosko M, Scott G, Solis I, et al. Secure name configuration and prefix registration[C]// ACM ICN. ACM, 2015: 197 - 198.

[20] Ghali C, Tsudik G, Uzun E, "Elements of trust in named-data networking", [EB/OL]. https://arxiv. org/abs/1402. 3332, 2014.

[21] Ghali C, Tsudik G, Uzun E. Network-layer trust in named-data networking[J]. ACM SIGCOMM Computer Communication Review. ACM, 2014, 44(5): 12 - 19.

[22] Ghali C, Tsudik G, Uzun E. Needle in a haystack: Mitigating content poisoning in named-data networking[C]//NDSS Workshop(SENT). 2014: 1 - 10.

[23] Kim D, Nam S, Bi J, et al. Efficient content verification in named data networking[C]//ACM ICN. 2015: 109 - 116.

[24] Kim D, Bi J, Vasilakos A V, et al. Security of cached content in NDN[J]. IEEE Transactions on Information Forensics and Security. IEEE, 2017, 12(12): 2933 - 2944.

[25] Ribeiro, Rocha A, Albuquerque C, et al. On the possibility of mitigating content pollution in content-centric networking[C]//IEEE LCN. 2014: 498 - 501.

[26] Ribeiro, Rocha A, Albuquerque C, et al. Content pollution mitigation for content-centric networking[C]//NOF. 2016: 1 - 5.

[27] Bianchi G, Detti A, Caponi A, et al. Check before storing: What is the performance price of content integrity verification in LRU caching [J]. ACM SIGCOMM Computer Communication Review. ACM, 2013, 43(3): 59 - 67.

[28] Detti, Caponi A, Tropea G, et al. On the interplay among naming, content validity and caching in information centric networks[C]//GLOBECOM. IEEE, 2013: 2108 - 2113.

[29] DiBenedetto S, Papadopoulos C. Mitigating poisoned content with forwarding strategy[C]// INFOCOM Workshop. 2016: 164 - 169.

[30] Yi C, Afanasyev A, Moiseenko I, et al. A case for stateful forwarding plane[J]. Computer Communications. 2013, 36(7): 779 - 791.

[31] Wu D, Xu Z, Chen B, et al. What if routers are malicious Mitigating content poisoning attack in NDN[C]//IEEE Trustcom/BigDataSE/ISPA. IEEE, 2016: 481 - 488.

［32］ Li Q,Zhang X,Zheng Q,et al. LIVE:Lightweight integrity verification and content access control for named data networking［J］. IEEE Transactions on Information Forensics and Security. IEEE,2015,10(2):308 - 320.

［33］ Li Q, Lee P P C, Zhang P, et al. Capability-based security enforcement in named data networking［J］. IEEE/ACM Transactions on Networking. IEEE/ACM,2017,25(5):2719 - 2730.

［34］ Merkle R C. A digital signature based on a conventional encryption function［C］//Advances in Cryptology—CRYPTO. 1987:369 - 378.

［35］ Zhang K. Efficient protocols for signing routing messages［C］//NDSS. 1998:1 - 7.

［36］ Afanasyev A,Jiang X,Yu Y,et al. NDNS:A DNS-like name service for NDN［C］//ICCCN. 2017:1 - 9.

［37］ Wang K,Gu L,He X,et al. Distributed energy management for vehicle-to-grid networks［J］. IEEE Network. IEEE,2017,31(2):22 - 28.

［38］ Mastorakis S,Afanasyev A,Moiseenko I,et al. ndnSIM 2. 0:A new version of the NDN simulator for NS-3［R］. NDN,Technical Report NDN-0028. 2015.

［39］ Rossi D, Rossini G. On sizing CCN content stores by exploiting topological information ［C］//INFOCOM Workshop. 2012:280 - 285.

［40］ Chai W K, He D,Psaras I,et al. Cache "less for more" in information-centric networks［C］// IFIP. 2012:27 - 40.

［41］ Ren J, Qi W, Westphal C, et al. MAGIC:A distributed MAx-gain in-network caching strategy in information-centric networks［C］//INFOCOM Workshop. 2014:470 - 475.

［42］ Hu X,Gong J,Cheng G,et al. Enhancing in-network caching by coupling cache placement, replacement and location［C］//ICC. 2015:5672 - 5678.

［43］ Hu X, Gong J. Opportunistic on-path caching for named data networking［J］. IEICE Transactions on Communications. 2014,E97. B(11):2360 - 2367.

［44］ Spring N,Mahajan R,Wetherall D. Measuring ISP topologies with Rocketfuel［J］. ACM SIGCOMM Computer Communication Review. ACM,2002,32(4):133 - 145.

［45］ Hu X,Gong J,Cheng G. Mitigating Content Poisoning With Name-Key Based Forwarding and Multipath Forwarding Based Inband Probe for Energy Management in Smart Cities［J］. IEEE Access. IEEE,2018,6:39692 - 39704.